Albumasar de magnis coniunctio
nibus:annorum reuolutionibus:ac
eorum profectionibus:octo conti-
nens tractatus.

⁋ Hic est liber indiuiduoꝛ superioꝛum in sūma de significationibus super accidentia que efficiunt in mundo: de p̄sentia eoꝝ respectu ascendentium inceptionum coniunctionalium ⁊ alioꝛum Et sunt octo tractatus Editus a Japhar astrologo qui dictus est Albumasar: ad laudem dei glorioū.

Ractatus prim⁹ qualiter aspicitur ex parte coniunctionū apparitio prophetaꝝ ⁊ eoꝛum qui principant successoꝛūcp eoꝛum: et sunt differentie q̄tuoꝛ. ⁋ Sc̄ds tractat⁹ in sūma de reb⁹ vicis ⁊ mutatione eaꝝ: esse quocp regū ⁊ successoꝛ eoꝝ: ⁊ sunt octo dr̄e. ⁋ Tractat⁹ tercius est in q̄litate sc̄ie significationū coniunctionū planetaꝝ ⁊ complexionū vel permixtionū eoꝝ ad vicem in reuolutionib⁹ annoꝝ: ⁊ sunt sex differētie. ⁋ Tractat⁹ quartus in q̄litate sig̃tionum signoꝝ cum fuerint ascendentia inceptionū quoꝛum memoriam p̄nisimus et p̄uenerit p̄fectio annoꝝ ad ea ex aliq̄ ascensionū inceptionū predictaꝝ vel locis ꝯiunctionū ⁊ sunt. 12. dr̄e. ⁋ Tractatus quintus in q̄litate scientie p̄prietatis sig̃tionum planetaꝝ singulariter cum fuerit eis almubtez. i. cum habuerit dn̄ium sup ascendens alicui⁹ inceptionū: aut fuerit eis altechodela vel algerbutaria: ⁊ cū fuerit in directo cursus septentrionis vel meridiei: stellaꝝ quocp comas h̄itium ad cetera signa b̄m complexioné: ⁊ sunt septē dr̄e. ⁋ Tractat⁹ sext⁹ in qualitate accidentium infe rioꝛum que accidunt a vestigijs indiuiduoꝝ superioꝝ in reuolutionib⁹ annoꝝ ex ea parte que feruntur super se inuicem: et sunt. 12. differentie. ⁋ Tractatus septim⁹ in qualitate scientie sig̃tionum signi p̄fectionis: aut alic⁹ ascensionū reuolutionū annalium cum c̄ouenerit vni eoꝝ aliqua dom⁹ ex domib⁹ alicuius positionū ascensionū inceptionū p̄cedentium siue coniunctionū: aut cū fuerit directio vel aliq̄d indiuiduoꝝ superioꝛū in eo: aut aliqua ex diuisionib⁹ reuolutionalib⁹ super accidentia inferioꝛa: ⁊ sunt. 12. differentie. ⁋ Tractatus octauus in sūma de qualitate scientie sig̃tionum indiuiduoꝝ superioꝝ super accidentia inferioꝛa ex parte profectionū annoꝝ ⁊ coniunctionū earumcp succedentium: ⁊ sunt. 12. dr̄e.
⁋ Tractat⁹ primus q̄liter aspicitur ex parte coniunctionū apparitio prophetarum ⁊ eoꝛum qui principant successoꝛūcp eoꝛum: et sunt q̄tuoꝛ differentie
⁋ Differentia prima in p̄missione inceptionū vniuersaliū multaꝝ vtilitatū
⁋ Differentia sc̄da in scientia signi fortioris ex signis triplicitatū coniunctionalium ⁊ apparitione significationū eoꝛum in partibus sibi pertinentib⁹.
⁋ Differentia tercia in q̄litate scientie coniunctionum sig̃tium natiuitates prophetarum ⁊ violentiaꝝ eoꝛum scz qui principantur: ⁊ moꝛes eoꝛum atcp facturas: signa quocp que fuerint in eis: signa etiā vel p̄digia prophetie eoꝛum: tp̄s quocp appitionis eoꝝ: ⁊ quantitatē annoꝝ ipsoꝝ. ⁋ Differētia quarta in scientia decretoꝝ eoꝛū ⁊ legum ⁊ indumentoꝝ eoꝛum siue equitaturaꝝ.

¶ Differentia prima in p̄missione inceptionū vniuersaliū multarū vtilitatū.

Scientia indiuiduoru significationuz circulariu[m] sup effectus inferiores accipit̄ a motib[us] natalib[us]: eo q[uod] sint sensui p̄riores sig[ni]fi[ca]tionibus indiuiduo[rum] superio[rum]. Cum enim motus natales non excedant tres diuisiones: c̄siderat[us] est ordo nexus circulo[rum] planetaru[m]: ⁊ p̄prietas motuū eo[rum] volubilium. Ergo ille diuidunt̄ in tres diuisiones: quaru[m] p[ri]ma est planetaru[m] altio[rum] ordinato[rum] sup luminare mai[us]: ⁊ sc[un]da diuisio est l[u]minaris maioris: tercia vero diuisio est planeta[rum] inferio[rum] qui sunt positi infra lumi[n]are mai[us]. ¶ Relata est itaq[ue] vnaq[ue]q[ue] diuisio indiuiduo[rum] altio[rum] ad vnaq[ue]mq[ue] diuisione[m] motuū nataliu[m] fortitudine[m] affinitatis earu[m] ad illas: et p[ro]pter successione[m] effect[us] impressionu[m] earu[m] in mundo g[e]nationis ⁊ corruptiōis. Et cū prim[us] mot[us] nataliū mouere[tur] sup mediū. motus aut̄ sc[un]dus mouere[tur] a medio. ⁊ motus tercius mouere[tur] ad medium. Relata est p[ri]ma diuisio planetaru[m] altio[rum] ⁊ effectus eo[rum] ad motu primū natalium qui est sup mediū. p[ro]pter eius altitudine[m]: ⁊ p[ro]pter p[ri]mitate[m] ei[us] ab eis: et longitudine[m] ei[us] a motu natali. Tercio qui ē ad mediū facta est ei ex parte sig[nifica]tio sup rem pl[u]rici tpis p[ro]pter affinitate[m] eius cum motu primo et pl[u]ricitate[m] eius mot[us]. ¶ Relata est igitur ad longitudine[m] planetis sup[er]iorib[us] ei mundo g[e]nationis ⁊ corruptiōis qui est saturn[us]: sig[nifica]tio sup res incep[t]ibiles vt sunt vices ⁊ quicq[ui]d fit in t[em]pibus pl[u]ricis: eo q[uod] ee[n]t ea inceptio p[re]teritis indi/ uiduis circularib[us] i sublimi. Et relata est ad planetā succedente[m] eu[m] in ordi[n]e nexus qui est iupiter: sig[nifica]tio almauuenū atq[ue] de terra ho[rum] filia q[ue] sunt p[er]fecti ones finiū o[mn]i[u]m inceptionū precedentiū. Relata quoq[ue] est ad terciū planetā in ordine nexus qui est mars: sig[nifica]tio sup bella ⁊ victorias et ho[rum] filia q[ue] sunt q[ua]si descensiones ⁊ veluti diminutiōes exitus reru[m] ⁊ finis earu[m]: q[ui]a fines reru[m] sig[nifica]nt solutione[m] earu[m] inicij: post perfectione[m] earu[m] ⁊ destructione[m] nexus earu[m] atq[ue] ordinis: dum per accidentia haru[m] reru[m] sit diminutio sumitatū: victorie enim ⁊ arteriores ducentes ad bella et necessitates sunt debite nexui haru[m] reru[m] trium ⁊ alligationu[m] earu[m] adinuice: ⁊ illud est cū defuit vnu[m] ex his cum p[er]tinget diminutio p[er]fectionis vtr[iu]sq[ue] aliaru[m] reru[m] s[ecundu]m q[uod] decet res natales ex his trib[us] rebus q[ue] sunt atq[ue] p[er]fectio inceptio ⁊ descensio. Quia bella q̄ marie non fiunt nisi causa alnauuenū: ⁊ alnauuenū non erit nisi p[ro] excellentia vict[us] atq[ue] sectaru[m]: ⁊ cū iteru[m] ordinate fuerint he res per c[on]uersione[m] erit res necessaria ad alligatione[m] nexu[m]q[ue] earu[m]: q[ui]a non erunt vices ⁊ secte nisi p[er] alnauuemū q̄ maxime nisi per bella: q[ui]a ex sect[is] ⁊ vicib[us] atq[ue] alnauuemū accidu[n]t queda[m] corruptiones quaru[m] causa accidit multitudo diuersitatū: ⁊ cū multiplicate fuerit diuersitates accidit inc[om]municatio: ⁊ cū acciderit inc[om]municatio accidet bella: p[ro]pter hanc causa[m] q[ue] relate sunt he res tres ad planetas sup[er]iores ⁊ facti sunt veluti p[ri]ncipia his q[ue] eos succedunt ex significationib[us] secundis.

Et relatū est luminare maius τ eius effectus ad motū secundū naturalē qui est a medio propter proximitatē eius affinitatis cum eo qʒ sit in diuiduis circularibʒ mediū in ordine: et qʒ res que referunt ad eum sint mediū inter motū primū atqʒ terciū τ secundū: τ propter equalitatē eius motʒ: factaqʒ est ei sigtio sup reges τ violentos eo qʒ fortius sit ei pprietas inesse diuisionuʒ prime scʒ τ scde qd ceteris narrabimʒ differentijs. ¶ Relata sunt quoqʒ planete inferiores τ eoȝ effectus ad motū tercium natalium inferiorē qui est ad mediū propter propinquitatē eorum de motu tercio τ longitudinē eorum a motu natali: primo qui est sup mediuʒ: factaqʒ est eis ex hac parte significatio sup effectū dierum breuium propter affinitatē eorū cum motu tercio τ propter velocitatē motus eoȝ: facteqʒ sunt diuisiones trium planetarū inferiorum consequentes diuisiones primoȝ in sigtione propter magnitudinē necessitatʒ diuisionum primarum ad eas et alligationē earum cum eis. ¶ Relata est igitur ad altiorez inferioribus planetis qui est ♀: significatio sup coniugia et indumenta τ his similia eo qʒ sit affinis diuisioni prime super inceptiōes Et relata est ad planetam succedentē eam in ordine qui est ☿: significatio super scripturaʒ τ numerum τ his similia: eo qʒ sit affinis diuisioni secunde significanti perfectiones. ¶ Relata quoqʒ ad planetaʒ tercium succedentē eū in ordine qui est ☽ significatio sup motū τ mutatiōes atqʒ pegrinatiōes τ his filia: eo qʒ sit affinis tercie significanti descensiones atqʒ diminutiōes ¶ Et non relate sunt he significationes ad hos tres planetas nisi causa necessitatis ciuium atqʒ sectarum ad coniugia atqʒ indumenta eo qʒ natura ingerit eis hoc τ propter necessitatem alnauuemuʒ que sunt conductiones τ leges ac scripta τ numerus. Quia non perficitur eius adeptio nisi per scripturam: τ non ordinatur ordo eius temporum nisi per numerum τ propter necessitates bellorum ad peregrinationes inferiores eo qʒ sint veluti secundarij propter coniunctionē eorum cum esse primo. Et necessitatem eiusdeʒ esse ad eos in futuris partibʒ accipiatur a sex principijs vel materijs. Quoȝ primum est ex parte positionum τ indiuiduoȝ altiorum apud ascensiones reuolutionum annorum in quibus accidit coniunctio duorum planetaruʒ altiorum in signo mobili vernali que fit in omnibus. 960. annis solaribus Et secunduʒ est ex parte positionum indiuiduorum altiorum apud ascensiones reuolutionum annorum in quibus accidit mutatio coniunctionis a triplicitate in triplicitatem que fit in omnibʒ. 240. annis solaribʒ. Et tercius ex parte positionum indiuiduorū altiorum apud ascensiones reuolutionū annorum in quibus accidit coniunctio duorum infortuniorum scʒ ♄ et ♂ in ♋ τ ex parte coniunctionis eorum in eo accidenti in omnibus. 30. annis Et quartum ex parte positionuʒ indiuiduorum altiorum apud altiores ascensiones reuolutionum annorum in quibus accidit coniunctio eorundē

a 3

⸿ Differentia prima in p̄mīssione inceptionū vniuersaliū multarū vtilitatū.

Scientia indiuiduorū significationuȝ circulariuin sup effectus inferiores accipit a motib⁹ natalib⁹: eo q̄ sint sensui ꝓpriores sig̃tionibus indiuiduoꝝ superioꝝ. Cum enim motus natales non excedant tres diuisiones: ꝯsideratus est ordo nexus cir‑ culoꝝ planetarū: ⁊ ꝓprietas motuū eoꝝ volubilium. Ergo ille diuidunt̄ in tres diuisiones: quarū prima est planetarū altiorū ordinatorū sup luminare maius: ⁊ sc̄da diuisio est lūinaris maioris: tercia vero diuisio est planetaꝝ inferioꝝ qui sunt positi infra lumiare mai⁹. ⸿Relata est itaq̄ vnaq̄q̄ diuisio indiuiduoꝝ altioꝝ ad vnāq̄q̄ diuisionez motuū nataliuȝ fortitudinē affinitatis earū ad illas: et ꝓpter successionē effect⁹ impressionū earū in mundo g̃nationis ⁊ corruptōis. Et cū prim⁹ mot⁹ nataliū moueret̄ sup mediū. motus aūt sc̄ds mouereᵗ a medio. ⁊ motus tercius mouereᵗ ad medium. Relata est p̄ma diuisio planetarū altioꝝ ⁊ effectus eoꝝ ad motū primū natalium qui est sup mediū ꝓpter eius altitudinē: ⁊ ꝓpter primitatez ei⁹ ab eis: et longitudinē ei⁹ a motu natali. Tercio qui ē ad mediū facta est ei ex parte sig̃tio sup rem plixiꝰ tp̄is ꝓpter affinitatē eius cum motu primo et plixitatē eius mot⁹. ⸿Relata est igitur ad longitudinē planetis supioribus ei mundo g̃nationis ⁊ corruptōis qui est saturn⁹: sig̃tio sup res incep̄tibiles vt sunt vices ⁊ quicq̄d fit in tp̄ibus plixis: eo q̄ eet̄ ea inceptio p̄teritis indi‑ uiduis circularib⁹ i sublimi. Et relata est ad planetā succedentē eū in ordie nexus qui est iupiter: sig̃tio almauuenū atq̄ de terra horū filia q̄ sunt p̄fecti‑ ones finiū oīm inceptionū precedentiū. Relata quoq̄ est ad terciū planetā in ordine nexus qui est mars: sig̃tio sup bella ⁊ victorias et horū filia q̄ sunt q̄si descensiones ⁊ veluti diminutiōes exitus rerū ⁊ finis earū: q̄a fines rerū sig̃nt solutionē earū inicij: post perfectionē earū ⁊ destructionē nexus earū atq̄ ordinis: dum per accidentia harū rerū sit diminutio sumitatū: victorie enim ⁊ arteriores ducentes ad bella et necessitates sunt debite nexui harū rerū trium ⁊ alligationū earū adinuicē: ⁊ illud est cū defuit vnū ex his cum p̄tinget diminutio p̄fectione vtrūq̄ aliarū rerūȝ s̄m q̄ decet res natales ex his trib⁹ rebus q̄ sunt atq̄ p̄fectio inceptio ⁊ descensio. Quia bella q̄ marie non fiunt nisi causa alnauuenū: ⁊ alnauuenū non erit nisi p̄cellentia viciuȝ atq̄ sectarū: ⁊ cū iteȝ ordinate fuerint he res per ꝯuersionē erit res necessa‑ ria ad alligationē nexūq̄ earū: q̄a non erunt vices ⁊ secte nisi p alnauuenū q̄ maxime nisi per bella: q̄a ex sect̄ ⁊ vicib⁹ atq̄ alnauuenū accidūt quedā corruptiones quarū causa accidit multitudo diuersitatū: ⁊ cū multiplicate fuerīt diuersitates accidit incōmunicatio: ⁊ cū acciderit incōmunicatio ac‑ cidēt bella: ꝓpter hanc causā q̄ relate sunt he res tres ad planetas supiores ⁊ facti sunt veluti p̄ncipia his q̄ eos succedunt ex significationib⁹ secundis.

Et relatū est luminare maius τ eius effectus ad motū secundū naturalē qui est a medio propter proximitatē eius affinitatis cum eo q̄ sit in diuiduis circularibus mediū in ordine: et q̄ res que referunt ad eum sint mediū inter motū primū atq̄ terciū τ secundū: τ propter equalitatez eius motus: factaq̄ est ei sigtio sup reges τ violentos eo q̄ fortius sit ei p̄prietas inesse diuisionuz prime scz τ scōe q̄ ceteris narrabim⁹ differentijs. ⁋ Relata sunt quoq̄ planete inferiores τ eoꝝ effectus ad motū tercium natalium inferiorē qui est ad mediū propter propinquitatē eorum de motu tercio τ longitudinē eorum a motu natali: primo qui est sup mediuz: factaq̄ est eis ex hac parte significatio sup effectū dierum breuium propter affinitatez eoꝝ cum motu tercio τ propter velocitatez motus eoꝝ: factaq̄ sunt diuisiones trium planetarū inferiorum consequentes diuisiones primoꝝ in sigtione propter magnitudinē necessitatis diuisionum primarum ad eas et alligationez earum cum eis. ⁋ Relata est igitur ad altiorez inferioribus planetis qui est ♀: significatio sup coniugia et indumenta τ his similia eo q̄ sit affinis diuisioni prime super inceptiōes Et relata est ad planetam succedentē eam in ordine qui est ☿: significatio super scripturaz τ numerum τ his similia: eo q̄ sit affinis diuisioni secunde significanti perfectiones. ⁋ Relata quoq̄ ad planetaz tercium succedentē eū in ordine qui est ☽ significatio sup motū τ mutatiōes atq̄ pegrinatiōes τ his sī ī a: eo q̄ sit affinis tercie significanti descensiones atq̄ diminutiōes ⁋ Et non relate sunt he significationes ad hos tres planetas nisi causa necessitatis ciuium atq̄ sectarum ad coniugia atq̄ indumenta eo q̄ natura ingerit eis hoc τ propter necessitatem alnauuemuz que sunt conductiones τ leges ac scripta τ numerus. Quia non perficitur eius adeptio nisi per scripturam: τ non ordinatur ordo eius temporum nisi per numerum τ propter necessitates bellorum ad peregrinationes inferiores eo q̄ sint veluti secundarij propter coniunctionē eorum cum esse primo. Et necessitatem eiusdez esse ad eos in futuris partibus accipiatur a sex principijs vel materijs. Quoꝝ primum est ex parte positionum τ indiuiduoꝝ altiorum apud ascensiones reuolutionum annorum in quibus accidit coniunctio duorum planetarus altiorum in signo mobili vernali que sit in omnibus . 960. annis solaribus Et secunduz est ex parte positionum indiuiduorum altiorum apud ascensiones reuolutionum annorum in quibus accidit mutatio coniunctionis a triplicitate in triplicitatem que sit in omnibus. 240. annis solaribus. Et terciuz ex parte positionum indiuiduoꝝ altiorum apud ascensiones reuolutionū annorum in quibus accidit coniunctio duorum infortuniorum scz ♄ et ♂ in ♋ τ ex parte coniunctionis eorum in eo accidenti in omnibus. 30. annis Et quartum ex parte positionuz indiuiduorum altiorum apud altiores ascensiones reuolutionum annorum in quibus accidit coniunctio eorundē in omni signo que accidit in omnibus .20. annis. ⸿ Et aliquando augetur ānī coniunctionis eorum in capite ♈ & in triplicitatibus & in vnoquoq; signo & minuentur: & hoc fit quia cum ♄ & ♃ quando coniuncti fuerint per mediū cursum suum in inicio alicuius signi triplicitatis erit coniunctio eor: postea super summitatem arcus cuius quantitas erit .242. graduum .25. minutorum. 1. quoq; secundorum et .10. terciorum et .6. quartorum: et non augentur in vnoquoq; signo qui iungūtur super illud quo iuncti fuerint in primo signo nisi .2. gradus & .25. minuta et secunda. 10. quoq; tercia et .6. quarta: erunt quoq; coniunctiones eorum in signis triplicitatis ſm hunc modum. 12. erit quoq; hoc ex tēpore plus ea qntitate q̃ diffiniuim⁹: et maxime si fuerit coniunctio eorum in inicio alicuius signi triplicitatis ad quem mutantur minꝰ 54. minutis: quia tunc iungunt in eadem triplicitate tredecies: si non fuerit coniunctio eorum in inicio alicuius signorum triplicitatis plus. 56. minuti et .33. secundis. 18. quoq; tercijs & .48. quartī iungentur in eadē triplicitate duodecies: et quando iuncti fuerint in vna triplicitate duodecies et in alia tredecies erit coniunctio eorum in duobus triplicitatibus .25. vicibus: erūt quoq; coniunctiones eorum in triplicitatibꝰ .50. & erunt inter coniunctionē & coniunctionem .9. anni & .3. dies & .14. hore & .23. minuta & .37. secunda & 18. tercia & .6. quarta & .48. quinta per annos medij cursus ☉ qui sunt .365. dies atq; in introitu quarte in hoc. ⸿ Cum multiplicauerit has .50. coniunctiones in eo q̃ est inter coniunctionem & coniunctionem ex temporibus & eorum fractionibus perueniet hoc ad .960. annos: augeturq; super hoc q̃ prediximus ex quantitate temporum ex eis tercium ab hora coniunctiois eorum in capite ♈ vsq; in horā reuersionis eorum ad eum. Cum iuncti fuerint in triplicitate duodecies peruenit eorum coniunctio ad .29. gradus & 3. minuta & .26. secunda & .1. tercium & .12. quarta. Erit quoq; quod remanserit vsq; in perfectionem .30. graduū q̃ infra cum iuncti fuerint in minori illo necesse erit vt iungant tredecies: cuius rei exemplar est coniunctio que fuit in principio signi ♋. Cumq; additum fuerit super hoc q̃ est inter coniunctionem & coniunctionem ex gradibus & eorum fractionibus ſm q̃ diximus cadet eorum coniunctio in duos gradus signi ♓ & .25. minuta & .17 secunda & .10. tercia ac .6. quarta. Et quando additum fuerit super has q̃ est inter coniunctionem & coniunctionem ex gradibus & eoꝝ fractionibus cadet coniunctio eorum in .7. gradus ♋ & .15. minuta & .51. secunda & .30. tercia ac .18. quarta. Et si addatur super hoc quod est inter vtrasq; coniunctiones ex gradibus et eorum fractionibus cadet coniunctio eorum in .9. gradus ♓ & .4. minuta & .4. secunda & .40. tercia & .24. quarta. Et si addatur super his partes q̃ est inter vtrasq; coniunctiones ex gradibus et eorum fractionibus cadet coniunctio eorum in .12. gradus ♏ et .6. minuta et .25.

secūda ꞇ 50 tercia ac 30 quarta. Et si addatur super has partes quod est inter vtrasq; coniunctiones ex gradibus ꞇ eorum fractionibus cadet coniunctio in 14 gradus ♋ et 33 minuta et 43 secunda et 0 in tercijs ac 36 quarta. Et si addatur super has partes qd est inter vtrasq; coniunctiones ex gradibus ꞇ eorum fractionibus cadet coniunctio eorum in 16 gradus ♓ ꞇ 5 minuta ꞇ 0 in secundis ꞇ 10 tercia ꞇ 42 quarta. Et si addatur sup has partes qd est inter vtrasq; coniunctiones ex gradibus ꞇ eorum fractionibus cadet coniunctio eorū in 19 gradus ♏ ꞇ 22 minuta ꞇ 19 secunda 20 quoq; tercia 44 quarta. Et cum additum fuerit super has partes quod est inter vtrasq; coniunctiones ex gradibus ꞇ eorum fractionibᵘ cadet coniunctio eorum in 21 gradium ♋ ꞇ 47 minuta ꞇ 34 secunda ꞇ 30 tercia et 54 quarta. Cumq; additum fuerit super has partes quod est inter vtrasq; coniunctiones ex gradibus et eorum fractionibus cadet coniunctio eorum in 24 gradus ♓ ꞇ 13 minuta ꞇ 51 secunda ꞇ 41 tercia ꞇ 0 in quartis. Et si addatur super has partes est inter vtrasq; coniunctiones cadet ciunctio eorum in 29 gradus ♋ ꞇ 3 minuta ꞇ 26 secunda ꞇ 1 tercium ac 12 qrta. ¶ Iamq; perfecte sunt 12 coniunctiōes: sed nondum finita sunt signa scz illius triplicitatis: significauitq; hoc qd adhuc sit eis coniunctio tredecima in hac triplicitate. Cumq; additum fuerit super has partes quod est inter vtrasq; coniunctiones cadet coniunctio eorum in 1 gradū ♈ ꞇ 28 minuta ꞇ 43 secunda ꞇ 11 tercia ꞇ 18 quarta. Eritq; cadens coniūctio in partes signi decimi a quo incipiemus: ꞇ erit mutatio eorum ab aquaticis in ignea cum debuerit imitari ad ♌. Sed cum debentur ei duodeci coniunctiones mutati sunt ad signum decimum quod est ex triplicitate ignea. Cumq; additum fuerit super hoc q; vadunt in duodecin coniunctionibus .i. 29 gradus ꞇ 3 minuta ꞇ 26 secunda ꞇ vnum tercium ac 12 quarta mutabuntur ad ♉ succedentem ♈. Eritq; coniunctio eorum in 22 minutis ex eo et 9 secundis ꞇ 12 tercijs ac 30 quartis. Et quādo iuncti fuerint in triplicitate tredecies iungunt in signo decimo ab eo quo iuncti fuerant. Si vero iūcti fuerint in triplicitate duodecies iunguntur in scdo ab eo quo iuncti fuerāt.

Scientia aūt quantitatis dierum qui sunt inter vtrasq; coniunctiones est vt aspiciatur quantitas orbis ♄ ex gradibus in 36000 annis qui sunt 13314 gradus. Orbis quoq; ♃ in hoc qui sunt 3052 gradus: minuaturq; minor orbium de maiori et remanent 18138 gradus: diuidantq; sup hos dies 36000 qui sunt centum triginta vnum milia millium et quadraginta dies: eritq; hoc figuras indicās 131432400. eritq; q; exierit tempus quod est inter vtrasq;

coniunctiones: multiplicentur quoque dies coniunctiõis & partes eorum in quod vadit ♄ in 36000 annis & diuiserimus super dies 36000 annorum exibūt de hoc gradus arcus & super actiones eorum que sunt inter vtrasque coniunctiones: et hoc est sm ꝗ diximus 242 gradus et 25 minuta et 17 secunda & 10 tercia & 6 quarta. Quintum est ex parte positionum indiuiduorum altiorum apud ascensiones temporū in quibus fiunt inceptiones coniunctionales aut impletionales precedentes ad directõm lunaris maioris in puncto capitum signorū mobilium: & in tempore scilicet quo fuerit directio eorum. Et sextuz ex parte positionum indiuiduoꝝ altiorum apud ascensiones temporum in quibus fuerint inceptiones coniunctionales vel impletionales precedentes ad introitum luminariꝰ maioris capita signoꝝ & in tempore scz quo fuerit in directo puncto capitis eorum. ¶ Posita autē est consideratio in presentia vnius horum ipsorum que diffiniuimus ad ascensiones ipsorum temporum & ad situs indiuiduoruz altiorum in eis ad omne esse naturale atque accidentale de eorum essencia: & de luna atque de circulo: & extractio signis eorum ab almubtez super loca capitalia & quantitatis significationis eorū: sed id quod nituni significationes ex hac significatione. Deinde consideratio harum radicum sex que diuiditur tribus diuisionibꝰ. Una scz cui proprium est esse vniuersale vt est proprietas significatorum inceptionum significantium tempore coiunctiõis vtrorumque altiorum in ♈ & in tempore coiunctionis eorum dum mutatur a triplicitate in triplicitatem in rebus vniuersalibus vt sint de huna & vites et secte & his similia. Secunda proprietas est quedam partes ipsarum vniuersalium vt proprietas significatorum coniunctionis vtrorumque infortuniorum in ♋: et coniunctio vtrorumque altiorum in ceteris signis inesse sublimatorum ex regibus scz & nobilibus in eodem profectu. Tercia vero diuiditur pluribus diuisionibus in qua participantur ceteri significatores super partes ptinm ipsarum vniuersalium vt participatio significatorum annorum & quartaru atque mensium super esse hominum aeris atque ceterorum effectuum alioruz fertilitatem quoque et penuriam: & cetera his similia: participatur quoque his significati onibus dns orbis: hoc est vt aspicias tempore mutationis sectarum & vicium ponetur ipsa, hora inceptio temporū quoruum quantitas erit sm quantitatem graduum circuli: et ponetur dns orbis planeta ad quam puenerit numerus ex dno orbis coniunctionis significantis diluuium vel ꝯiunctionis que fuit in capite ♈: & ponetur ei inceptio in dispositiõe ipsoꝝ temporum: deinde diuiduntur ipsa tpa: quartas adinstar quartarum anni & ponetur vnaqueque quarta eorum quoddam inicium pro causa cuiusdam accidentis ex corruptionis tempore expletionis vniuscuiusque quarte quartarum in sectis atque regnis vel corruptio esse aeris: et diuersitatis eius qualitatis tempore mutationis luminaris maioris a quarta in quartā: et po nei dñs orbis significator prime quarte que est .90. annoɍ ɤ quarte secunde erit planeta ad quē peruenit orbis a dño quarte prime participesq̃ ei dñs quarte prime ɤ exercet res in significationibus quartarū ſm hunc modum vſq̃ in expletionē eoɍ. ¶Cuius rei exemplar est ꝙ coniunctio que significauit diluuiū fuit ante cōiunctionē significantē sectaɜ arabū p. 3950. annos ɤ ḟuit illi orbi saturnus cum signo cancri ɤ fuit diluuiū postea per 279. annos: erit ergo inter primū diem anni diluuij ɤ primum diē anni in quo fuit cōiunctio signs sectam arabum. 3671. anni ɤ iam narratū celemꝰ tentemiɜ: ɤ alij extra euɜ ꝙ inter creationē ade ɤ nocte diei veneris in qua fuit diluuiū fuerint anni. 2226. ɤ mensis vnus ɤ .24. dies ɤ .4. hore. eritq̃ ſm hunc modū inter creationē ade ɤ primum dieɜ anni in quo fuit coniunctio significans sectam arabum. 5897. anni mensis vnus ɤ .23. dies ɤ .4. hore. Cūq̃ diuiserimus annos qui sunt inter coniunctionē diluuij ɤ coniunctionē significantē sectam arabum per. 360. inceperimus proijcere ab ariete perueniet annus ad pisces. Rursus si diuiserimus per. 360. ɤ acceperimꝰ vnicuiq̃ orbi signum vnum ɤ proijciemus a signo disponēte qd fuit orbis ĩ eodē tempore ꝙ est signum cancri perueniet orbis in cōiunctione significantem sectā ad geminos: ɤ si dederimus vnicuiq̃ planete orbem ex orbibus: ɤ ceperimus proijcere a planeta cuius est orbis in cōiunctione significante sectam pueniet numerus ad venerē. Si proijcerimus quoq̃ ab ascendente coniunctionis, q̃ fuerit in capite arietis vnicuiq̃ gradui vnuɜ annū pueniet in cōiunctione significante sectā ad. 20. gradū pisciū ɤ fuit almutaɜ sup dominū orbis ɤ super dñm ascēdētis ac dñs signi cōiunctionis maioris: erit ergo dispositor quarte prime que est .90. annoɍ ab inicio cōiūctionis significantis vite arabum: ɤ quarta secūda erit solis tercia quoq̃ quarta mercurij: ɤ quarta saturni ɤ hoc ſm dñium planetarū super dñm orbis ɤ sup ascēdens ac signum coniunctionis ɤ ſm participationē eoɍ cuɜ domino orbis primo qui est venus. Et aliquādo cōiunctio aspicif̄ que sit in expletiōe vniꝰ cuiusq̃ quartarū quarum narrationē premisimus ɤ nō cōsideref̄ vtrum pcedat vel succedat ɤ ponaf̄ vna radicum quas prediximus. ¶Et aliquādo ponif̄ dñs ascendētis anni in qua fuerit coniunctio significans euentuɜ sectarū ɤ viciū significator prime quarte que ē. 90. annoɍ ɤ dñs decimi significator secunde quarte: ɤ dñs .7. significator tercie quarte: ɤ dñs .4. significator quarte quarte hoc est ecōtrario illiꝰ ꝙ cōsuetū est fieri in prima diuisione. ¶Et aliquando ponif̄ signum ad quod puenit profectio anni duɜ mutaf̄ vis significator nature diuium eiusdem vitis: ɤ eorum habitus atq̃ indumēta ministroɍ quoq̃ eoɍ vel pedisequoɍ: ɤ dñs signi pfectionis significator temporɍ ɤ fortitudinis eoɍ ɤ participef̄ cum eo dñs quarte. ¶Et aliquādo ponit dñs ascendētis vniuscuiusq̃ quarte que est .90. annoruɜ dñs eiusdē quarte. ¶Apparēt aūt vnicuiq̃ profectioni ex ascensionibus horuɜ tēpoꝝ ⁊ ex locis cōiunctionū plures significationes sup̄ aliquā speciēruꝫ in qua erit sibi ꝓprietas p̄ceteris. Sicut apparet significatio ꝑfectionis ab ascendente cōiunctionis que sit ī ariete super res vniuersales atꝗ generales vt sunt diluuia ⁊ terremotus ⁊ pestilētie ⁊ his sīlia: ⁊ sicut' appareat sig̃tio ꝑfectionis a loco cōiunctionis ⁊ eius d̃no que fuit ī ariete sig̃tio super hoc q̓ accidit in ceteris vicibus breuibus in quidē tempibus ⁊ in quantitate vite ciuiū eoꝝ: ⁊ quicq̓d fuerit ex eis dedimus ad res vniuersales sicut signo ꝑfectionis ab ascendēte secte ⁊ a signo cōiunctionis secte ⁊ d̃nis eoꝝ apparet sig̃tio super hoc q̓ accidit in sectis: ⁊ sicut signo ꝑfectionis ab ascendente vicis ⁊ a signo coniunctionis vicis ⁊ d̃nis eoꝝ apparet significatio super hoc q̓ accidit in eis vicibꝰ regis regum secte ⁊ signo ꝑfectionis cōiūctionis triplicitatis ⁊ d̃no eius super hoc q̓ accidit in ipsa eadē vice: ⁊ sicut a signo ꝑfectionis ab ascendēte cōiunctionis que sit in eo reuolutionibus annalibus ⁊ a signo cōiunctionis ⁊ d̃nis eoꝝ apparet significatio sup̄ hoc q̓ accidit ī quibusdā domesticis q̄ sublimanꞇ in eadē cōiunctione. ⁋ Lū ergo fuerint hec signa illuminata a fortunis: aut fuerit d̃ni eoꝝ fortuna vel fortunati significant fortunā ī oibus illis rebus que significanꞇ p eos. Si aūt fuerit orīetales significāt apparitionē sig̃tionis eoꝝ ⁊ velocitate effectus eiꝰ ⁋ Et si fuerit angulares significant fortitudinē ⁊ salubritatē eoꝝ q̓ si fuerint mediocris esse significant mediocritatē ī hoc. ⁋ Et si fuerint ecōtrario huic q̓ diximus de fortuna ⁊ orīetalitate ⁊ angularitate atꝗ fortitudine signt malignitatē ipsarū rerum ⁊ vtilitatē earū atꝗ tarditatē eius effectus debilitatem quoꝗ ⁊ deiectionū atꝗ impedimēta earū: ⁊ fuerint ipsa tempora ex tēporibus significantibus recessionē alicuiꝰ speciēꝝ erit quod narrauimꝰ ex fortioribꝰ iudicijs in abscisione eius tp̄is ⁊ annulatione eius. ⁋ Exercent forsitan in ceteris annis d̃n̄ orbiū ⁊ ꝑfectionū s̄m modum directionis ab ascendētibus inceptionū: ⁊ a locis cōiunctionū ad vnūquodꝗ signū annū vnū s̄m successionē signoꝝ. ⁋ Et aliquādo dirigimus a gradu ascendētis mutationis triplicitatis ad vnūquēꝗ gradū annū vnū. Itē aspicimꝰ d̄m eiusdē termini in quo fuerit diuisio ponimusꝗ eum diuisioꝛes ⁊ aspicimus radios fortunaꝝ ⁊ infortunaꝝ existētes in gradibꝰ diuisiōis ⁊ iudicamꝰ s̄m hoc: aliquādo aspicīꞇ signū ad q̓d p̄uenit ꝑfectio anni mūdi ab ascēdēte secte: ⁊ diuidit̄ in .12. partes significātꝗ p primā diuisionē s̄m naturā signi ⁊ d̃ni eius significationeꝫ: ⁊ p diuisionē secūdā s̄m signū quod eum succedit ⁊ eius d̃ m̄ ⁊ exercet̄ hec dispositio donec veniaꞇ ad nouissimū signoꝝ. ⁋ Et quociēscuꝗ p̄uenerit directio ab aliquo locoꝝ queꝫ diffiniuimus ad radios planete ex radijs s⁊ existentibus in anno coniunctionali significabit hoc euentū eius q̓ significauit in annis cōiunctionis. Si aūt fuerit hoc in hora mutationis profectionis erit hoc significatio effectus eius queꝫ ꝑmisit annis profectionis per ipsum planetā ad cuius radios peruenerit: ⁊

filt si fuerit radius ad quē puenerit ex radijs iceptionis secte efficiet quod promisit ipse planeta cuius est radius in inicio secte. ¶De qualitate aūt scientie signoꝶ pfectionis ad loca quoꝶ memoriaꝫ premisimꝰ in oibus annis narrabimꝰ in loco sibi cōgruenti si deus voluerit: ⁊ quia deo auxiliante pegimꝰ id qd exponere voluimus pficiamus primā differentiaꝫ ipso fauente.
¶Differentia secunda.

Indicemus in hac differētia fortiꝰ signoꝶ triplicitatū significantiū prolixitatē tepoꝶ ⁊ breuitatē eoꝶ cū sint veluti colūne vel sustentamēta vel reme ad hoc ꝗ volumꝰ tractare de scia qualitatis reꝶ quarū memoriā pmisimus. ¶Dicamus itaꝙ quia cū ceciderit coniunctio in triplicitate ignea sigbit hoc fortitudinē ciuiū orientis ⁊ fortius signū signis eius est sagittariꝰ. Mediocre vo leo: ⁊ debilius aries: ⁊ cum fuerit hoc i triplicitate terrea significabit hoc fortitudinē ciuiū occidentis: ⁊ fortiꝰ signū signis eius est capricornꝰ: ⁊ mediocre virgo: debilius vo thaurus. Et cū fuerit ħ i triplicitate aerea sigt fortitudieꝫ ciuiū ptis septētrionaľ: ⁊ fortiꝰ signis eiꝰ ē ♒: mediocre ♎ ⁊ debiliꝰ ♊. ⁊ si fuerit ꝑ hoc i triplicitate aquatica significat fortitudinē ciuiū partis meridiane fortius signis eius piscis ⁊ mediocre scorpio: debiliꝰ aūt cancer: ⁊ hoc fit ppter fortitudinē illoꝶ duoꝶ signoꝶ. ¶De tpe aūt apparitionis significationis triplicitatis ignee ad tres cōiūctiones scꝫ post reuersionē cōiūctionis ad signū triplicitatis ad qd mutata est cōiūctio. In triplicitate aerea ⁊ terrea ad .4. cōiūctiones. ¶Accidit quoꝗ vt sit mutatio ex parte vniuersitatis significationū mutationis ad triplicitatē igneā śm hūc ordinē post .9. cōiūctiones ab hora mutatiōis. In aeris quoꝗ ⁊ terrenis post .8. coniunctiones ⁊ in triplicitate aquatica post .6. coniunctiones. ¶Triplicitates aūt i quibus accidit cōiunctio significās longitudinē vite regū sunt ipse i quibꝰ fuerit saturno testimoniū. ¶Significat quoꝗ fortitudo ciuibꝰ partiū i hora mutatiōis cōiūctionis a triplicitate i triplicitatē eꝶ pte dñi planetarū sup ascēsiones cōiūctionū ⁊ loca earū. Si eni fuerit dñiuꝫ saturni sigt hoc fortitudinē climatꝫ ciuiū primi: deinde succedūt ħ ceteri planete śm ordinē circuloꝶ ⁊ clima primum śm ordinem numeri donec veniatur ad vltimum eorum. ¶Quantitas autem vite eorum in triplicitate ignea est breuis temporis nisi sit coniunctio in sagittario: erit autem hoc significator longitudinis temporum eorum. In vtrisꝗ vero eoꝶ coniunctionibus arietis scꝫ ⁊ leonis erunt spacia tempoꝶ eorum in eis śm quātitatē temporis vnius cōiunctionis: ⁊ in cōiunctione sagittarij sigt tempus duarum coniunctionum preter quod attinet ioui in hoc in augmentatione. In triplicitate autem terrea vite eorum prolixe: et melius in hoc est capricornus. ¶Et quociensqꝗ surrexerit aliquis surgens in anno scꝫ coniunctionis capricorni ⁊ fuerit hoc cum aspectu saturni ⁊ iouis significabunt spacia tempoꝶ duarū coniunctionū pter quod attinet saturno τ ioui: in hoc de augmentatione saturni. Et si fuerit coniunctio in thauro dum surrexerit sigt tempus vnius coniunctionis. Si aut fuerit tunc luna τ venus i optimis locis augebunt ipsa tempora. Si vo fuerit coiuctio i virgine τ testificati sunt saturnus τ iupiter significabit hoc tempus vnius coniunctionis. ⁋ Et si fuerit coniunctio in triplicitate aerea sigt prolixitate temporis eo: τ maxie si fuerit saturno τ ioui testimoniu p pntiam scz eorum, in angulis vel vnius eo: fueritq̃ pulsator ex eis in angulo si eni ita fuerit res sigbit hoc tempus vni° coiunctionis τ dimidij: τ si surrexerit in anno coiunctionis geminoꝝ significabit hoc tempus duaru coiunctionu preter quod attinet saturno τ ioui de augmetatione propter testimoniu eo ꝝ supra ipsa tempora Et si fuerit coniunctio in libra scz duz surrexerit sigt q̃ quatitas temporz sit fm quatitate numeri qui est int iouem τ saturnum aut fm quantitatem annoꝝ eo. ⁋ Et si fuerit eleuatio eius in reuolutione anni coiuctionis aquarij: habueritq̃ saturnus i eo testimoniu significabit hoc temp° triu coiunctionu τ si iteru reuersa fuerit coiunctio ad aquariu fueritq̃ saturno in eodem testimonium' in prima vite significabit hoc tempus sex coniunctionum eritq̃ res in hoc fm q̃ narrabimus vsq̃ i hora destructionis testimonij saturni τ iouis. ⁋ Timet quoq̃ multocies i pfectione vniuscuiusq̃ coiunctionis donec traseat de annis fm q̃ est inter horam coiunctionis τ ei° ascedes ad vnum quodq̃ signu annu vnu. Cumq̃ trasierit hoc pficiet vna coiuctio. ⁋ Et multociens oportet vt exerceat hec dispositio in omni anno cuius tempus fuerit plus vna coiuctione. Et cum deciderit coiunctio i hac triplicitate τ testificati fuerint saturnus τ iupiter sigbit hoc prolixitate tpis nisi coiunctio fuerit i libra: τ sigbit hoc velocitate mutationis τ annulationis: τ silr erit sigtio cum fuerit coiunctio in capricorno. ⁋ Et si fuerit coiunctio i cancro τ eius triplicitate erit ita q̃ pmemorauim° de longitudine temporꝝ pter q̃ meliora signis aquaticis sunt scorpio τ piscis: quia sunt domus planetaru altio ꝝ eo q̃ signa altioru sint magis significantia longitudinez temporꝝ q̃ signa planetaru inferioꝝ. ⁋ Signat quoq̃ aliquado quatitas vite ex tempore mutationis quartaru que exposuimus in differentia prima. ⁋ Sciētia aut qualitatis quoꝛundam vniuersaliu ex significationibus triplicitatu est: quia cum mutatio fuerit in triplicitate ignea vel aerea sigt apparitione.i.exaltatione diuitum τ regum atq̃ nobiliu q̃z magnatum τ sapientum τ sublimitatem ciuium harum generationum. Si vo fuerit mutatio in aquaticis atq̃ terreis sigt vulgi τ mediocriu hominum equalitatem eoruz cum regibus in ordine. ⁋ Et quia iam peregrinus ad quod narrare voluimus explicemus differētiā secudā dono dei τ eius anxilio τc.

Differētia tercia i scia coiuctionu significantiu ntitates ꝑphetaꝝ τ violentu scz q principant τ mores eoꝝ signa q̃ que fiunt in eis τ signa ꝑphetieeoꝝ τ quādo apparebut τ vbi τ quatitates annoꝝ eoꝝ.

Et quia iam premisimus in differentia secunda qđ debuit premitti de qualitate scie signi fortioris signis triplicitatū τ quādo citate apparitionis significationis eoq̃. Nunc narremus in hac differentia mutationes coniūctionū significantiū natiuitates prophetarū qui eleuant ad hoc ut sint reges violentum τ reliquū esse eoq̃. ¶ Dicamusq̃ quādo mutant coniunctiones a triplicitate in triplicitatē τ fuit aliquis planetarū trium superiorū in nono vel in tercio ab ascendente eiusdē coniunctionis significantis apparitione eoq̃ τ maxime saturnus significabit hoc natiuitates prophetarum. Si aūt fuerint diuisiones ascendentis aut iouis aut lune in signis cōibus significat natiuitates eoq̃ sicut in secūda coniunctione eiusdē coniunctionis vel tpe profectionis orbi secūdi ab ascendente coniunctionis. ¶ Scia autē morū eoq̃ accipitur ab esse lune in reuolutione anni significantis natiuitates eoq̃. Que si fuerit in suo ornatu .i. sua dignitate vel i suo hayz sigt honestatē morum eorum. ¶ Si vero fuerit econtrario huic significat ecōuerso. ¶ Scia quoq̃ notarū siue signoq̃ que fuerint in corpibus eoq̃ vtpote cicatrices τ macule τ his similia accipit a loco partis fortune. Q si fuerit in anno significante natiuitates eoq̃ in diuisione dextera sigt hoc q ipsa signa vel macule erūt in latere eoq̃ dextro. Si vero fuerit i diuisione sinistra erūt in latere sinistro. ¶ Aspiciet etiā sepe presentia eius in signis circuli: si fuerit in gradibꝰ ascendentis sup terram significat q ipsa signa τ macule erūt in finibus eoq̃ in parte dextera. Et si fuerit in gradibꝰ qui sūt sub terra erit i latere sinistro. ¶ Et si fuerit in secundo ab ascendente erit in ore eoq̃ vel labijs eoq̃ sinistris aut faciebus eoq̃. ¶ Et si fuerit in tercio erit in brachijs. ¶ Et si fuerit in quinto erit versus anchas eoq̃ sinistras. ¶ Et si fuerit in sexto erit in cruribus vel coxis eoq̃ τ in pedibꝰ eoq̃ sinistris. ¶ Rursum si fuerit in septimo i gradibꝰ eoq̃ qui sunt sup terrā significabit q ipse note sunt i latere dextro. ¶ Si vero fuerit in gradibꝰ q sunt sub terra erit in latere eoq̃ sinistro. ¶ Si vo fuerit in octauo erit in lateribꝰ eoq̃ in hoc q succedit anchas eoq̃ dextras. ¶ Et si fuerit i nono erit in lateribꝰ eoq̃ dextris: aut i pectoribꝰ vel i scapulis. ¶ Et si fuerit i decimo erit i lateribꝰ eoq̃ dextris. ¶ Et si fuerit i vndecimo erit versus anchas eoq̃ dextras. ¶ Si vo i duodecimo erit i cruribꝰ vel i pedibꝰ dextris. ¶ Accipiunt quoq̃ loca signoq̃ que fiunt i eis alio modo: hoc est vt accipias ascendēs coniunctionis significātis natiuitates eoq̃ si fuerit masculinū: eoq̃ note erunt in parte dextera: τ erit qualitas coloris eoq̃ trahēs ad rubedinē vel albedinē. Si vo fuerit femininum erunt note eorum in posteribus eoq̃ in parte sinistra: τ erit qualitas coloris eoq̃ declinans ad nigredinē vel viriditatem. ¶ Accipiunt quoq̃ multociens ipsa loca signorum vel macularum in corporibus eoq̃ a parte exceptabilis extracta a dño hore in solem super quem augent gradus ascen-

dentis τ proijcit̄ ab eo:τ quo puenerit ex signis erit nota in mēbro eiusdē signi in quo ceciderit pars fm ordinem significationū signoꝝ sup membra
¶ Scīa aūt signoꝝ pphetie eoꝝ accipit ab almubtez super ascendēs natiui tatū eoꝝ:si fuerit almutez sup hoc saturnus significabit ꝙ ostendit res difficiles τ admirabiles. Et si fuerit iupiter significabit ꝙ ostēsio eoꝝ sit religio Et si fuerit ♂ pcipient hoies exercere bella et pugnare sup hoc. Et si fuerit aliquod luminariū τ fuerit in loco laudabili ab ascendente significabit patefactionē eaꝝ predicationū τ obedientiam eoꝝ que proferunt per vim miraculoꝝ τ apparitionē eoꝝ. ¶ Si aūt tunc fuerint loca eoꝝ optima τ fortiᵒ ad hoc:τ maxime si fuerit significans super hanc rem luna in loco scz separationis eius a nodo coniunctionis quia ita significabit certitudinez eoꝝ que narrauimus:τ erūt de his qui hereditabunt sapientiā in iuuentute eoꝝ Et similiter cū separata fuerit luna a nodo ciunctionis τ iuncta fuerit planete qui eam recipiat significabit ꝙ eoꝝ loquela τ predicatio sunt recepta.
¶ Scientia quoꝗ temporis quo apparebūt accipit ab ascendēte coniunctionis τ a loco coniunctionis que signt apparitionē eoꝝ. Si fuerit ascendens aliqua domorū planetarū altiorū vel exaltationum aut domus lune τ fuerit saturnus in angulo p numeꝝ vel equationē erit directio ab ascendente coniunctionis in locū cōiunctionis ad vnū quodꝗ signū annū vnuz Si vero nō fuerit ascendens vnū eoꝝ que diximus erit directio a coniunctione in ascendens cōiunctionis ad vnū quodꝗ signū vnum annū nisi sit signum cōmune:quia hoc significat ꝙ natiuitas eoꝝ erit in hora reuersionis orbis ad ascendens:eritꝗ apparitio eoꝝ tempore reuersionis coniunctionis ad signū in quo fuerit cōiunctio tempore natiuitatis eoꝝ τ fortassis erit in sequēti cōiunctione eiusdē cōiunctionis queadmodū supra diximᵘ. Et erit quantitas annoꝝ eoꝝ equalis tempori quod fuit inter horā natiuitatis τ horā apparitionis eoꝝ:τ erit exitus eoꝝ de ciuitate signi in quo cederit coniunctio:actus quoꝗ eoꝝ erunt in ciuitatibus signoꝝ eoꝝ que sunt in quantitate ascensionis cōiunctionis:eritꝗ dies spacij regni eoꝝ fm quātitatē annoꝝ minorū dn̄i signi ciuitatis in qua apparebunt actus eoꝝ τ erunt flagella eoꝝ tpe destructionis dn̄i eiusdem signi : τ maxime si fuerit hoc in aliquo anguloꝝ signoꝝ in quibus apparuerit actus eorum. Cuius rei exemplar est. Q̄ cū mutaret cōiunctio a triplicitate aquatica in triplicitate igneā fuit hora natiuitatis ale alaus albasin in anno. 17. hore coniunctionis:τ hoc ideo fuit quia ascendēs cōiunctionis fuit leo:τ cōiunctio fuit in sagittario in signo cōmuni τ nisi esset cōe esset natiuitas fm ꝙ erat inter ascendens cōiunctionis τ locū eius ex numero qui sunt. 5. anni. Cūꝗ esset cōmune eis scōs orbis τ peruenit hoc ad. 17. annos. Cūꝗ reuerteret coniunctio ad sagittariū τ perambularet triplicitatez appartuit ipse natᵘ τ era

lius vel homo. 43. annorum: ex quibus tres fuerunt pfectiones coniuncti
onis sagittarij. τ. 20. anni fuerunt ɔiunctionis leonis. Ceteri quoq; 20. an
ni fuerunt coniunctionis arietis. Cumq; rediret coniunctio ad sagittariu˜ ex
iuit de ciuitate assedem que interpretat˜ salutis siue salutationis. Cuius si
gnificator est sagittarius qui est signu˜ coniunctionis suitq; apparitio eius
actus in regionibus quadrantis ascendentis qui est scorpio. Iucune˜.s. al
hesera: τ fuit spaciu˜ s˜m quantitate˜ minor˜ annor˜ d˜ni signi ciuitatis qui est
mars. 15. scz anni. fuit quoq; flagellu˜ eius te˜pore combustionis d˜ni signi
qui est mars in leone q˜d est vnus angulor˜ signi ciuitat˜ in qua apparuit
actus eius τ qr iam peragimus quod exponere volumus explicemus d˜ram
terciam dono dei τ eius auxilio.

D˜ra quarta in sc˜ia decretoru˜ eoru˜ τ legu˜ τ indumento˜
siue equitaturaru˜.

Narremus in hac d˜ra decreta τ leges indumentaq; equitatu
ras atq; nauuemu˜ ciuiu˜ secte ad quos mutat˜ vis vel vicissi
tudo. ¶ Dicamus quoq; quia cum iupiter per natura˜ signifi
cet fidem τ diuersitates legum in temporibus τ vicibus atq;
sectis ex complexionibus saturni τ ex complexionibus cete
ror˜ planetariu˜ cum eo scz ioue: necesse est vt aspiciamus ioue˜
qui si fuerit in loco fidei ab ascendente coniunctionis que significauit mu
tatione˜: τ almubtez sup locu˜ fidei fuerit ei co˜plexus erit narratio in hoc s˜m
ipsum. ¶ Si fuerit complexus saturno significabit q˜ fides ciuiu˜ eiusdem
sit iudaisma q˜d congruit planete saturni eo q˜ omnes planete iungu˜tur ei:
τ ipse nemini illor˜ iungitur. Et similiter iudaica fides: omnes ciues cete
raru˜ confitentur ei: τ ipsa nulli confitetur τ erit magis exercitium eor˜
in hoc q˜d ɔgruit huic fidei τ q˜d sit ei fuerit. ¶ Et si complexus ei fuerit m˜
significat culturam igneaz τ fidem pagana˜. ¶ Et si complexus ei fuerit sol
significat culturaz stellarum τ ydolor˜. ¶ Et si complexa ei fuerit venus
significat fidem vnitatis et munda˜ vt fidem sarracenor˜ et ei similem.
¶ Et si complexus ei fuerit mercurius significat fidem cristiana˜ τ omnem
fidem in qua fuerit occultatio τ grauitas τ labor. ¶ Et si complexa fuerit
ei luna significat dubitatione˜ ac volutione˜ τ mutatione˜ ac expoliatione˜
a fide: τ hoc propter velocitate˜ corrupti onis lune τ celeritate˜ motus ei˘ τ
paucitate˜ more eius in signo. ¶ Accipit˜ quoq; sc˜ia huius rei aliq˜ ex parte
nature d˜ni ascendentis coniunctionis. Q˜ si fuerit saturn˘ laborem ciuiu˜
eiusdem secte. Et si fuerit iupiter erunt religiosi cultores vnitatis. Et si

fuerit mars erunt auctores peregrinationū effundentes sanguinem τ pau
ce humilitatis. τ commiscentes se adinuicem. Et si fuerit sol erit habitū
vestimenti venusti. Et si fuerit venꝰ erunt diligentes ludos τ delectationes
atcp voluptates. Et si fuerit mercurius erūt sapientes exercentes disputa
tiones τ contentiones. Et si fuerit luna erūt qualitates scđm qualitatē pla
nete cui cōplectitur luna. ¶ Exercent quocp hec ex pte regni et est illa que
accipitur a marte in lunam super quam augent gradus ascendentis profe
ctionis significantis mutationē τ proijcit ab eo τ quo puenerit ibi erit pars
τ si ceciderit ab ascendente coniunctionis in nonum vel decimū significat
hoc culturā dei ab eis in veritate: Et si fuerit in vndecimo vel duodecimo
significat cp dicunt hoc et nō sciunt. Aspicit quocp locus partis ex domibꝰ
planetarum cum mutatio non significauit sectas sed significauit destructi
onem fidei τ mutationem eius. Et si fuerit in domibus saturni significat cp
colet ydola ferrea et his similia. Et si fuerit in domibus iouis colet idola
aurea. Et si fuerit in domibus martis colet ignem. Et si fuerit in domo so
lis colet ydola lignea. Et si fuerit in domibus veneris colet ydola argen
tea. Et si fuerit in dom bus mercurij colet ecclesias. Et si fuerit in domo lu
ne: lunā. Debes quocp cōmiscere has significationes quas diximꝰ de mul
tis partibus partium τ iudices super fortiorem significationē: τ potentiorē
ceteris testimonio. ¶ Extrahitur etiam multociens pars regni alio modo.
hoc est vt accipias a gradu coniunctionis in gradum coniunctionis: τ au
gent desuper gradus ascendentis reuolutionis τ proijcit ab eo. τ quo per
uenerit ibidem erit pars regni. Rursum extrahit pars regni ita vt accipiaʒ
scz a gradu medij celi solis in medium celi reuolutionis in die ac nocte: τ
augent desuper gradus iouis τ proijcit ab eo: τ quo peruenerit ibideʒ erit
pars regni. Exercent he tres partes in omnibus reuolutionibus coniun
ctionalibus τ indicat de his sm positionē eorum in circulo et sm aspectuʒ
fortunarum τ infortunarum ad eas τ dicitur sm cp apparet de hoc.
¶ Scientia vero indumentorum illorum accipit a planeta qui fuit in deci
mo a domino ascendentis tempore mutationis τ coniunctionis. Si auté
non fuerit in decimo eius planeta accipit dns decime ascendentis. Si fue
rit saturnus significator significat cp maxima pars vestimentorum ciuium
eiusdem secte erit nigredo uestium scilicet de pilis aspera τ sordida. Et si
fuerit iupiter erunt vestimenta religiosorum, vt lana scilicet τ his similia.
Et si fuerit mars erunt vestimenta colorata cum rubedine τ pallore. Et si
fuerit sol erunt vestimenta serica. Et si fuerit venus erunt vestimenta lim
pida τ his similia ex vestimentis mulieribus. Et si fuerit mercurius erunt
vestimenta variata depicta. Et si fuerit luna erūt vestimēta alba τ his silia

Cientia quoqʒ equitaturarū eorum accipitur a planeta qui fuerit in quarto a dño afcēdentis tempore mutationis coniunctionis. Si aūt non fuerit in quarto eius planeta dñs quarti afcendentis erit fignificator:q̇ fi fuerit ♄ fīgt q̇ maxima pars equitaturarum ciuium eius fecte erūt runcini:ɀ fi fuerit ☉ equi:ɀ fi fuerit ☿ afini: et fi fuerit ♀ cameli:ɀ fi fuerit ☾ boues vel vacce. Et quia iam peregimus q̇d narrare voluimus explicemus differentiam quartam primi tractatus:ɀ perficiamꝰ tractatum primum auxilio dei ɀ eius adiutorio.

⁋Tractatus fecundus in fuma de rebus vitiū regnorum.

Ractatus fecūdus in fuma de rebus viciū ɀ p̄mutationū earum ɀ diuifionuɀ ɀ regum fuccefforumqʒ eorum:et funt octo differentie.⁋Differentia prima in qualitate fcientie permutationis vicis ɀ ad que conuertentur de populo ad populum.⁋Differentia fecunda in qualitate fcientie ad quam partem mutabitur viciffitudo ɀ loca ciuitatuɀ regū eius.⁋Differentia tercia in qualitate fcientie quantitatis more regis in ciuibus fecte conuerfe ad eos ɀ fortitudine ɀ debilitate eorū ɀ numero regum eoɼ:ɀ quid facient ciues regni ablati ab eis.⁋Differētia quarta in fcientia q̇litatis natiuitatis regum ciuium illius fecte ſm detenfū indiuiduorum ɀ completionem eorum in diuifionibus circularibus apud afcendentia permutationis coniunctionis ɀ triplicitatum: ɀ qualiter fcitur illud ex parte natiuitatum eorum ɀ tempus eorum et quītitas caufe eorū cum eleuantur. Sūme que funt ex qualitate nature eoɼ ex parte detenfus quorundam indiuiduoɼ ɀ completionē eorum in diuifionibus circularibꝰ et ex parte duarum partium illud fignificantium et aliorum.⁋Differentia quinta in qualitate fcientie quantitatis more eorum.⁋Differentia fexta in qualitate caufe egritudinum eorum fignificantis fuper detrimenta eorum ⁋Differentia feptima in fcientia qualitatis detrimenti eorum ɀ diei in quo erit ɀ ad queɀ conuertet̃ regnum poft eos.⁋Differentia octaua in fīgnōe ɔiunctionis duarum infortunarum in omnibus fignis ɀ detenfus vtriufqʒ in triplicitates fuper accidentia inferiora que faciunt fuas impreffiones ɀ quid eis congruit.

⁋Differentia prima ī fcientia qualitatis permutationis vicis de populo ad populum ɀ ad quem conuertetur populum.

Oftqʒ igitur premifimꝰ in tractatu primo q̇ oportuit exponi de qualitate fcientie rerum prophetarum ɀ decretoɼ eorum ɀ q̇ ɔgruit eis. Dicamus ergo in hoc tractatu fecundo qualitatem fcientie vitium ɀ regū:ɀ incipiamus in hac differētia in qualitate fcientie permutationis vicis de populo ad queɀ populum conuertetur eo q̇ ordo regum fit fequens ordineɀ

B

prophetarū: dicamus itaque per necessaria in adinuentione scientie illius sicut iam declarauimus in differentia prima primi tractatus. Scientia ascendentiū inceptionū almamarech in quibus fuit inicium vicis: τ scientia ascendeniū coniunctionum in quibus accidit illa vicissitudo: τ scientia annorum ascendentium τ quartarū vt dirigatur vnicuiq; rei de loco suo: τ dicatur s'm complexionem eorum: τ vbi fuerit permutatio vic[is] de populo ad populum: de secta ad sectam apud fidem reuolutionis: et qñ ceciderit ascendens prime secte vel vicis in triplicitatem ascendentis mutationis coniunctionis de triplicitate in triplicitatem aut in sextilitatem eius aut in angulum angulorum eius. Nam si res fuerit s'm q' narrauimus significat vicis regni permutationem τ apparitionem ciuium gentis super quam significauit permutatio almamari: τ conuersio vicis regni ad eos in eis. Cūq; fuerit reuolutio permutationum vicis regni: considera ad quod signum peruenit annus cum permutatur coniunctio de triplicitate in triplicitatem τ signum in quo coniunguntur. Nam hoc gentes τ partes eorum ad quos permutatur regni vicissitudo protendit: τ signū ad quod peruenit annus ab ascendente none coniunctionis significat causam eius per quod mutatur vicissitudo. Nam si fuerit eius peruentio ad nonum aut tercium: hoc quidem erit causa fidei: presertim si fuerit dominus domus coniunctionis in illo signo: aut si puenerit ad alia q' supradicta loca: iste quippe res habebunt se in illo s'm loci significationem: τ erunt tutores eorum a parte in qua fuerit ♂ ex parte ☉: si fuerit orientalis erunt orientales vel meridionales: τ si fuerit occidentalis erunt occidentales aut septentrionales. Q' si fuerit ♂ cum hoc in angulis recipiens coniunctionem festinabit illud super quod significat τ ipsum accelerabit: τ si fuerit remotus significationem suam differet vel tardabit. Et si fuerit in sexto: tutores eorum ex seruis fore et infimis significat. Et si fuerit in triplicitate signi coniunctionis erit de curia surgentis vel eleuantis. ¶Et si fuerit ♂ cadens significat eos fuisse abiectos τ ipsos ᴐsecutos fuisse regnū Et si fuerit in angulo significat eos potētes fuisse τ regales: τ ipsos per vim consecutos fuisse regnum. Q' si aspexerit coniunctionem ex quadratura impediet illud militibus regis τ seruientibus ei τ domui regni sui: τ s'm quantitatem loci aspectus τ fortitudinem eius erit eius nocumentum: τ precipue si fuerit ♂ in quarta coniunctionis. Et oportet vt scias profectionem anni cum permutatur coniunctio de triplicitate ad triplicitatem. Si enim venerit annus ad aliquē ex angulis ascendentis secte τ fuerit ascendens anni fixū significat constantiam vicis regni vsq; ad horam complementi reuolutois presertim si fuerit annus ad domum planete almustali sup esse gentis qui est dominus coniunctiōis τ significator vicis regni τ secte eorum: nisi forte cadat contrarietas in regno ab hora permutationis & coniunctionis ex triplicitate in triplicitatem: & multiplicentur guerre in extremis: & remoueatur eorum bonum apud coniunctionem super quam triplicitas significat fm q̃ p̃misim̃us. Et quando fuerit ♄ in hora coniunctiõis trãsiens super ♃ significat q̃ alterationes que fient in illa hora erunt per ensem et iniusticiam: et si fuerit transiens ♃ super ♄ significat q̃ ille alterationes fient per iusticiam & equitatem. ¶ Et si fuerit dominus termini coniunctionis aut oppositiõis facte ante introitum anni coniunctionis aut ante reuolutionem annorum aut quartarum infortunatus significat hoc exitum insurgentium in reges: & contrariorum eorum in temporibus futuris: & quando fuerit coniunctio eorum in signis conuersiuis significat mutationes cõmunes: & quando fuerit in fixis significat stabilitatem rei: et q̃ fuerit ex mutationibus redibit ad prosperitatem: & si fuerit in signis duum corporum erit res in illo mediocris: & significat apud coniunctionem eorum q̃ q̃plurimum prosperitatis erit in terris et in regionibus ♃ et destructionis in terris ♄. ¶ Cum autem peruenerit annus ad septimũ ab ascendente secte & fuerit dominus septimi infortunatus illud significat descensionem: & si fuerit infortuna significator gentis & fuerit descensio ad discidium inter eos erunt ipsi destructores sue vicis & discẽsiões in ea: deinde reparabitur esse eorum in illo. ¶ ♃ si fuerit permutatio almamari in aliquo annorum: & non fuerit ex annis permutationem secte significantibus caueat ab ascendente pmutationis almamari in qua fuit secta cum pmutatione secunda. ¶ Et si fuerit permutatio almamari superioris pmutationis regni excusaberis cum ascendente almamari primi quoniam permutatio secunda facta est ei inicium: sed pmutatio vicẽ & regni in vno populo ex vna generatione ad aliam generationem erit hoc cum dominatur reuolutioni ad aliquam quartarum. Cum significauerit coniunctio permutationis & fuerit in signo duum corporum: et ascendens similiter significat q̃ mutatio erit quando perueniet annus cum directiõe ad locum coniunctionis: & si non fuerit in illa hora erit in coniunctione secunda: & cum fuerit coniuctio in principio signi: erit permutatio in coniunctione tercia: et si fuerit in medio eius erit illud in coniunctione secunda: et si fuerit illud in fine eius erit illud in coniũctione prima. Et considera iterũ in partem regni si ceciderit in principijs signorum ciues illius secte interficere se adinuicem significat: & si ceciderit in medijs eorum significat q̃ regnum eorum durabit: & si in finibus eorũ ceciderit significat q̃ gentes exibunt contra eos ex alia secta querentes regnum.

⁋Et si volueris scire qualitatē gentium ad quas permutabitur vicissitudo cōsidera partem regni cum quo planetarum pulsetur: scias q̄ ipsum regnū permutabitur ad gentes quaruz ipse planeta pulsus ab ea significator extiterit vel erit. Postq̄ itaq̄ explicauim⁹ illud quod exponere voluimus. Compleamus igitur aminiculo dei differentiam primam.

⁋Differentia secunda tractatus secundi in qualitate scientie ad quam partem permutabitur vicissitudo τ loca ciuitatum regum eorum.

Ecuz iam premiserimus in differentia prima causaz vel occasionem facientem permutare vicissitudinez ad ciues alterius secte τ permutare eam de gente ad gentez ciuium illius secte. Narremus nunc partes ad quas permutat̄ vicissitudo τ loca ciuitatū in eis existentium.⁋Scientia vero qualitatis cognitionis qualiter adinueniatur: est vt consideres partem regni cuius rememorationem in differentia quarta primi tractatus premisimus que si fuerit in parte orientis erit permutatio ad partem illam: τ si fuerit in parte occidentis erit permutatio ad eam: τ si fuerit in angulo terre erit permutatio ad partem septentrionis vt est extremitas terre latinoru̅: τ si fuerit in medio celi erit pmutatio ad partē meridiei: τ si fuerit inter istos angulos proporcionabitur permutatio ad partem que fuerit propinquior vni duoq̄ angulorum quisquis fuerit. ⁋Et si qualitatem scientie locorum ciuitatum eorum scire volueris considera descensum dn̄i partis regni in circulo qui si fuerit in medio celi erit in medio climatuz: τ si fuerit remotus remouentur ciuitates eorum ab illo termino f̄m q̄ est locus eius ab oriente meridie et occidente τ septentrione aut ciuitates eorum erunt inter hec. i. in illa parte: τ si fuerit signum aquaticum erunt eorum ciuitates super littora τ super flumina magna. Et oportet vt consideres in reuolutione annorum in quibus acciderit vt aliquis planetarum sit in gradu exaltationis sue: τ ☽ iuncta ei nam cū res se habuerit f̄m hoc significat apparentiaz nature illius planete in toto mundo: precipue si fuerit dn̄s anni: τ fortasse transportabit habitationes regum ad climata quaru̅ significator existit. Post igitur iam explicauimus quod exponere voluimus: perficiamus itaq̄ auxiliante deo differentiam secundam secundi tractatus.

⁋Differentia tercia secundi tractatus qualiter scitur quantitas more vicis in ciuibus secte conuerse ad eos: τ qualiter sciatur fortitudo eorum: necnō τ debilitas eorum: τ numerus regum eorū: τ quid facient ciues regni conuersi ad eos cum ciuibus regni ablati eis.

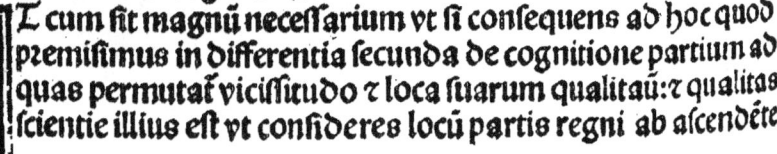Ecum sit magnū necessarium vt si consequens ad hoc quod premisimus in differentia secunda de cognitione partium ad quas permutat̄ vicissitudo τ loca suarum qualitatū: τ qualitas scientie illius est vt consideres locū partis regni ab ascendēte

permutationis coniunctionis significantis eorum vicissitudiné. Q si fuerit in angulo τ dominus eius in angulo significat moram eorum fore ƒm qñ titatem temporu reuolutionis magne que est. 960. anni solares. Et si fuerit pars remota ab angulo τ dominus eius in angulo fuerit: significat qǝ mora eorum erit ƒm quantitatem reuolutionis medie que est. 240. anni solares. Et si fuerint ambo cadentes ab angulis non aspicientes ambo ascendens significat illud qǝ mora eorum erit ƒm quantitatem ipsoru reuolutionis mi noris que est. 20. anni solares: τ forsan addeť mora eorum super ista in tri plicitatem de constantia vicis τ remotione eius. ¶ Et etiā scientia tempor quantitatis more eorum ext rahitur ex alia parte scʒ vt consideres coniun ctionem τ loca almubteʒ ex planetis τ ☽ centricunis. Et si fuerint descen dentes in angulos significant qǝ tempora quantitatis more eoʒ erunt etiā ƒm quantitatem temporis diuisionis magne: τ si fuerit inter ea que sequenť angulos significant diuisionem medie: τ si fuerint remoti ab angulis signi ficant minorem. Et aliquando extrahitur scientia illius exparte descensus coniunctionis τ domini eius ex diuisionibus circularibus. Q si fuerit con iunctio significans vicissitudinem τ dominus eius in angulis saluus a no cumentis boniqǝ descensus in circulo non infortunatus tunc hoc significat fortitudineʒ ciuium vicis illius τ apparitionem eorum τ augmentum τ ad ditionem rerum eorum τ longitudinem τ diuturnitateʒ temporum eorum more. Et si fuerit coniunctio τ domin° eius in angulis infortuni͡ı aut in an gulis planetarum retrogradantium cadentium: tunc illud significat breui tatem more eorum τ remotionem vicis eorum τ mortem eorum: τ plus ap parebunt iste significationes in regionibus quarum signum illius coniun ctionis erit significatiuú. ¶ Scientia autem numeri regum eorum erit ƒm quantitatem numeri qui est inter partem regni τ dominum eius cum pla netis qui sunt inter vtrumqǝ: τ si fuerit quidam planetarum in signo duum corporum dupl. cabit numeru illum. ¶ Et aliquando scitur quantitas illi° numeri ex parte ascensionum signi partis: aut ex parte annorum positoru domino partis: τ erit quantitas illius numeri ƒm qǝ exigit pars τ dominus eius ex longitudine temporum more eorum τ mediocritate eorum aut bre uitate eorum. ¶ Sed scientia illius ex parte reuolutionis minoris ex parte etiam ascensionu signorum erit ex parte reuolutionis medie: ex parte auté annorum planetis tributorum erit: ex parte etiam reuolutionis magne: et additur etiam sup illud quod planetis attribuitur ex magnis annis eis at tributuris reuolutio eoʒ parua quando ipse planeta erit reuolutionis dñs τ dominus signi profectionis. ¶ Scientia vero qualiter ciues secte cóuersę habeāt cum ciuibus secte ab eis remote extrahitur ex parte domini partis regni qui si aspiciat significatorem secte prime ex figura fortunata sicut tri plicitas τ sextilitas saluanť ab horribilib°: τ si aspexerit ex ifortunata figura

B 3

ſicut quadratura z oppoſitioe ſignificat ꝙ bella current inter eos z ſangui
nis effuſio:precipue ſi fuerit ibi ♂ in aliquo angulorum fortitudo:quoniaz
hoc fortitudinem z vehementiam eius in illo protendit. Et quia deo annu
ente iam explicauimus qd exponere voluimus:compleamuſ igitur ſecundi
tractatus differentiam terciam.

⁋ Differentia quarta in qualitate ſcientie de natiuitatibus regum ciuium
illius ſecte ſm deſcenſionem indiuiduoꝛ in aſcendente permutationis con
iunctionis in triplicitatibus:z qualiter ſcitur illud ex parte natiuitatū eoꝛū:
z quando erit illud:z quittitatem occaſionis eorum cum eleuantur:z ſūme
que ex qualitate nature eorum ſunt ex parte deſcenſus quorundam indiui
duorum z complexione eorum:z in diuiſionibus circularibus ex parte du
arum partium illud ſignificantium z alioꝛum.

Narremus itaꝗ in hac differentia qualiter natiuitates regum
ciuium illius ſecte inueniant ex parte deſcenſus indiuiduoꝛū
que ſunt pmutationis coniunctionis in triplicitatibus ex pte
natiuitatum eoꝛum z tempus illius quandocitatis z cetera ꝗ
determinamus in hac differentia. Dicamus ergo ꝙ cū fuerit
pars aſcendentis eius qui naſcitur ex gente illoꝛum ad quos
permutatur regnum:ſicut pars aſcendentis permutationis almamari: aut
partes due luminariuz:z precipue illius cuius eſt alnauba:aut pars ♄ : aut
♃ :aut eius aſcendens fuerit angulus ex angulis loci ſignificatoris aut ali
quoꝛum ſignificatorum cum cōmunicauerint in ſignificatioē duo planete:
ſignificat regnum eius z eſſe eius z fortitudinem eius:z hoc erit ſm ſignum
z dominum eius apud permutationez triplicitatis. Et ſi fuerit eius aſcen
dens ſignum medij celi et dominus eius fortis orientalis habens in ſigno
dominiuz ſignificat ꝙ ipſe erit rex famoſus z glorioſus z exaltatus z potēs
z vincens inimicos z nocens eis z ſuperans multas ſuorum inimicorum cī
uitates z eorum reges. Si vero res fuerit ſm contrarium illius qd dixim⁹
erit res ſm ꝙ accidit ex parte ſigni quod erit aſcendens in radice aut occa
ſus domini eius z erit ſermo in illo ſm quantitatez fortitudinis ſigni et dñi
eius:z ſm ꝙ planete aſpiciunt illud in radice aut debitationis.⁋ Si autē
quantitatem ſcientie huius ſcire voluris ex parte natiuitatum eorum conſi
dera aſcendētis multorum natorum ſcilicet illorum qui ſunt de parentela
regum:ſi fuerit ☉ in domo ſua aut exaltatione aut in medio celi aut in aliq̄
angulorum z continuentur ei domini aſcendentium ex locis fortunatis:et
ipſi fuerint recepti z precipue ex aliquo anguloꝛ regnabunt:z ſi non fuerit
☉ ſm hanc diſpoſitionem et fuerit debilis: conſiderabis ♄ qui ſi fuerit ſm

dispositionem quam diximus de ☉ regnabunt etiam: ꝙ si fuerit debilis et non fuerit inter ascendentium dominos ⁊ ☉ continuatio: considerabis dominos medij celi: et si fuerit ſm dispositionem quam diximus de dominis ascendentium scilicet ꝙ continuantur ☉ aut ♄ regnabunt. Et si fuerit ☽ in nocte in parte sue exaltationis significat natiuitatem regum: et presertim si fuerit in medio celi: ⁊ cum ☽ conuertitur a nodo ⁊ continuatur planete orientali in medio celi aut in numero exaltatiōis sue significat natiuitates regum: ⁊ quando ☽ fuerit in exaltatione planete ⁊ ille planeta fuerit in exaltatione ☽ ⁊ continuetur ei ☽ significat natiuitates regum. ⸿ Et quando fuerint stelle fixe habentes quantitatē primam ⁊ secundam in gradu ascendentis: aut in gradu medij celi significat natiuitates regum. ⸿ Et quando fuerint luminaria industoria planetarū significat natiuitates regum. Et si fuerint due fortune in duobus gradibus exaltationis earum et fuerint in medio celi aut ascendente: et presertim si fuerit altera earū domina partis fortune significant natiuitates regum. Et quando fuerit planeta climatis sicut ♄ in die ♃ babilonie ⁊ ♂ thurthie ⁊ ☉ grecie vel romanorū ⁊ ♀ arabie ⁊ ☿ egipti ⁊ ☽ assur ⁊ dominus medij celi in ascendentibus natiuitatum et ꝯtinuauerit se domino ascendentis ⁊ fuerit ipsa in sua exaltatione orientalis: significat ꝙ natus imperabit illud clima. ⸿ Et cum fuerit dominus medij celi ⁊ ☽ ⁊ pars fortune fortunati ⁊ domini eorum in ornatu suo significat regem magnū. Et quando fuerit luminare maius in medio ascendentis ♌ ⁊ fuerit ☽ in medio ascendentis ♉ aut ♋ significat natiuitates regum. Et quando fuerint luminaria in natiuitatibus in gradu exaltationis eorū ⁊ fuerit ☽ in suo ornatu significāt natiuitates regum. ⸿ Q̄ si volueris scire tempus illius postq̄m apparuerint significationes ⁊ cause quibus regnum consequitur considerabis dominos ascendentium qui si continuantur alicui trium quos prediximus qui sunt ☉ ♄ ⁊ dominus medij celi: ⁊ fuerit eoꝝ continuatio propinqua: tunc ipsi regnabunt in principijs temporum suorū ⁊ quanto fuerit continuatio propinquior tanto velocius regnabūt. Si aūt domini ascendentiū continuentur planetis alijs q̄ tribus quos predixim⁹ ⁊ non fuerint illi planete continuati ☉ neq̄ ♄ neq̄ d̄no medij celi erit illud in medietate temporū suorum: ⁊ precipue si fuerit inter eos vnus planeta ⁊ si fuerit inter eos ⁊ ♄ duo planete erit in finibus tempoꝝ suorum. Et cum peruenerit directio alicuius eorum ab ascendente natiuitatis sue ad signū ex signis super illud significantibus: ⁊ precipue signum medij celi ⁊ conueniat vt sit profectio ab ascendente secte ad illud signum significat preceptū ad natum conuerti in illa hora si iam peruenerit ad etatem qua possit eleuari. ⸿ Et si volueris scire quis eorum prius regnabit: considera cuius ascendentis dominus erit propinquioris continuationis: ipse est qui prius

B 4

regnabit: deinde qui prius post ipsum in continuatione Lunæ obligauerit alicui eorum & non fuerit ascendens obligationis quam obligauerit aliqs angulorum vicis regnum eorum significantium non complebitur illud ei.
¶ Qd si scire volueris tempus annorum quando eleuabitur considera dnm partis regni qui si fuerit parti regni iunctus significat illud super complementum eius: & si fuerit in quadratura sua significat super senectutem eius illud fieri. Et si fuerit in oppositione sua significat super senium eius.
¶ Qd si scire volueris qualitatem esse eius & nature eius ex parte descensus quorundam indiuiduorum et completione eorum in diuisionibus circularibus considera partis prime dominum qui est ♄ qui si fuerit recepturus saluus a nocumentis & infortunijs & aspexerit eam hoc quidem significat prosperum esse surgentis & eius bonum & equum cum prosperitate esse plebis & bonitate subiectionis eius: & similiter si fuerit ♄ in loco fortunato: sed si non fuerit receptus aut fuerit in loco sibi aduerso significat illud crudelitatem eius: & si fuerit dominus eius destructus significat qd destruet plebem suam et eum odio habebit et aggrauabit eos. Et quando fuerit dominus eius iunct⁹ in fortitudine in hora ascendentis eleuatione eius significantis hoc significat prosperitatem eius esse in exordio rerum suarum & prauum finem & destructione eius. Qd si obsessus fuerit inter fortunam & infortunam & fuerit ante eum fortuna & infortuna post eum significat destructionem in medio suarum rerum: & prosperitatem in fine earum: & si fuerit domus sue dominus iunctus ei non ab oppositione: plebis obedientiam ei prosperam significat: & si fuerit separatus ab eo significat qd ille rex laudabit bonum et extollet ipsum & promittet eum cum paucitate complementi eius: & si ab eo separatus fuerit apud oppositionem significat illud qd parum sue plebi confert. Et quando domin⁹ domus ♄ fuerit iunctus ei significat qd apparebit fortitudo super plebem suam & ipsum habere de inimicis triumphum: et si fuerit ab eo conuersus significat debilitatem eius & fortitudinem inimicor eius sup eum. qd si fuerit cum eo in signo & continuatio eius fuerit cum alio non cum suo signo: deinde continuetur cum ♄ prius qm a suo exiet signo significat multitudinem in eum insurgentium de domo sua: & ipsum ex eis incurrere oppressionem: sed de eis triumphum habere. Qd non continuat prius qm a suo signo egrediat cum ♄ erit hoc nocibilius ad hoc: & timendum est ei ne regnum & potestas sua auferatur. Et quando dederit vel domin⁹ pulsauerit septimi ♄ dispositionem planetis sub radijs destructionem inimicorum suorum per manus alterius ptendit. Qd si fuerit planeta cui datur exiens de subradijs erit hoc vehementius inimicis licet cum paucitate eorum: nisi planeta ille continuetur orientali planete in bono loco. Nam si res illa ita se habuerit significat multitudinem earum: quod & inceptio rerum earum erit ex parte orientis exitum dederit dominus septimi saturni & ei ex sextili aut trino aspectu significat paucitatem inimicorum eius:

τ noluerint cum eo τ cp̄ indigebūt eo inimici eius τ in tranquillitate habebit eos: τ quādo fuerit dom⁹ septimi saturni τ dederit ei planeta regimē significat multitudinē contra eū insurgentiū τ vincentiū eum cum multitudine eoɽ: τ cp̄ allicient plures ministroɽ surgentium: vnde timebit ei mors. Et quādo fuerit dn̄s. 7. saturni alterū luminariū aut dn̄s. 10. significat qd̄ ipsi insurgētes τ litigantes cōtra eū erunt gentes de ciuibus domus sue: τ quādo fuerit saturnus in reuolutionib⁹ diurnis in sua exaltatione, consideret iouem signābit cp̄ populabit terrā: τ vincet inimicos suos. ⁋ Et aliquādo significat super illud etiā ex parte partis dn̄i regni: nā si fuerit in triplicitate saturni aut sextilitate sua aut aliqs eoɽ receperit dn̄m suū signā cp̄ diliget a plebe in illa hora. ⁋ Et quādo accipit signātio sup hoc p situm planetaruz cp̄ est cū fuerit iupiter super eminens soli aut lune aut ascendens ex signo regali τ precipue si fuerit cōuersiuū in reuolutione eleuationē eius significante signā cp̄ aggregabit pecunias τ diliget eas: τ illud si fuerit duum corporū erit ad hoc sollitior τ studiosior super hoc vt cōgreget: τ si fuerit ex fixis significat cōstantiā eius τ diurnitatē τ fortitudinem τ famam imperij τ diu possedere regnū. Et si iupiter fuerit cadens ab aspectu luminariū duorum τ ascendentis erit ille nō proficiens cū breuitate more eius. Et cūz fuerit iupiter in reuolutione anni in quo eleuat sub radijs signā cp̄ amat congregare pecunias τ cum hoc si continuat ei mars aut sol erit cū illa congregatione dispendēs eas τ precipue si fuerit in septimo τ cū fuerit iupiter remotus et mars ei continuet signā cp̄ disperget pecunias recte τ non recte cū vilipendet eas: τ si fuerit iupiter cū hoc i domo sua signā cp̄ expēdet eas in reb⁹ exqb⁹ vtilitas reddit plebi: τ cum fuerit iupiter in loco sibi cōueniēti in loco forti ab ascendente saluus ab infortunijs signā cp̄ congregabit pecunias τ qret eas: τ si fuerit contra signā eoɽ dispersione: τ cum fuerit mars in bono laudabili loco τ ipse in domo iouis τ iupiter i domo sua: hoc erit significans strēnuitatē eius: τ obedientiā ciuiū regni sui τ tenebit eos: τ bonam habere famā τ erit potens sup suos inimicos τ super terras suas: τ precipue si fuerit reuolutio in die aut sol eum aspiciat ab angulo aut ab aliquo locorum laudabili. Et similiter quando mars i nocte fuerit in domo sua aut in domo exaltationis sue aut in domo iouis in aspectu eius signā gloriā eius τ magnaz famā τ magnā largitatē. ⁋ Et si mars iūctus fuerit p̄ti fortune signā cp̄ i effusione sanguinū interfectione proceɽ delectabit: τ cp̄ arma τ itinera diliget nimiū. ⁋ Quod si caput fortunijs iungat in ascendente reuolutionis anni eleuatione eius significantis signā eius potentiā τ fortitudinē super omnes principes τ plebem: τ cum sol continuauerit in eleuantis eleuationē marti τ fuerit vacuus cursu non aspiciens saturnū significat cōtra eū insultū militum qui fortiter eum destruēt τ defraudēt cum multitudine insurgentiuz τ diminutionē suoɽ extremoɽ cum vehementi tristicia. Quod si mars cō tinuauerit se saturno: sigñt milites quiescere τ ipsos ei obedire: τ debilitatem insurgentium τ paucitatem moræ eorum presertim si saturnus fuerit mundus in domo sua: τ si sol ioui continuetur τ nullo aspiciat saturnum aspectu significat insurgentium in eum multitudinē precipue de sua plebe τ de hominibus domus sue: τ incurret ex hoc merito rancorem. ⁋ Q̈ si iupiter aspexerit saturnum significat illud quietitudinē illius τ rerum eius rectificationem τ insurgentiū debilitationē: τ q̈ ipsos vincet τ precipue si saturnus fuerit mundus ī domo sua. Q̈ si sol cōtinuetur saturno sigñt euasionem eleuatis: τ q̈ erit fortis τ vincet: τ presertim significabit hoc cum fuerit mundus ab infortunijs: τ si sol separetur a ioue τ continuetur marti: deinde continuetur saturno priusq̈ a loco suo in quo fuerit exeat sigñt q̈ exibit aliquis contra eum de hominibus domus sue: τ de eis qui sunt vel ordine uel dignitate ei equales τ consequetur ex hoc menti rancorem demum superabit eum: τ presertim si saturnus fuerit fortunatus in domo sua: q̈ si nō continuetur sol saturno priusq̈ a loco suo in quo fuerit exeat significat multitudinē insurgentium τ oppositionem eius quod eueniet ei ex eis τ timorem super regnum suum. ⁋ Q̈ si mars a ioue separetur, τ saturno continuetur exit contra eum aliquis de ciuibus domus planete qui sibi ascribit τ videtur si continuetur saturno humiliabitur postea τ ei obediet. ⁋ Q̈ si mars a saturno separatur τ ioui continuetur significat q̈ ipse mutabit quosdam domus sue: τ ob hoc insurgent in eum τ nascentur super eum. ⁋ Q̈ si continuetur iupiter saturno ipse vincet τ presertim si fuerit in domo sua mundus: τ si cursus iouis euacuatur τ saluus fuerit ab infortunijs in lumine sui ipsius exiens sit fortis τ esse eius corroboratur τ cum fuerit aliquis planetarū in septimo ab ascendente in sua exaltatione significat crudelitatem regi super plebem suam: τ esse eorum fore malum in tempore eius τ si fuerit in septimo in descensu suo eū debilem esse significat τ plebis esse bonum τ fortitudinē eorum protendit Et oportet etiā vt consideres decimum ab ascendente τ. 10. a sole. ⁋ Q̈ si fuerit in signis fixis τ fortunatus in eis significat illud fortunam eius τ bonitatem τ diurnitatē eius τ si fuerint planete in his duobus locis in suis exaltationibus: aut fuerint septētrionalis latitudinis addentes in cursu erit melius ad hoc: τ cum fuerit dn̄s quarti aut septimi in ascendente aut ī medio celi significat illud q̈ inimici eius obedient. ⁋ Et si fuerit domin̄ ascētis aut dn̄s medij celi ī quarto aut septimo sigñt q̈ ipse obediet inimicis suis Et considera etiam partem regni que si fuerit in termino fortunato significat q̈ exercet iusticiam: τ si fuerit in termino infortunato significat q̈ exercet iniusticiam: et si fuerit dominus partis regni separatus a domino domus sue significat q̈ disperget substantiam: τ si fuerit dominus eius continuatus ei significat q̈ congregabit: τ si non aspexerit significat q̈ non erit alicuius qualitatis sensus apud ipsum neq̈ precij. ⁋ Sed qualitas sciētie nature eius est ex parte duarum partium super illud significantiū in duas domos cadentium vnius planete que sunt vt accipiant in hora eleuationis sue gradus qui sunt a sole vsq̃ ad .15. gradus leonis τ proijciat a luna τ quo peruenerit ibi est pars prima: deinde accipiat a luna vsq̃ ad .15. gradus cancri: τ proijciat a sole τ quo peruenerit ibi est pars secunda. ⁋Qd̃ si ceciderit in duabus domibus saturni significat illud q̃ vtet̃ fabrica τ fodere canales τ flumina τ habitationibus τ his similibus. Et si ceciderit i duabus domibus iouis: vtet̃ iudicio τ iusticia'. Et si ceciderit in duabus martis domibus significat illud q̃ vtet̃ bellis τ armis. Et si ceciderit in duab̃ domibus veneris sigt̃ illud q̃ vtet̃ rebus veneris sicut cantus τ ludibria τ his similia. Et si ceciderit i duabus domibus mercurij significat q̃ vtet̃ cōsideratione in rebus portancorum τ computationis τ scientiarū τ scripture τ his similia. Et est necessarium plus vt addat̃ duarum partium significationi significatio significatoris eleuantis q̃ est vt consideres coniunctionem significantem nouam sectam aut regni vicissitudinem τ dr̃m signi ad quod annus peruenit: τ pone primum sig̃torem huic rei sufficientē :τ pone illum qui sequit̃ eum i circulo significatoris eleuantis secūdi scd̃m partem ordinis dr̃ōrum horarum deinde comitare facias significatorē planete significantis super eleuantē duarū partiuz significationi τ annuente deo loquere s̃m ipsum: verbi gratia de hoc: annus in quo fuit coniunctio sectas significas ad geminos peruenit τ fuit significator mercurius dr̃s signi profectionis q̃ est gemini τ sigtor albubeluri luna que sequit̃ mercuriū i ordine τ s̃m hanc partem fuit dispositio in illo quoq̃ peruenit ad buhabem τ fuit significator luna deinde operaberis hoc idem s̃m hunc modum in futuro. Et quia auxiliante deo explicauimus q̃ exponere voluimus differentiam itaq̃ quartam compleamus.

Differentia qnta tractatus secūdi in qualitate scie more eor̃.

Scito q̃ scientie qualiter extrahat̃ eorum mora consideratio diuidit̃ i duas diuisiones quarum vna est ex parte reuolutionū annor̃ mundi τ secunda est ex parte eleuationis eorum. Consideratio aūt ex parte annorum mundi τ cōiunctionū est vt consideres reuolutionē anni mundi in quo eleuauit se eleuans: deinde considera saturnum q̃. si fuerit i domo sua tunc scia quantitatis vite eleuantis extrahit̃ a qnq̃ locis. quorū vnus est q̃ est inter saturnū τ ascendens ex quātitate numeri graduū oib̃. 30. gradib̃ annū τ secūdus scd̃m q̃ est int̃ ascendēs cōiūctionis vsq̃ ad locū cōiūctionis ex quātitate nūeri graduū: τ qntᵒ vsq̃ ad cōplemētū illi̕ cōiūctiōis. Et si fuerit saturnᵒ i aliq̃ domor̃ suarū: τ iam trūsierit qnq̃ gradus vsq̃ ad cōplementū. 15. graduū timebit super eū

in duabus horis quarum vna erit annus in qua fuerit coniunctio: z secuda
fm quatitate eius q̃ est inter ascedens coiunctionis vsq̃ ad locu coiūctionis vnicuiq̃ signo annū: z habebit duas horas etiā quarū vna est peruetio eius ad annos coiūctionis q̃ sunt. 20. anni: z secunda est peruetio eius ad etatā secte que habet. 125..annos: z scit q̃ illud erit ex profectione ascendentis reuolutionis vnicuiq̃ signo annus vsq̃ ad angulos coiunctionis: aut triplicitatū eius: aut cū peruenerit reuolutio ad infortunas: aut ad angulos eoȝ. Et si fuerit saturnꝰ in domo aliqua suarū sicut pd̄ixiꝰ: z fuerit in vno minuto vsq̃ ad. 5. gradus copletos aut. 15. vsq̃. 30. gradus copletos: hoc quidē sigt̃ breuitatē tp̃is eleuatis. ⁋ Et scia hore illius extrahit ex quantitate eius q̃ perambulauit in signo z quantitate residui vt ponat̃ vnicuiq̃ gradui annus z oibus. 5. minutis mensis z oibus. 12. scdis vnus dies: z adiuuabimus cum hoc per profectionē reuolutionis ab anno coniuctionis vsq̃ ad angulos infortunarum vnicuiq̃ signo annus. Et cōsidera si fuerit saturnus in domo planetarū superioȝ z ipse z d̃ns domus sue fuerit in aliquo anguloȝ coputa a d̃no domus sue ad eū per gradus equales omnibus. 30. gradibus annū: z omnibꝰ duobus gradibus z dimidio mēsem z oibus. 5. minutis die: z q̃ aggregat̃ ex hoc ipsum est quātitas vite. q̃ si fuerit saturnꝰ z d̃ns eius in hoc quod sequit̃ angulos accipiat̃ a d̃no domus sue vsq̃ ad eum z fiat sicut prius factum est. Et si fuerit aliquis illoȝ in angulo: aut in eo qui sequit̃ angulū: z alius remotus computet̃ ab eo q̃ est in angulo vsq̃ ad remotum ab angulo z sciat̃ hora fm q̃ premisimus. q̃ si fuerit inter saturnum z d̃m domus eius minus. 30. gradibus pones vnicuiq̃ gradui mensem: z omnibus duobus minutis diem. Nam fm quātitatem istius erit quātitas more. Et si fuerit inter eos plus. 30. minuat̃ illud ex. 360. gradibus: z quod remanserit post diminutionē detur vnicuiq̃ gradui mensis z omnibus duobus minutis diem z quod fuerit est quantitas more. ⁋ Et si saturnus fuerit in aliqua domorum planetarū inferiorum aut lune z aspexerint eum facies. s. d̃ni domoȝ eius facies in hoc vt facium est de primo. Quod est vt aspicias de planetis inferiorib̃ illum q̃ fuerit in angulo vsq̃ ad planetā in sequenti angulo: z a planeta q̃ fuerit in sequenti angulo vsq̃ ad planetam ab angulo remotū: z dabis omnibus. 30. gradibus annū fm quod premisimus in capitulo primo z si nō aspexerint saturnum minuat̃ ex gradibus qui sunt inter eos medietas: z accipit̃ omnibus. 30. gradibus ex medietate annus z inchoat̃ a debiliori loco numerare vsq̃ ad fortiorem: z si equant̃ in fortitudine locali numerabitur vsq̃ ad illum qui fuerit ex eis in ornatu suo: z si fuerit dominus domus eius ipsum recipiens non ascendet super eum: z erit quantitas more vsq̃ ad horam coniunctionis: z habet aliam horam que est vt des singulis. 30. gradibus annū z duobꝰ minutis mensez si fuerit inter eos minus. 30. z si fuerit plus. 30.

minuaſ illud de .360. τ opereſ, cuz eo ſicut prius operatū eſt: τ qʒ fuerit ipm erit quātitas vite. ¶ Et ſi fuerit reuolutio nocturna accipiaſ a ſaturno vſqʒ ad luminare maius τ opereſ cum eo queadmodū prius operatū eſt: τ quicquid inde puenerit ipſum eſt quantitas moræ. Qʒ ſi ſaturnus in his diſpoſitionibꝰ fuerit receptus: τ fuerit i ſigno duum corporū: dupleſ tūc illud quod tex annis τ menſibus τ diebus prouenit. Cum autem fuerit ſaturnus in reuolutione anni in quo eleuat: eleuās combuſtus nō complebit eleuans annum. Et exerceſ illud etiam in iouē τ dño eius τ dabis omni ſigno quod fuerit inter eos menſem ſecundū cōtrariū eius quod fecerit ſaturno, cum ei omni ſigno datus fuerit annus: τ aggregabit ei qʒ exierit de numero qʒ fuerit inter ſaturnū τ dñm eius: τ precipue ſi ſaturnꝰ τ iupiter fuerint in angulis niſi ſit ſaturnus i domo planete inferioris: τ dñs eius nō aſpiciat eū: naz tunc neqʒ per iouē neqʒ per dñm eius ſup aliquid in moræ augmēti iudicaſ
¶ Et cōſiderabis etiā iouē in hora reuolutionis qui ſi aſpexerit ſaturnum τ ipſe exiſtēs i angulo: aut ſequēti augulū male diſpōnis addet quantitati moræ .12. menſes aut .12. dies: aut totidē horas. Cūqʒ fuerit i reuolutione anni aliqua duarū infortunarū i .10. cōuertamus annos i mēſes: τ ſi fuerit aliquis eorū i .11. mora erit longior: τ hee ſigtiones i triplicitate cancri fortes inueniunſ. In reliqs vo triplicitatibꝰ ſi principiuꝫ fuerit legis aut regni forſitan planete ſignificant de quātitate moræ ſm quātitate eius qp intereſt duos ſigtores mēſem cum inter eos fuerit .30. gradus τ fortaſſe planete ex pte eleuationis ſup ſuos annos de quātitate moræ ſignt. ¶ Scia aūt quātitatis moræ eorū ex parte eleuationis eorū adinuenit p longitudinē que fuerit inter marte τ dñm domus eius i reuolutionibus annorū in quibꝰ ſe eleuabunt queadmodū cōpaſ i ſaturno τ ioue oī ſigno quod inter eos fuerit dando mēſem aut annū ſm quātitate fortitudinis τ debilitatis eiꝰ. ¶ In regibus vero aſſin τ i his q ex eis eleuanſ apud pmutationē almamari de triplicitate i triplicitate tūc quātitas moræ eorū ex parte ſaturni τ dñi eius τ iouis τ dñi eius minime cōſideraſ. Maius vero ſuſtētaculū ſuper adinuētionē ſcie quātitatis moræ eorū eſt ex parte longitudinis que eſt inter aſcendēs cōiunctionis τ ſignū cōiunctionis cum ſigno annus. Nam ſi tranſierit illud ad oppoſitionē puenit niſi profectionis puētio oppoſitiōis ſigno ſit p pinquior qʒ cōiunctionis ſigno: erit ergo extractio hore ſm hoc ſi deo placuerit: cum aūt cōpleta fuerit diuiſio cōſiderabis ſignū ad quod puenit annus: qd cum impeditum fuerit in reuolutione anni cum maiori luminari i martis quadratura aut ſaturni tunc iudicabiſ inſciſio. Qʒ ſi euaſerit alia expectaſ vel queraſ reuolutio τ iudicabiſ ſuper ipſam deſtructio cum puenerit reuolutio ad infortunarū quadraturā aut quādo deſtrueſ ſignuꝫ ad quod peruenit annus de maiori luminari vel de ſaturno. Qʒ ſi vnum eorū fuerit malū τ alterū fuerit bonū egritudines que de his aſſimulanſ iudica

bimus. Cū ergo pueneriť annus ad signū quod est ascendēs cōiunctionis vt ad cōiunctionis locū aut oppositū p profectione aut quasdam ei² triplicitates tūc timebiť super eleuatū in illo anno: τ si puenerit ibidem foztuna integraliter destruit τ remouet timorẽ quousq̃ redeat ad eundem locum i fortuna i annoꝝ conuersiōe. Jnfortuniū vo est i quadratura infortunaꝝ i reuolutione anni profectionis τ vsq̃ ad quadraturā suā i radice secte. aut cōiunctionis aut vsq̃ ad eiusdem cōiunctionis quadraturā. Et cū saturn⁹ fuerit i domibus suis reuoluať itaq̃ a loco suo quēadmodū sol reuoluiť τ multociens sciť illud eꝝ parte alia scz̃ vt consideres reuolutionis anni ascēdens cōiunctionis. Q̃ si fuerit aliqua domoꝝ saturni aut exaltationis ei⁹ aut domus lune computeť ab ascēdēte ad locum cōiunctionis omni signo daturo annū. Si fuerit saturnus aut luna cum numero: aut cum equatione i angulo: τ si ascendēs fuerit aliquod istoꝝ signoꝝ aut alioꝝ τ nō fuerit saturnus neq̃ luna in angulis cōputeť a cōiunctionis loco vsq̃ ad ascendēs τ si coniunctionis ascēdēs fuerit in aliqua domoꝝ supioꝝ planetarū: τ fuerit i tercio aut nono: τ p̃cipue si fuerit in aquario si hoc erit nō timebiť sup eleuatum cum annus puenerit ad ipsum: τ si fuerit saturnus in domo sua: quātitas tpis vite eleuati erit coniūctio: τ si fuerit i domo iouis aut martis computeť a loco saturni vsq̃ ad dñi sui locum: τ omnibus. 30. gradib⁹ dabis annū. ⁋ Cōsiderabis quoq̃ illud quod est inter partem ascendētis reuolutionis anni quo eleuatus est τ inter parte coniunctionis minoris dado omnibus. 30. gradibus annū. Quod si trāsierit eos impedimētū vel detrimentū eius erit cum peruenerit pfectio ad martis locum: aut ad gradus eius oppositos omni signo annus. ⁋ Et multocies exerceť hoc ex pte alia scz̃ vt ɔsideres saturnū qui si fuerit in. 10. aut in. 9. a loco solis q̃ quantitas more eoꝝ erit sm quātitatẽ annoꝝ solis minoꝝ. Q̃ si fuerint inť saturnū τ inter solem. 35. gradus sigťi id quartā annoꝝ eius τ quocies minuiť a quātitate arcus qui est inť eum τ saturnū minuiť annus vsq̃ ad complementū 30. graduū. Quod si fuerit inť eum τ saturnū. 65. gradus sigťt illud quartā annoꝝ eius: τ quocies ex illo minuiť annus vsq̃ ad. 60. graduū consumationē: τ si sup hoc addiť nō operabiť sup quātitatẽ more eoꝝ sup partem istaz̃. Cū auť saturnus in. 10. fuerit aut in. 11. a sole sigťt illud q̃ fortasse vita eoꝝ ptendeť quousq̃ duo cōiungať supiores in paṙte vna. Cūq̃ saturn⁹ fuerit in angulo reuolutionis anni in quo eleuauit se eleuatus in domo sua: τ incipiaťpmutari: aut si sit non fixus in eo est vt sit in principio eius minus. 5. gradib⁹ τ in fine eius excesserit. 25. gradus sigťt illud q̃ eleuatus viuet p tātū tpis quātū remāserit saturno i signo suo quēadmodū p̃dixim⁹ omni gradui annus: τ p̃cipue si fuerit capricorn⁹ aut aquari⁹ si auť excedat illud demeť itaq̃ saturni grad⁹ de. 30. τ q̃ remāserit post est quātitas spacij more.

Qt si saturn⁹ fuerit i. 7. a sole i prima signi facie sigt hoc cp quatitas moꝛe eī⁹ erit annoꝛ solis medietas. Et quādo fuerit saturn⁹ in triplicitate ei⁹ dexte ra: τ iupiter i. 11. ab eo loco sigt triu annoꝛ eius quatitas. Quod si saturn⁹ fuerit i. 6. ab eo τ mars cū eo sigt annos eius minoꝛes: cp si fuerit saturnus in triplicitate eius sinistra sigt cp moꝛe eoꝝ quatitas erit equalis annoꝛ ei⁹ quātitati. cp qñ fuerit sol cōtinuatus ioui τ fuerit in. 10. aut. 11. receptus si gnificat quātitatē annoꝛ iouis: aut quātitatē numeri qui fuit inter solem τ infoꝛtunā τ omni eleuāti cui nō reperiunt i reuolutione anni sue eleuatiōis planetarū situs sm cp ꝓdiximus. Computeꞇ hoꝛa eoꝛ incisionis sm quāti tatē eius cp est inter solem τ saturnū aut martez omni signo annus. cp si ab illo euaserit addaꞇ ei sm hanc partē quam incisio significauerit. ⁋ Et mul tocies extrahiꞇ eius scia alio modo: scz vt cōsideres i anno in quo eleuatus est eleuās in hoꝛa eleuationis eoꝛ. τ cōputabis a foꝛtioꝛi duoꝛ planetaruz aut ab oꝛientali alterius eoꝛ scz saturno τ ioue vsq̢ ad luminare magnū: τ a minoꝛi quoq̢ lumiari vsq̢ ad debilioꝛē alteri⁹ eoꝛ τ occidētalē omni si gno dando annū: deinde aggregabis duos numeros: τ qui inde ꝑuenerit ipse eleuātis est spaciū. Et minus ad hoc cum luminare mai⁹ fuerit i sextili aut trino aspectu duob⁹ planetis τ sm hoc iudiciū verificabiꞇ τ cōplebis nu meros duos quos prediximus: τ multociens ꝓlongabiꞇ vita eoꝛ ex parte coniunctionū in aliqbus triplicitatū signis: et hoc est cp aliqñ accidit cp erit quātitas vite. 40. annis τ plus: τ ꝑsertim infoꝛdareth planetarū supioꝛ: qm sol cū fuerit significans sup vitas ꝑ reuolutionē planetaꝛ quib⁹ cōmunicat inesse regū ꝓlōgat spaciū τ facit trāsire annos eius minoꝛes ad medios vl ad maioꝛes. In reuolutionib⁹ aut veneris τ mercurij τ lune ipse quidē nō plures annis suis minoꝛib⁹ ꝑtendit: τ foꝛte addit terciā uel quartā partem donec occurrit ei infoꝛtuna: vel cōtinueꞇ cuz eo erit in illa hoꝛa destructio quoniā ipse nō cōmunicat planetꜩ superioꝛib⁹ in annis suis maioꝛib⁹: τ ad dat ei ois planeta ex aspectu eꝛ⁹ ad eū sm quātitate annoꝛ eius minoꝛ ꝓ longabiꞇ itaq̢ vita sm hanc parte. Infoꝛdareth aut planetaꝛ inferioꝛ nō significaꞇ illud ꝓpter hoc qd ꝓmisim⁹. Et cū saturn⁹ in domib⁹ planetarū al tioꝛ fuerit recept τ aspexerint eum planete aut nō aspexerint: sigt illud lon gitudinē vite eleuātis: τ si fuerit i domib⁹ inferioꝛ τ aspexerint euz τ fuerit receptus sigt breuitate vite eoꝛ. ⁋ Et multociēs extrahiꞇ scia qualitatꜩ vi te eoꝛ ex parte accepta in die a ioue vsq̢ ad saturnum τ i nocte cōtrario τ ꝓuciatur ab ascendente reuolutionis anni in quo eleuaꞇ eleuatus τ quo ꝑuenerit illic erit pars: sed si iupiter fuerit in signo duum coꝛpoꝛ: τ fuerit reuolutio diurna: τ fuerit cadēs ab angulis accipiaꞇ a saturno vsq̢ ad eū τ aggregeꞇ nūero signū vnū: τ piciaꞇ ab ascendēte: τ quo ꝑuenerit illic est pꜩ Et si numerus fuerit i nocte τ fuerit ♃ i angulo accipiaꞇ ab eo vsq̢ ad sa

turnū ⁊ proiiciaſ ab aſcēdēte|⁊ quo puenerit illic eſt pars:⁊ ſi ſaturnus ⁊ Iu
piter fuerint oppoſiti ⁊ ambo cadentes ab aſcendente medieſ ꝙ inter eos
prouenit:⁊ proiiciaſ a baſcendēte. Et ſi fuerit ♃ i exaltatione ſua ⁊ reuolu
tio fuerit in nocte ⁊ computeſ ab eo vſꝗ ad ſaturnum ⁊ proiiciaſ ab aſcen
dente. Deinde conſidera hora p̄uentionis ſolis locum. ⁋ Et multociens
accipiſ quātitas eius ꝙ eſt inter ſolem ⁊ ſaturnū ex ſignis ⁊ dabis omni ſi
gno annū vſꝗ ad horam detrimēti. Qt ſi ſaturnꝰ⁊ iupiter cōſurgunt in lo
co partis cōſidera duo luminaria na cū defunctuȝ fuerit luminare maius
cum ſaturno ⁊ luminare minus cum marte erit hora detrimenti. Et conſi
derabis etiā quādo intrabit ſol ſignū p̄fectionis:nā illud magis ſignificat
ſup detrimentū quam pars cum ſol peruenerit ad eū hora qua timeſ. Etiā
ex anno in quo luna reuoluiſ i aſcēdēte eiꝰ:aut in medio celi ab eo apud
preuētionē ſolis eiꝰ ad ſignū ſecūdū ab aſcendēte niſi ſit luna in domo ſa
turni aut i domo tercia ab aſcendente ⁊ dn̄s eiꝰſit ſaluus a combuſtione ⁊
infortunio:tūc ergo detrimētum excedit quātitatē. 6. menſium ⁊ erit detri
mentum apud p̄uentionē ſolis ad ſignum ab aſcendente ⁊ vtunſ cum hoc
aſcēſionibus partis ⁊ iſortunio partis cōiunctionis ⁊ iudicaſ ſm illud. Et
multociēs extrahiſ quātitas morȩ eoꝝ ex deſcenſu duarum partium in re
uolutione anni in quo eleuanſ: Sed qualiter ſciamus eas facere eſt vt cōſi
deres hora eleuationis eoꝝ ſignū ad quod puenit annus ille ab aſcēden
te ſecte:⁊ ſignū ad quod puenit annus ex coniunctione minore:deinde ac
cipiaſ a planeta orientali ex ſaturno ⁊ ioue vſꝗ ad gradū p̄fectionis ab aſcē
dente ſecte:⁊ addenſ ei gradus aſcendentis reuolutionis ⁊ proiiciaſ ab eo
⁊ quo puenerit illic pars exiſtit prima. deinde accipiaſ a planeta occidēta
li duorum vſꝗ ad gradum profectionis ex aſcendente cōiunctionis mino
ris ⁊ addanſ ei gradus aſcendentis reuolutionis ⁊ proiicianſ ab eo:⁊ quo
peruenerit illic eſt pars ſecunda. Qt ſi fuerit ſaturnus ⁊ iupiter orientales
aut occidentales incipiaſ in parte prima ⁊ a ioue i ſecūdo. deinde compu
tenſ qui ſunt inter planetam orientalē ⁊ ſolem ⁊ gradus ⁊ minuta ⁊ multi
plicenſ in. 12.⁊ diuidāſ per illud quod perambulauit planeta orietalis de
gradibus ⁊ minutȩ i ſigno ſuo:⁊ quod inde puenerit eſt quātitas temporis
eleuanſ ſcȝ oibus. 30. gradibus annus. Cuȝ volueris ſcire hoc ex parte ſe
cunda multiplicabis quod eſt inter ſolē ⁊ planetā occidētalez de gradibꝰ
⁊ minutis in. 12. diuides per id quod perambulauit planeta occidentalis
de gradibus ⁊ minutis in ſigno ſuo:⁊ aggregabis ei gradus aſcendentis ⁊
proiicianſ ab aſcēdēte ⁊ quo puenerit computeſ ab illo gradu vſꝗ ad pte
planete eoꝝ qui fuerit occidentalis:⁊ ꝙ fuerit ipſuz eſt eleuantis vita: ſicut
quantitas que daſ de oibus. 30. gradibus annus. Et iam vtunſ iſtis dua
bus partibus alio modo qui eſt propinꝗor rebus eſſe reguȝ ſignificantibꝰ
ꝓpterea ꝙ i eo due partes p̄cipiāſ ꝙ eſt vt accipiaſ a pte luminarȩ maioris

vsq; ad gradum ♄: et adiungantur ei gradus coniunctionis vtriusq; cum permutantur de triplicitate in triplicitatem et proijciantur ab illo signo: et quo peruenerit illic est pars prima. Secunda vero pars accipitur ex gradu ♃ vsq; in gradum ♄ et adduntur ei gradus coniunctionis vtriusq; quo est in illa hora: τ proijciuntur ab illo signo: et quo perueniet illic est pars scda. Deinde considera quantum distat vnaqueque partium a domino suo: aut dominus eius ab ea: vel vnaqueq; earum a ♂: aut ♂ ab vnaquaq; earum τ dabis omnibus .30. gradibus eorum annu. Sed multam perscrutationé in scientia quantitatis eius quod significat due partes inuenimus in libro duarum partium: cuius quidem iteratio in hoc loco species dispendij reputatur cum sit nostra intentio colligere illud ad quod intendunt astronomici in re duarū partium: τ iudicare fm illud. De temporibus regum non est nisi q? intendunt ad partem ♄ primam τ ♃ secundam: τ exercerit eas in iudicio fm illud qd vtebātur in duabus quas prediximus. ⁋Sed scientia quantitatis vite eorū ex parte diuisionis secunde que est ab hora eleuationis eorū consideratur ex ascendēte τ ex medio celi extrahitur alhileg τ alcodhodeli sicut fit in natiuitatibus: deinde diriges gradū ascendentis ad corpus eius τ medium celi ad regnum eius: et eorum circumuolue reuolutiones simul ambas. Cunq; peruenerit orbis τ reuolutio eorum ambo ad infortunatum iudicatur destructio: τ cum fuerit destructio alterius eorum sine alio iudicabitur fm illum destructio. Q si peruenerit ascendentis gradus ad infortunium τ fuerit infortunatus nimis iudicabitur fm illud destructio τ si fuerit minus iudicabitur ei egritudo: τ si directio fuerit bona a gradu medij celi: τ destructio fuerit ex parte directionis eorum sine ascendente iudicabitur super regni destructio: τ si destructio fuerit ab eis duobus iudicatur destructio vtriusq;: τ testificatur super hoc per ascendens secte τ ascendēs coniunctionis τ aduentum orbium τ directionum quadrature infortunarum in illis locis: τ forsitan accidit illud quod significat annus cum directio de signo profectionis ascendentis peruenit ad quadraturam illius significationis aut ad locū significatoris aut ad illud quod est inter eos de gradib? τ considerabis in anno in quo eleuauit se ad quod signum peruenit diuisio de termino τ gradu τ vtrum in illo termino fuerit radius planete in radice aut coniunctióe que fuit in anno in quo fuit vicis regni exordium τ an contingeret ei quarta de quartis aut non contingeret: deinde considera dnm profectionis in illo anno τ dominum diuisionis prime vsq; ad gradum directionis quantum distent inter se τ radios infortunarum τ iudicabitur fm illud. ⁋Et quia auxiliante deo iam declarauim? quod exponere voluim? compleamus itaq; differentiam quintam tractatus secundi.
⁋Differentia sexta in qualitate scientie egritudinum eorum significantium super detrimenta eorum.

Postq̃ igitur premisimus in differētia quinta qualiter sciaƒ eorum natura. tractandum ergo est in hac differentia que sit causa que significat detrimēta eorum. Dicamus ergo si scire voluerimus illud: considerabimus anni ascendēs eleuationem eorum significatorū. Q si fuerit in domibus ♄ significat illud qđ esse eorum quod timetur erit per causas frigiditatum humiditatum ⁊ fluxus ventris: et precipue si fuerit in capricorno. Et si fuerit in ♒ erit per causas frigiditatum ⁊ ventoꝝ Et si fuerit in domibus ♃ significat q̄ mors eorum erit mors bona. et si fuerit in ♐ per causam caloris ⁊ humiditatis sicut apostemata et his similia. Et si fuerit in domibns ♂ per causam caloris. et si fuerit in ♈ egritudines plus erunt eis in capitibus. Et si fuerit in ♏ erit cum calore ⁊ humiditate: ⁊ erunt egritudines in inferioribus eorum partibus. Q si fuerit in domibus ☉ significat q̄ egritudines eorum erunt per causas calorum ⁊ siccitatum ⁊ vehementius illo si ☉ erit infortunatus a ♂. Et si fuerit in domibus ♀ erit illud per causas medicinarum ⁊ venenorum ⁊ quicquid erit inde festiuum Et si fuerit in ♉ erit causa frigiditatis ⁊ siccitatis per causas bestiarum. ⁊ si fuerit in ♎ per calorem ⁊ humiditatem ex parte dolorum gutturis: ⁊ precipue si fuerit ♀ in ♈. Et si fuerit in domib᷒ ☿ ⁊ precipue in ♊ erit illud per causam caloris ⁊ humiditatis ⁊ doloris epatis ⁊ frenesis ⁊ horum similiū: ⁊ amissionis sensus. Et si fuerit in ♍ per causam destructionis epatis ⁊ fellis ⁊ viscerum. Et si fuerit in domo ☽ per causam frigiditatis ⁊ humiditat[is] ⁊ oportet vt cōmisceas planetas ipsum considerantes ⁊ iudicētur ƒm illud Nam si planete considerantes ipsum fuerint conuenientes his que prediximus erit verioris signi significationis. Et si non fuerint conuenientes post misceatur natura planetarum ipsum aspicientium et iudicetur ƒm ipsum. Et quia auxiliante deo iam explicauimus quod exponere voluimus. perficiamus ergo differentiam sextam secundi tractatus.

¶ Differentia septima in scientia qualitatis detrimenti eorum ⁊ diei in quo erit ⁊ ad quem conuertetur regnum post eos.

Postq̃ ergo premisimus in differentia sexta scientiam qlitatis cause eorum. tractemus itaq̃ in hac differentia qualitates detrimentorum eorum et diei in quo erit et ad quem conuertetur regnum post eos ⁊ guerrarum que accidunt ex eis. Cum ergo affectatur illud scire consideraƒ in ascendente reuolutionis anni in qno eleuauit se eleuans vsq̃ ad locum ♄ ⁊ ♂: ⁊ si ♂ ꝯiunctus ♄ aut continuatus ei ex quadratura aut oppositiōe aut aspexerit eum aliquo aspectu significat interfectionem eius: ⁊ precipue si ♂ non fuerit receptus a ♄ ⁊ fuerit debilis in loco suo. q̄ si fuerit ♄ rece-

ptus in loco forti ⁊ ♂ in loco debili non in parte ex partibus suis significat q̃ affectabitur ei illud ⁊ auferetur ab eo effectus ⁊ accident ei per illas causas guerre. Et si fuerit ♄ sub radijs combustus et ☉ pulsauerit ei significat interfectionem eorum. Et si fuerit ♂ separatus a ♄ ex □ aut de opposito et ☽ transtulerit inter eos lumen: et ♄ cadens ab ascn̄te: ⁊ ♂ fuerit in bono loco significat interfectionem eius: ⁊ similiter si ☽ transtulit inter eos significat illud idem. Cunq̃ fuerit ♄ cadens ab angulis: et ♂ fuerit in loco suo fortis aut in angulo continuetur ex sextili aspectu ⁊ non abscidet inter eos lumen planete fortunati siue infortunati significat paucitatem more eius: ⁊ erit perfectu3 ⁊ forsitan consequetur illud in itineribus: ⁊ precipue si aspexerit eum in sextilitate in anno quo permutatur coniunctio de triplicitate in triplicitatem. Et cum fuerit ♃ dominus domus ♄ ⁊ fuerit destructus a coniunctione ♂ aut quadratura eius aut oppositione eius ⁊ nō aspiciant eum fortune significat interfectione3 eius. ⁋ Et cum diunctus fuerit ♂ ♃ in descensu ♂ aut in detrimento eius aut in fine signorum ⁊ eorum planeta non abscidat anteq̃ perficiatur eorum coniunctio significat illud idem: aut cū fuerit ♂ cum ☉ aut in signo secundo ab eo: ⁊ fuerit cadens super eum aut in vndecimo aut in duodecimo ab eo ⁊ fuerit cadens super eum significat interfectionem: et postea erunt guerre minime. Q̃ si fuerit inter eos .30. gradus. 30. mensibus: ⁊ durabit post eum guerra. 15. mensibus s̃m quantitatem annorum ♂ in mensibus: ⁊ si fuerit inter eos plus. 30. gradibus per q̃ntitatem. 15. graduū: illud quidem significat q̃ mora eius erit s̃m duplū illorum graduū: ⁊ erit post eum guerra que durabit s̃m q̃ prediximus: sed erit leuior ea cum fuerit s̃m quantitatem longitudinis que est inter eos. 30. gradus. Q̃ si non fuerit dispositio ☉ a ♂ s̃m q̃ prediximus in hora reuolutionis āni in quo eleuauit se. Considerabis ergo qd est inter ☉ ⁊ ♄ ⁊ dabis omni signo medietatem anni: ⁊ oportet vt consideres etiam in anno coniunctionis aut in anno ad quem peruenit annus ab ascendente diunctiõis locum coniunctionis aut aliquam triplicitatum. et si acciderit q̃ sit infortuna in illo loco erit timor abscindens: ⁊ si locus infortune fuerit fortunat' ⁊ fuerit coniunctio in quarta prima timetur super eleuantem in principio illius āni: ⁊ similiter si fuerit in reliquis quartis iudicabitur timor super oēs quartas s̃m hunc modum. Et si acciderit permutatio de triplicitate in triplicitatem ⁊ fuerit coniunctio in domo ♃ aut in exaltiõe eius significat plurima itinera ei ⁊ interfectionem eius. Et quando ♄ fuerit combustus propinquius parti ☉ non perficitur eius annus: ⁊ erit hoc significatiuum mortis eius: ⁊ cum fuerit dominus medij celi in signo ad quod peruenit esse annorum significat mortem eius. q̃ si eum infortunauerit ♂ significat interfectionem eius. Et cum eleuauerit se quispiam in anno coniunctionis triplicitatis ⁊ ♂ aspexerit coniunctionis locum a reliquis figuris sine aspectu

fortunarū significat interfectionez: τ si non aspexerit significat illud morte
τ forte fugam eius significat. Et cum eleuatus fuerit aliquis in anno τ non
aspexerit ♄ in reuolutionis hora ♃ significat priuationem insurgentium
omni tempore suo: qd si non aspexerit ♂ significat priuationem bellorum
omni tempore suo. Si autem ♂ aspexerit ♄ τ fuerit receptus in anno eleuationis eius erunt bella debilia omni tempore suo: qp si ♄ receperit eum
erit hoc remissioris debilitatis: qp si fuerint aspiciētes in reuolutionis hora
τ non fuerit inter eos receptio significat illud multitudinem bellorz τ guer
rarum: τ si cum hoc ♄ τ ♃ imperauerint illi climati significat illud qp plebs
faciet insultum in eum τ interficiet eum τ accident guerre post eum et plus
aduenient precipue in vice regni arabum prius ꝗ intrent quartas: aut post
modum sm quantitatē septem annorum aut minus aut plus eo: verbi gra
in hoc: quoniam directio in anno secte peruenit ad .21. gradum ♓ : et cum
peruenit directio ad .20. gradum ♊ interfectus est huthmen filius hasen:
τ hoc .81. post reuolutionem anni permutationis secte: τ cum peruenit directio ad .20. gradum ♍ in capite .90. post annorum interfectionem huthmen filij hasen: interfectus ē marnan filiꝰ mahometi filij marnan filij aque
τ cum peruenit directio ad .20. gradum ♐ et illud in fine duum aluathik:
interfectus est almucteuequil post complementum quarte: et aduenerunt
guerre τ multiplicate sunt discordie. Cunqz infortunatus dominus signi ☉
τ ☽ in signo duum corporz duorum eleuantium in illa coniunctione morte
pnunciat. Et quando infortunatur in signo medij celi significat eleuantis
mortem: τ cum combustus fuerit dominus medij celi aut fuerit in directo
gradus ☉ significat eius mortem: τ si iam pertransiuit gradū eius non mo
rietur: τ accidit ei dolor τ tristicia: deinde remouetur illud: τ cum fuerit do
minus medij celi in signo duorum corporz infortunatus impedientur duo
reges in illa coniunctiōe nisi fuerit planeta infortuna: nam illud significat
in longitudine oppressionis eius: τ timetur vt sit infortunium τ detrimentū
eius sm substantiam signi in quo est infortuna ex quartis orbis: vt si fuerit
in signo egritudinis: egritudo: τ si fuerit in signo mortis: mors. qp si aspexe
rint eum fortune euadent. Et etiam considerabis illud ex aggregatione significatoris ad infortunā τ iudicetur sm illud: τ si infortuna aspexerit eleuantis significatorē ex coniunctione vel oppositione aut quadratura timet
ei mors: τ si fuerit in angulo τ dominus eius iuerit ad combustionem τ ac
cidit ei infortuna in loco significatoris aut in medio celi aut in ascendente
timetur ei: nisi cōmunicet ei fortuna in aspectu: τ erit infortuna subueniēs
ei in substantiam: τ cum ♂ fuerit in ♉ aut ♏ ante reuolutionem anni eleuantis retrogradus fuerit in aliquo eorum postꝗ intrauerit ānus timetur
ei etiā τ primū formidabilius: τ cū vagatur ♂ in signo secte cuiuspiā gentis
aut vicis regni eius aut oppositione eius: τ si fuerit annus coplemento tpis

eleuātis propinquius erit mors ei⁹ in eo: τ cū iunctus fuerit ♄ domino sue domus: aut dominus sue domus continuetur ♂: et cum fuerit ☿ cum ♂ aut aspexerit eum aut aspexerit ♄ τ dominum eius significat q̄ eleuans decipietur in veneno τ interficietur. Consideratis quoq̄ planetam quo significatur esse eleuantis qualiter recipit lumen τ ad ipm τ adiudicabis de esse eius futura: τ quod acciderit ei de die in diem de turbatiōe τ bono τ malo τ qualiter se habeat cum plebe τ para erga eum similiter: τ cum peruenerit directio gradus ascendētis aut partis celi medij: aut dominus eius ad infortunam timetur etim eleuanti τ accident tunc bella τ detrimenta: τ cum retrogradatur infortuna que nocet anno significat etiam huiusmodi ¶ Et multotiens inuenitur scientia alio modo τ precipue in regibus qui in tranquillitate regnant scilicet res quibus erit interfectio: quoniam multotiens aduenit illud apud destructionem diuisionis in domo ☿ τ ♂ per conuenientiam radij ♂ τ ♄: et cum peruenerit annus in quo eleuauerunt se ad ☿ τ diuisio ad ♄ τ fuerit q̄ quisq̄ eorum destruat alterum in anno coniunctionis sine radio ♃ in termino in quo sunt: aut in signo in quo erit eleuatio eorum: aut in āno in quo peruenit orbis ad ♂: sic diuisio ☿ aut ♂ in domo ♄ τ precipue in ♒ cum applicatione directionis: aut ad radium ♂: aut ad corpus ♄ in domo ♂: et sit ille radius et corpus in fortuna in radice vicis regni aut in octauo aut in ōiunctione presenti. Qd si ceciderit in facie et nō peruenerit ad terminū multotiens adueniet ei illud quod est cum directio continuauerit se radio ♂ in radice secte et fuerit ei radius in coniunctione presenti significat interfectionem eius: τ precipue cum continuatio fuerit in domibus ☿ aut in terminis eius: τ oīa signa ista significant illud quod prediximus. ¶ Et vehementior omnibus rebus in incisione temporis eorum aut radices quas prediximus que prenosticant illud sicut eclipsis solar[is] in ♌ aut in ♈ inter hec significat mortem eleuantis: τ si fuerit illud in coniunctione τ eius eclipsis in capite significat etiam mortem eius: τ cum eclipsatᵒ fuerit in ♎ τ ♄ fuerit in ♑ τ ♂ in ♋ significat q̄ interficietur aut venabitur aut proditione tradetur: et erit illud in coniunctione ☉ cum ♂ in ♑. Cum autem quidam planetarum faciunt eclipsari luminare maius τ apparuerit in fortuna significat detrimentū eleuantis in hora cum peruenit ad gradū postremum de signo triplicitatis in quo occurrit eclipsis et quousq̄ perueniat de signo sequente ad vltimum gradum signorum triplicitat[is] super qd ei occurrit eclipsis de gradibus de signo triplicitat[is]: τ quando ☽ eclipsatur in ♈ τ ♄ in ♋ τ ♂ in oppositione ♄ significat illud mortem eleuantis cum ☉ peruenerit ad signū ♈ in illo anno: τ oportet vt cum appropinquauerit tempus in quo timetur eleuanti vt reuoluas ei annos quatenus scias qualitatem esse eius vicis: quod est vt cōsideres in reuolutionib⁹ diurnis ☉ et partem sapientie τ victorie et prosperitatis et felicitatis in die acceptam ex

£ 3

gradibus partis secretorum vsqʒ ad ♃: τ nocte econtrario τ proijciatur ab ascendente τ aspice dominū medij celi: τ qdcūcʒ istorum fuerit in angulo aut in loco forti bono erit significator ille eleuantis in anno illo. qʒ si fuerit saluus ab infortunio τ nocumento τ precipue a domino quarti τ sexti τ septimi τ octaui et duodecimi significat eius salutem in ipso anno. Et si infortunatus fuerit ab aliquo eorum τ dominus quarti fuit infortunans eum: τ precipue si ♂ fuerit illud significat qʒ detrimentū eius erit per interfectionē in gladijs: et si fuerit dominus sexti significat qʒ aduenient ei egritudines ex apostematibus τ pustulis τ his similibus: τ iudicetur super vnamquāqʒ domum ſm esse infortune ſm qʒ conuenit omni nature. Et considerentur etiam ad hoc domus duodecim τ in quacūqʒ domo sederit infortuna erūt inimici eiꝰ ab illa pte: et cōmouebitur suꝑ eum interfectio ab hominibꝰ qui fuerint de natura illius infortune: τ vbicunqʒ fuerint fortune proficuum et gaudia venient ab illa ſm naturā illius fortune τ si cadens et precipue sub terra: tunc inimici eius peruenient ad debilitatem τ opprobrium. Et fac similiter etiam cum fuerit dominus ascendentis τ dominus medij celi in angulo. Cum peruenerit annus ad aliquod signum in aliquo annorum illud significat fortitudinē ciuium regionum illius signi ad quod peruenit annꝰ: τ significat qʒ vincēt τ superabūt eos qui occurrerint τ contrarij fuerint eis τ qui insurgent nil poterint contra eos facere. ⁋ Scientia vero diei in quo erit detrimentum eorum τ infortunium extrahitur ex loco ☽ in reuolutiōe anni in quo eleuauit se eleuans per descensum eius in signa τ quocunqʒ fuerit ex signis τ infortunarum in die domini illius signi in quo fuerit. qʒ si cōmixtionē habuerit cum domino domus eius erit significationi velocius et verius: τ precipue si fuerit in domo planete ei ꝯuenienti Sed qualiter sciaꝛ post eum successor regni: hoc inuenitur per planetam cui pulsauerit significator regni: nam si pulsauerit planete in signo existente ꝯueniente substātie signi sui: preceptum quidem conuertetur ad quosdam curie eius ciues. qʒ si fuerit ex planetis duas domus habentibus: considerabis ad quod eorum habeat meliorem aspectum illud signum erit qd significabit illud. qʒ si pulsauerit planete in signo non ꝯuenienti substantie signi eius significat qʒ regnum conuertetur ad alios qʒ de domo sua τ exibit de populo ad populū Si vero significator regni non porrexerit planete regnum conuertet in cuius signo pars regni cadit. qʒ si signum fuerit conueniens substantialitati significatoris regni: ille ad quem conuertetur regnū erit de ciuibus curie ei qʒ si illud non fuerit ad alios: et si apparuerit per hoc quod premisimus regnum conuertetur ad ciues curie eius. Et si volueris scire ad quem conuertetur illud ex eis: considera planetam cui ☉ porrigit apud reuolutionē. qʒ si porrigit domino quinti conuertetur quidem ad filium eius: et si domino tercij ad fratres: τ similiter iudicetur ſm quantitatem significationis domꝰ

ex parte ciuium oɾbis. ⁋Et si significatoɾ sup hoc fuerit dñs domus filioɾ z volueris scire quis eoɾum sit: considera dños triplicitatū domus filioɾum quis eoɾum habuerit plures partes filioɾ in domo: ipse erit qui sublimaf in regno post eum. qɾ si fuerit prim⁹ ex primis: z si scɔs ex mediocribus erit: et si fuerit tercius ex minoɾib⁹ z cū toto si ascendens natiuitatƶ alicuius fuerit domus filioɾ ipse erit sublimatoɾ in regno. Similiter aūt in fratribus z in alijs indicandum est. Compleamus ergo septimam differentiam.
⁋Differentia octaua tractatus scɔi in significationib⁹ cōiunctionis duarū infortunarū in oïbus signis z in introitu earū vel in descensu in triplicitatē sup accidentia inferioɾa que fiunt ab impressionib⁹ earū z quid cōuenit ei.

Ostɋ ita pegimus de collectis in dispositionib⁹ ɔiunctionū ħ z ♃ in triplicitatib⁹: z quia ♂ est vnus de superioɾibus planetis: z habet significationē fortem super reges z vices cum coniungitur ħ: z quadɋ qñ ɔiungitur ei non habeat tantam fortitudinē quantam habent ♃ z ħ: tñ cum ɔiungitur super alterationes mundi significatio eius erit de his quibus indigemus in acceptione testimonij super quod significat ♃ et ħ coniunctio: et cum res ita se habeat: notemus itaqɋ in hac differentia vtriusqɋ significationem vt sit vnum ex necessarijs ad premissionem scientie super esse vicissitudinum z sectarum ex parte coniunctionum aminiculo dei.

⁋Dicamus ergo qɋ euidentioɾ omnibus significationibus que fuerit ab impressionib⁹ coniunctionis ħ z ♂ est in signo ♋ qa signum est detrimentuƶ ħ z descensio ♂: et quia fuerit sigᵗio huic signo super eradiam cū ♃ z ♍ cum ♀ sup arabia: z ♎ cū ħ super grecos: z ♑ cum ☿ sup medeam: z ♌ cū ♂ sup turchos z ♒ cū ☉ sup limites romanoɾ z ♍ cū ☽ sup limites turchoɾ sic declarauim⁹ in differentia qᵗa istius tractatus. ⁋Et quia fuit quod cuiqɋ signum quod habuit significationem aliquam super

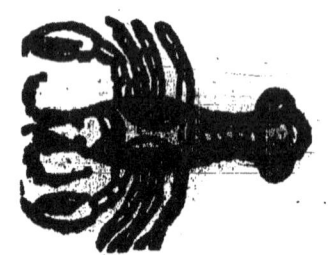

aliquam partium fortasse illa ciuitas proporcionatur alicui signoɾum: z almubtez super eum non erit domin⁹ illius signi: sicut significatio ♋ cum ♃ super eradiam: quoniam ♃ est almubtez super signum qd significat eradiā et hoc a. 10. vsqɋ ad. 16. gradum: quoniam quantitas hoɾum graduum de signo ♋ est terminus ♃ significantis eradiam. ⁋ Cunq̃ fortune fuerint in loco isto aut aspexerit eum ex trino siue sextili aspectu significat bonuz esse ciuibus eradie τ fortitudinem regni eorum τ fertilitatem terre eorum: si fuerint in eis infortune aut aspexerint eum ex ☐ siue opposito aspectu significat malum τ permutationez regni τ effusionem sanguinũ cum triplicitas ad quem permutatur coniunctio iam promiserit illud: τ proprie contingũt due infortune sine aspectu fortunaruz. Et iam diuersificati sunt antiqui in sitibus elementorum ex quibus extrahitur quantitas ipsorum vicis τ vsi fuerint istiusmodi exemplo τ ex eis quidam vsi sunt s̃m coniunctionez duarũ infortunarum in exemplo τ dixerũt q̃ quia principiũ eleuationis fuit octaua reuolutio anni mundi die dominico tribus diebus transactis mensis romodam in fine hore quinte diei τ fuit illud principium eleuantis tribus mensibus τ .17. diebus τ fuit eis coniunctio in isto anno: et fuit ascendens eius τ reuolutio eius s̃m hanc figuram quoniam habuerunt coniunctionem due infortune in hora ista in loco super eradiam significante ex ♋: et fuit planeta almubtez super eradiaz qui est ♃ cadens aspectu eorum significat illud destructionez regni ferz.i. persarum τ apparentiam arabum: qa fuit almubtez super domum ☽ et adiuuãs vires ♀ quoniam est domina dom̃ ☽ τ pulsat ad ♀ quoniam ipsa erat in partibus eius.i. ♀ :τ continuabãtur cum ea a loco receptionis eius: et ♃ non aspiciebat locum ♂ : et si aspiceret minueretur malicia eorum : τ fuit ♀ in loco exaltationis sue in nono loco legem significantem: τ ipsa quia est arabum significatrix per naturã τ ideo attribuit eis regnum τ transtulit ipsum ad eos ad terras eoz propter dñm eius significantem de signo ♏ super arabes τ ipse a septio gradu eius vsq̃ ad .11. quoniam quantitas horum graduum de signo ♏ est terminus ♀ : τ quia fuit in nono loco fidem significantez: significauit q̃ apparentia eoz non foret nisi causa fidei: τ q̃ remanserit ♀ ad perambulanduz ex gradib̃ de signo in quo erat fuit. 11. gradus τ .33. minuta illud quidez significauit q̃ regnum duraret eis s̃m quantitatem eius q̃ remanserat ♀ de signo ad perambulandum ex gradibus τ minutis scz cuicunq̃ minuto annus: τ fuerunt sex centi τ .93. τ fuit regis ferz.i. persaruz in fine .74. mensium et erat illud quoniaz ☽ fuit in .6. partibus ♉ τ fuit coniunctio duarũ infortunarũ in .20. parte ♋ τ fuit quantitas arcus qui fuit inter eos .4. partes: τ quia directio fuit a signo fixo vsq̃ ad signum conuersiuũ datur omni parti mensis τ fuit more ciuium ferz post .20. annos quoniam coniunctio fuit in .20. parte ♋ τ fuit in angulo anglorũ ascendentis: τ ideo significauerũt annos Et in reuolutione anni .31. conuenerunt in ♋ in .27. gradu. Et fuit ☽ in ♊ in sexta parte τ fuit inter eas .53. partes τ interfectus est huchmen filius afen in fine .55. annorum τ translatum est regnum ad occidentẽ eo q̃ porigebat ☽ mercurio qui est domiñ domus partez occidentis significantis

Et reuolutione anni. 61. coue n erūt in cancro τ aspexit eas iupiτ τ nō mu
tatū est regnū:vextri fuit guerra p filio alcobit Et reuolutiōe. 91. ouenerūt
in cācro τ fuit guerra filij almuellib post. 10. ānos Et in reuolutiōe. 121. cō
uenerūt in cancro τ nō aspexerit eas iupiτ τ fuit luna i sagittario porrigēs
dño dom̄ eius qui est iupiter τ recipiebat eā:τ fuit guerra postmodū trās
actis. 5. annis τ trāslatū est regnū ad eradiā:τ tūc interfectus est vailia fili°
ierid:τ leuauit se ab ymuteli post infectionē eius p duos ānos indeq̃ oriēt
filius humaia τ permutat̃ regni vicissitudo ad ciues nigredines. Et in reuo
lutione. 151. cōuenerūt in cācro τ fuit iupiτ in piscib° i triplicitatib° vtriusq̃
τ nō alteratū est regnū sed significauerūt bella τ interfectionē. Et i reuolu
tione. 181. cōuenerūt in cācro: τ iupiter fuit cadēs ab eis τ fuit luna in pisci
bus τ nō destruxit regnū:sed significauerūt q̃ regnū pmutaret in fine reuo
lutionis de loco ad locū p illud p. 10. annos:fuit ergo guerra filij zabaida
τ exitus rebelliū τ trāslatū est regnū ad partes orientis. Et i reuolutiōe. 211.
cōuenerūt in cācro. Significauerūt ergo sortitudinē eē thurcoz τ habere
eos dispositionē vicis regni τ pmutatione regni de loco ad locū. Et i reuo
lutione. 241. cōuenerūt in cancro τ significauerūt guerraz τ almitraz τ bel
la τ effusionē sanguinū τ apparitionē hominis que sequit̃ quisq̃. s. q ascri
beret sibi sciam creatoris τ pphetie τ religionē τ his filia: τ nō cōplebit esse
eius:τ erit mora eius fm reuolutionē ♂ minorē. Et in reuolutiōe. 271. cō
uenerūt i cancro τ signt res terribiles magnas τ mortē regū τ principū. Et
in reuolutiōe. 301. cōuenerūt in cancro τ signit guerras τ bella multa: τ q̃
mauri apparebūt super plurium legū. ¶ Postq̃ ergo venim° cū eo quod ex
ponere voluimu s τ cōpleuim° rememoratione nostrā de signtione vtriusq̃
fm instructionē p eoz cōiūctionē in signo cācri afferam°cū rememoratiōe
signdōis vtriusq̃ i reliquis signis
fm ordinē cū cōmixtiōe quorū
dā planetarū ad eos.
¶ Dicamus ergo cū cōiungunt̄
in ariete significat illud esse guer
re quod erit int̄ romanos τ ara
bicos. q̃ si iupiter τ luna testifi
cent significat siccitates quoniā
ambo sicci τ apparentiam iusti
cie τ redditionē eoz ad eaz τ q̃
apparebit signuz in ariete forte:
quia sunt mali in fine signorum
in fine diei: aut in fine noctis.

⁋ Et si fuerint cōiuncti in thau‑
ro significat casum guerrarū in‑
ter ciues montium τ arabes: τ si
fuerit cum eis iupiter significat
illud morte bestiarū: τ tūc quod
patet regibus cum infirmitatib9
que accident eis τ nobilib9 τ vul‑
garib9 τ multiplicat mors i mu‑
lieribus τ vincet colera sup eas.
ɋ si fuerit illud cum testimonio
duoʀ luminariū τ iouis τ vene‑
ris sigt illud multitudinē falsita
tis mēdacij i gentib9 τ rumores
terribiles τ augmentū aquaruʒ
τ morte excellentioʀ regū τ op‑
pressionez τ vilipendiā inferioʀū

τ ɋ insurgent ciues montis τ reges cū eo ɋ multū durabunt: τ postmoduʒ
interficient τ audaciā mulieruʒ super viros τ multitudinē formitationis τ
indigentiā bestiaʀ cum carimonia τ multitudinē sangui nū: τ pturbatione
in arboribus τ plantis cum multo ventorum flatu.

⁋ Qō si fuerit in gemini cum te‑
stimonio duoʀ luminariū vene‑
ris τ mercurij sigt illud etiam de
trimenta que accident scriptori‑
bus τ compotistis τ cōfluunt mi
lites super reges τ diminutione
auium: τ erit fertilitas victualiū

⁋ Et ſi fuerit illud in cancro ſignificat caſum bellorum inter armenie ciues τ arabes. ꝙ ſi fuerit illud cum teſtimonio duorum luminarium τ iouis ad eos ſignificat illud ſiccitatem in occidentalibus.

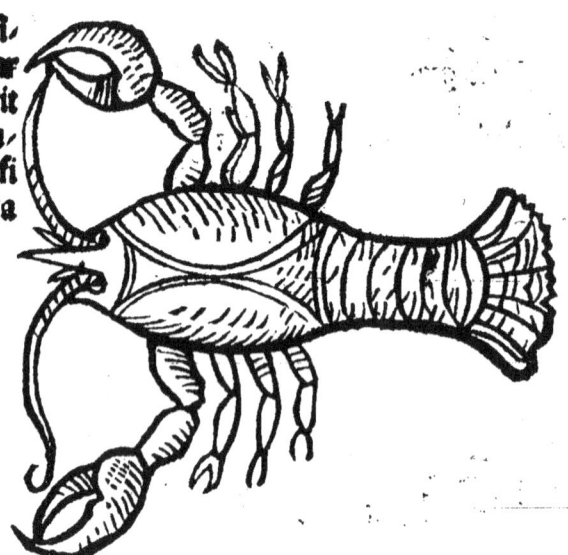

⁋ Et ſi fuerit in leone ſignificat ꝙ cadet rixa inter ciues thurcorum τ arabum τ vehementiā timoris gentium ex rege τ ꝙ timebunt ſe τ ſignificat timorē aduenientem eis propter apparitiones ſignorum celeſtium τ terreſtrium cum deſtructione arborum τ animalium conſequenter. ꝙ ſi fuerit cū eis luna ſignificat interfectionem regum adinuicem τ nocumentum hominibus adueniens propter lupos cum vehementia caloris τ venenoſorum.

⁋ Et si fuerit in virgine significat illud guerras inter egyptios τ arabes aduenientes: τ si fuerit cum duoꝛ luminarium testimonio significat illud destructionem fructuum redditus τ qꝫ eleuabuntur reges super gentes propter census suos cum destructione in mulieribus apparente.

⁋ Et si fuerit in libra significat guerras que adueniunt inter romanos τ arabes. qꝫ si fuerit iupiter testis eis significat malam dispositionem que accidet lasciuie τ in cantu delectantibus τ significat rubedinem in aere accidente in illo anno.

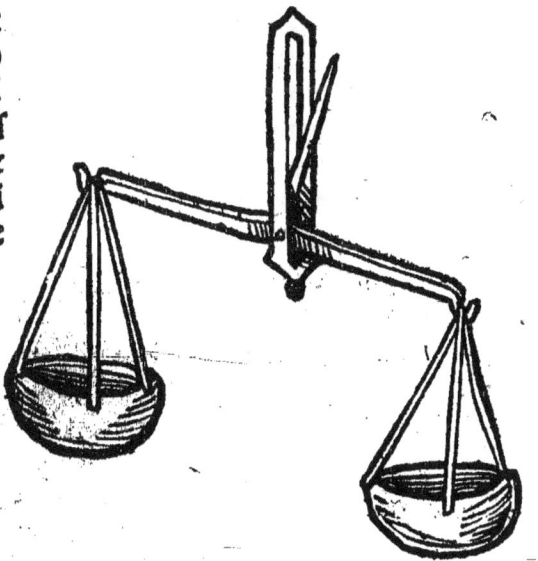

Et si fuerit in scorpione significat bella que habebunt arabes inter se. Et si fuerit cum eis iupiter et luna illud quidem significat multas pluuias in locis pluribus et commotionem mariuz: et si fuerit cu eis ven[us] significat mordicationem uermiu quibusdam regibus et contrarietatem filiorum suorum eis et apparentiam iniurie et multitudinem eius: et si fuerit cum eis mercurius significat accidere infirmitates in ciuib[us] babilonie et detrimentum quod adueniet regi f erit.

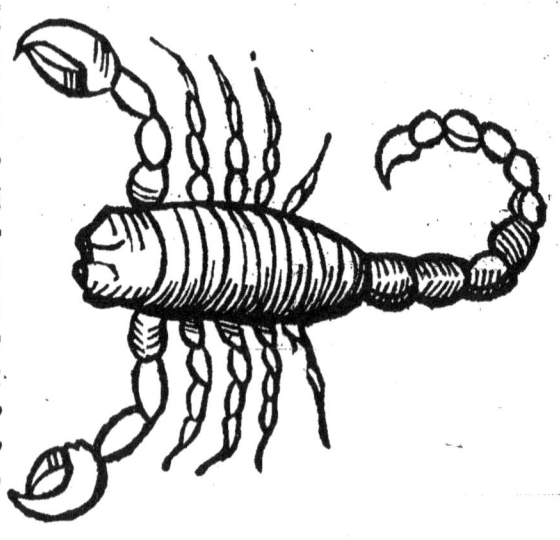

Et si fuerit in sagittario significat bella que aduenient int[er] thurcos et arabes. Et si fuerit illud cum testimonio iouis et mercurij et lune significat illud multa bella et conturbatione regum et altitudinem et scriptoru nobiliuz et sapientiu et nigromaticoru et incantatoru et similiu.

⁋ Et si fuerit i capcorno significat bella q̃ adueniēt inter ethyo-
pes τ arenge τ indos τ barbaros τ ciues illarum partiuz. Q̃d
si fuerint sol et mercurius testes
eis significat illud infirmitates
destruentes reges: τ aduenient
eis vulnera τ incisio τ cauteriza-
tio cum multitudine ventoruz τ
fulguruz τ combustiones τ pau-
citates vegetabiliũ cum multitudine latronũ.

⁋ Et si fuerit illud in aquario significat bella que erunt int̃ egy-
ptos τ altupha: τ si fuerit luna testis eis significat illud paucitatem pluuiarum τ multitudinem
nubiloꝛum τ nubium: τ mortem
mulierum τ interitionem vernā-
tibus.

⁋ Et si fuerit illud in piscibus significat bella que accidūt inter ciues altin:⁊ ciues maris ⁊ arabes. Q̇d si fuerit testis vtriusq̇ illud significat mortem nobilium ⁊ magnatū. Et si fuerit sol infortunatus cum marte significat illud interfectionem regum: q̇ si fuerit infortuniū illud ex coniunctione significat illud paucitatē rerum ⁊ multitudinē animaliuz maritimoruz ⁊ locustarū. ⁋ Et multociens consideraƚ coniunctio vtriusq̇ in reliquis signis habentibus exaltationē:q̇ si cōuenit ut sit illud in gradu exaltationis cuiuscūq̇ planete illud significat q̇ ciues lilius climatis cuius ille planeta est significator consequenƚ malum ⁊ interfectionem ⁊ destructionē: ⁊ precipue si dn̄s exaltationis eos aspiciat. q̇ si aspexerit eos ex signo fixo: significat illud longitudinē illius mali ⁊ constantiā eius. ⁊ si fuerit cōmune significat mediocritatē rei in illo:⁊ si fuerit mobile significat festinationem finis eius ⁊ paucam constantiā eius. q̇ si non aspexerit illum gradum sed reddiderit alius planeta lumen vtriusq̇ ad eum significat illud quod consequenƚ ciues illius climatis difficultatem ⁊ corruptionē propter quosdaz homines ignotos quibus indigent vel propter quosdam qui erunt de climate eorum. q̇ si non aspexerit eos ⁊ nullus planeta reddiderit lumē vtriusq̇ ei mittet super ciues illius climatis angustias, ⁊ rancores ⁊ tristicias: deinde remouebiƚ illud ab eis:⁊ non consequenƚ aliquod horribile. ⁋ Et multociens extrahiƚ qualitas scientie significationis duarum infortunaru ex parte descensus vtriusq̇ in omnes triplicitates super accidentia inferiora. Quoniam cum fuerit aliqua earum in angulis aut in aliis locis apparet ei proprietas ex significationibus per dispositionē aliquam: ⁊ erit illud in fortitudine ⁊ debilitate ⁊ proprietate aliquarum specierum vel situs eax ⁊ destructionis earum.

Aturnus igif quãdocuq; in directo arietis fuerit in prin
cipiis reuolutionis aut alicuius triplicitatis eius τ ipe fue
rit almutaz directi curſus in angulo ſignificat diminutio
nem que accidet in climate babilonie τ multas pluuias τ
modicum frigus τ rixam inter reges. Ω ſi mars porrexe
rit ei fortitudinẽ ſuã ſignificat q̓ plebs faciet rixam cũ re
gibus. τ fortius eo ſi fuerit in medio celi. Ω ſi ſaturn̅ fue
rit retrogradus erit remiſſius illo τ vehementius eo in tempore cum vehe
menti hominũ anguſtia τ malo q̓ accidet eis cõiter. Ω ſi fuerit in angulis

τ aſpexerit aſcendens ſignificat deſtructionem domorum theſaurorum et ruinam eorum: τ vehementius illo cum receperit diſpoſitionem ☽ τ ♂ quia cum res ſe habuerit ſignificat vehementiam frigoris beſtias perimens cum vehementi bello τ guerra. Et ſi fuerit in angul' τ ipſe ſit aſpiciens aſcendēs directi curſus ſignificat anguſtias quas conſequent nobiles: τ ſi fuerit cadēs non aſpiciens aſcendens τ ſit directi curſus ſignificat accidere frig° beſtias perimēs. Et ſi fuerit retrogradus τ ♂ aſpexerit eum erit rixa deſpectatio in plebe ex parte blanda: τ ſi ceciderit ab eo ♂ erit minus eo.

Mars

⁋ Et ſi fuerit ♂ in hac triplicitate et ipſe dñs anni directi curſus in angulo ſignificat infirmitates calidas τ ſiccas que adueniēt gentib°: τ habebunt

D

reges inter se rixam in pluribus climatib'.Et si fuerit retrogradus erit fortius ad hoc:τ significat multitudinẽ deceptorum τ latronum τ adulteroꝝ τ erit rixa in climate babilonie τ nocumentum consequenſ bestie:τ fortius in habẽtibus pilos:τ pestilentie aduenient lupis cum durabilitate caloris τ vehemẽtia eius τ permutenſ a loco suo. τ si non fuerit in angulo τ ipse sit aspiciens ascendens directi cursus significat iniurias quam faciet gens sibi adinuicẽ:τ consequentur regiones signi in quo est in □ τ opposito aspectu nocumentum ſm ꝙ premisimus. τ si fuerit retrogradus erit fortius ad hoc est nocibilius ciuibus regionum signoꝝ que aspicit ex □ τ opposito aspectu ſubstantie signi τ nature eius.

Saturnus

⁌ Et si ♄ fuerit in ♉ aut in triplicitate eius ⁊ ipse fuerit domin⁹ anni in angulo directi cursus significat illud rixam ⁊ bella:⁊ mortem boum et ouium in regionibus in signo quarū fuerit. Et si fuerit retrogradus significat destructionem seminū:⁊ paucitatem proficui plantarum:⁊ q̄ erunt bella non in vno loco:⁊ mors puerorum ⁊ iuuenum ⁊ fortius hoc et magis cōtinue si fuerit in medio celi.q̄ si non fuerit in augulis neq̄ aspiciat ascendens ⁊ directi est cursus tunc significat paucitatē eius q̄ accidet planetis de destructione. Q̄ si fuerit ☽ in signo tercio ab eo significat mortem regꝝ si testificat̄ directio illud. Et si fuerit retrogradus significat destructionez plantarum: ⁊ paucitatē seminum:⁊ mortem iuuenum. ⁊ si non aspexerit ascendens ⁊ fuerit directi cursus ⁊ ♂ fuerit cadens ab eo significat debilitatem mali ⁊ malorum ⁊ apparitionez boni. Et si fuerit retrograd⁹ ⁊ in aliquo fuerit ♂ aspectu significat destructionez seminum:⁊ multitudinem mortis ⁊ precipue in terris in quarum signo erit in quarto ⁊ oppositioni aspectu eius.

D 2

⁋ Et si fuerit ♂ in hac triplicitate:⁊ ipse dominus anni fuerit directi cursus
in angulo significat destructionem fructuum ⁊ mortem bestiarum ⁊ rixam
et interfectionem aduenientem hominibus. Et si aspexerit dominus anni
comprehendet illam totam gentez: ⁊ si aspexerit significatorem regni com
prehendet illud regnum : ⁊ si fuerit continuatus ♄ erit vehementius ⁊ longius
ad hoc. Et si fuerit ♂ retrogradus significat ꝗ inimici regni infestabit a
multo nocimento ⁊ rixa ⁊ effusione sanguinum propter illam causam: et
non fuerit in angulo ⁊ si aspexerit ascendens ⁊ fuerit directi cursus cadens
a ♄ significat diminutionez in omnibus que prediximus: nisi quia aduenit
terris signi in directo cuius fuit : ⁊ terris signoꝝ aspicientium ipsum nocu
mentū . Et si fuerit retrogradꝰ significat illud angustiaz accidenté cuilibet
terre signi eius:⁊ quadrature eius ex latronibus ⁊ indigentia bestiarum seu
cū carimonia ⁊ destructiōe seminū ⁊ fortius illo cū porrexerit dispositione

suam ♄ significat amissionem vegetabiliu. Et si non aspexerit ascendens τ
fuerit directi cursus cadens a ♄ significat euasionem vegetabilium. τ si nō
aspexerit ascendens τ fuerit directi cursus cadens a ♄ significat euasionez
a pluribus horū que prediximus. Et si fuerit retrogradus significat diminutionem esse terrarum in quarum signo fuit in quadratura eius τ fortius
ad hoc si porrexerit dispositionem suam ♄.

D 3

Saturnus

⁋ Et si ♄ in directo signi ♊ aut eius triplicitate z fuerit dominus eius anni in angulo directi cursus significat flatum ventorum septentrionis z fortitudinem eorum: z vehementiam frigoris: z paucitatem pluuiarum: et infirmitates timorosas que adueniunt hominibus cum multa rixa z bella z effusione sanguinum. Et si fuerit retrogradus significat rixam regum inter se z detrimentum eorum: z qp aduenient terremotus z fortius illo si fuerit in angulo ♎. Si non fuerit dominus anni et fuerit in angulo quarto recipiens dispositionem domini ascendentis multi homines morientur causa illorum terremotuum. ♎ si receperit dispositionem domini medij celi significat rixas z bella z guerras causa regni z inquisitiõe. Et si non fuerit in angulo z aspexerit ascendens z fuerit directi cursus significat multiplices flatus euri z zephiri: z super maximum rigorem frigoris hyemis: z aduentum terremotuũ ♎ si fuerit retrogradus significat infirmitates que adueniunt hominibus ex ventis z humiditate z aduentum terremotuum. Et si non aspexerit ascẽdens z fuerit directi cursus significat flatum ventorum z leuitatem eorum z vehementiam frigoris in terris signi in quo fuerit Et si fuerit retrogradꝰ significat flatus ventorum incessanter z fortitudinem eorum: z consequens ciues terrarũ signi quod fuerit in directo eius infirmitates z diminutionẽ bladorum: z erit vniuersaliter in malignis z infimis.

⁋ Et si ♂ fuerit in hac triplicitate ⁊ fuerit dñs ãni in angulo directi cursus sigt illo rir ã ⁊ interfuctione ⁊ bella ⁊ effusione sanguinũ: ⁊ erit causa iusticie ⁊ ingstitionis veritatis. Et si ♂ est retrogradus sigt qᵒ illa bella erunt causa iusticie ⁊ causa pserunt sed qᵈ non oportet. Et si non fuerit in angul' ⁊ aspexerit aicñs directi cursus sigt qᵒ hoïes incurrent egritudines causa ventorũ ⁊ sanguinis ⁊ sorũᵒ illo in regionib⁹ q̃ suñt directi signi ei'. ⁊ qrti ⁊ oppõe aspect' eius. Et si non aspexerit aicñs ⁊ hiemi directi cursus sigt plures cõbustiones ⁊ nocumentã ab ignib⁹. ⁊ egritudines q̃ adueniunt hoib⁹ causa sanguinis:⁊ destructione vegetabiliũ causa valitudinis ventoꝝ. Et si fuerit retrogradus sigt detrimentũ qᵈ adueniet hominib⁹ causa horum quorum rememorationem prediximus.

D 4

⁋ Et si ħ fuerit in ♋ aut triplicitate eius et fuerit dominus anni in angulo directi cursus et orientalis ab eo significat vehementia frigoris et egritudines que aduenient ciuibus ciuitatum signi in directo eius existentis et multitudinem locustarum. Et si fuerit retrogradus significat multas mortalitates Et si non aspexerit eum. Et ceciderint ab eo fomine significat quod adueniet guerra magna et mors adueniet hominibus nimis cum multis destructionibus vel violentiis. Et si non fuerit et aspexerit ascendens directi cursus:

significat multas pluuias τ aquas τ frigus: τ si cōtinuanr ei fortune diminuut ex illo malo. Et si saturn? fuerit in vndecimo ab ascendēte reuolutionis: τ luna in ascendēte cōtinuata ei. tūc timebit super regem. Et si fuerit retrogradus τ mars aspexerit eum illud quidē sigt mortem τ destructionem que adueniet his. qui fuerint in terris signi quod fuerit in directo ei τ quarto τ opposito aspectu ascēdēt. Et si fuerit directi cursus τ mars cadēs ab eo significat apparitionē boni τ paucitatē mali τ multā securitatē: τ similis erit si transserit medietatē signi in cuius directo fuerit nisi quia accidāt cū illo egritudines ciuibus regionū signi in directo eius existentis τ euadent ab eis. Et si fuerit retrogradus τ respexerit se cum marte: τ fuerint fortune ab eo cadentes sigt qp nobiles incurrent ab infimis violentiam τ magnuz malū τ augmētabit frigus τ multiplicabunt aque τ locuste.

Mars

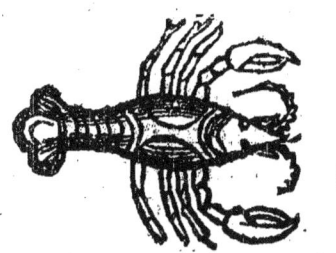  

⁋ Et si mars fuerit in triplicitate hac τ fuerit dñs ãni in angulo directi cursus nõ porrigens saturno illud sĩgt rixam que adueniet terre arabum τ apparentiã violentie regis in terrã tabestren τ deilen. Et si fuerit retrograd' τ fuerit porrigens saturno sĩgt interfectionẽ que erit in terra arabũ τ effusionẽ sanguinis τ aduentũ altanahim τ multas mortes τ timebũt sup regem in illa reuolutione: si sol testificet ei illud: τ si nõ fueriť angulis τ aspererit ascendẽs directi cursus saluus a saturno sĩgt illud cõmotionẽ thurcorũ: τ bella que aduenient pluribus ciuiũ limitũ: τ reuolutionẽ mali a pluribus ciuiũ climatũ τ quiescere. Et si fuerit retrogradus cõsequens ciues terram regionũ signi quod fuerit in directo eius: τ in quarto τ in opposito ei' nocumentũ τ interfectionẽ τ malũ ex parte regum: τ precipue si fuerit in vndecimo. Et si nõ aspererit ascendẽs τ fuerit directi cursus saluus a saturno sĩgt malum nisi cp aduenient terris que sunt signi in cui' directo existũt egritudines curabiles. Et si fuerit retrogradus τ porrexerit saturno: τ saturn' fuerit in angulo sĩgt illud cp malum adueniet inter gentes: τ erit principiũ illius debile: deinde corroborabit τ effundent sanguines multos τ egritudines metuentes euenient τ mors accidẽtalis. Et si saturnus cadit ab eo accident in regionibus signi in cuius directo fuerint egritudines ex calore et humiditate τ pustulle τ variole cũ egritudinibus substantie illius signi assimilantibus.

Postcp itacp venimus super collectã de significationibus coniunctionis duarũ infortunarũ in signis τ triplicitatibus narremus ergo sĩgtionẽ earũ cum coniungunt in cunct' partib' orbicularib' hora reuolutionis. ⁋ Dicam' igitur cp quãdo coniungunt in ascendẽte sĩgt illud plebis nocumẽt'z cõmune τ cõprehendẽs. Et si fuerit illud i secũdo aut in octauo sĩgt destructionẽ censiũ depressionẽ fame diuitũ τ apparentiã egestatis τ paupertis τ debilitatis in plebibus. Et si fuerit in tercio aut i norio sĩgt appariẽtiaz periculi in ecclesijs τ domib' oronis τ accidẽtia horribilia cũ reumatismo τ discordia. Et si fuerit illud in quarto sĩgt cp adueniet fabricis que fuerint in ciuitatib' ruina. Et si fuerit illud in quinto aut in vndecimo, sĩgt destructionẽ filiorũ τ multitudinẽ militũ τ armorũ. Et si fuerit illud in sexto aut in 12. sĩgt mltitudinẽ depredatiõis bestiarũ τ acceptionẽ earũ: τ fortasse accidit i his duabus speciebus detrimentum. Et si fuerit i. 7. sigт̃ q̃ inimici z nociui veniãt ad plures partiũ. Et si fuerit illud i medio celi sigт̃ morte̅ maioris regum i climatib z p̃cipue reges quos sigt̃ signũ i quo coiungunt̃. ¶ Et aliqñ duarũ infortunarũ coiunctio i oib. 30. annis sigt̃ lz sit debilis his. 30. annis i qb coiunguṉt sup res vicis s̃m q̃ p̃misim9: z illud est ex p̃te reuersionis coiun- ctionis ad signũ ad qd p̃mutat ex triplicitate prima. Q̃m quotiens accidit regni vicissitudo cã mutationis coiuctionis ex triplicitate in triplicitate: de inde redijt coiunctio ad signũ ad qd p̃uenit p̃mutatio sigt̃ p̃mutationem ex ciuib illius vicis ad alios. Q̃ si nõ fuerit p̃mutatio erit comotio vicis cũ ci uib illius vicis. Et sit istud sicut p̃mutationis coiunctionis sigt̃io de libra ad scorpionẽ z ad triplicitatẽ ei9 sup natiuitateз p̃phete. s. machometi: z q̃ redijt coiunctio post. 60. annos ad scorpionẽ sigt̃ obitũ eius: z fuit obit9 eius i. 30. anno ab hora q̃ redijt coiuctio a signo in quo fuit p̃mutatio: deinde redijt coiunctio ad scorpionẽ post. 120. annos: z fuit in illo anno diruptio te̅pli ei9: z interfectio abdalla filij arubetz. deinde redijt coiunctio ad scorpioз p 180. annos z fuit exitus ab imitelim z mutatiõis regni ad ethiopes. Dein- de p̃mutauit se coiunctio ad sagittariuз post. 290. annos anni coiuctionis regũ significantis. Et quotiẽs redijt coiunctio ad sagittariũ sigṽit aliqd ac cidere. ¶ Et iam quide̅ alij dixerũt q̃ q̃ntitates tp̃m more vicis in omni se- cta ex sectis erit s̃m q̃ntitatẽ. 10. reuolutionũ saturninarũ: z induxerũt sup illud exemplũ q̃ illud p̃pinquũ est te̅porib quoz rememoratione̅ p̃diximus ex reuolutionib ex p̃te coiunctionũ in d̃ia prima primi tractatus. Dixerũt enim q̃ mutatio erit cum complete fuerint. 10. reuolutiones saturnine et precipue coueniat illi permutatio saturni ad signa mobilia: z fuerint acci- dentia illoz tempoz signa mobilia. Nã hoc festinabit p̃mutatione̅. ¶ Et fortasse accidũt ex istis horis in quib p̃mutant p̃digia superiora z inferio- ra sicut iaculatio stellarũ z terremotuũ z siliũ: z p̃cipue si fuerit cade̅s ab eo iupiter: qm̃ alterabunt p eum res z forsan p̃mutabit regnum de vno ad aliud. ¶ Et multociẽs considerat regnoz annus in quo p̃mutat saturn9 ad signa couersiua: z si iupiter aspicit eum aut fuerit cũ eo in illo signo minuet multũ mali. Q̃ si ceciderit iupiter ab eo z debilitat̃: z corroborat̃ mars ex descensu suo in angulos ascende̅tis sigt̃ p̃mutatione̅ plurium essentiarũ in diminutionẽ earũ: z descensus erit nõ in capitis signoz couersuoz nisi oib 7. ãnis z medio. Et iã accideru̅t cũ co̅plete su̅t. 10. reuolutiões ex reuolutio ne sue ee̅ntie z p̃mutatiões m̃lte ex appitiõe p̃phie z p̃mutatioe vicl̃ z secta rũ z co̅suetudinũ s̃m q̃ narrabim9 ut l̃ exemplo i tp̃ib futuris q̃ e̅ cũ co̅pletu su̅t 10. reuolutiões ħ i dieb daribinder fuit appitio alexa̅dri filij philippi no bilis z remotio vicis p̃sap̃: z q̃ co̅plete su̅t ei. 10. reuolutiões alie ex reuolu- tione sua appuit ib̃s filij̃ marie s̃up que̅ fuit orones cũ p̃mutatiõe secte: z q̃ co̅plete su̅t. 10. alie reuolutiões ex reuolutiõe sua appuit ment z ue̅t cũ lege q̃ est inter paganos z nazarenos: z q̃ complete sunt. 10. alie reuolutiones ei ex reuolutione sua venit ppheta cū lege in auroꝝ manifesta. Et fortasse erit illud ante complementū. 10. reuolutionū ergo accidēs erit ī reuolutione nona: ꝛ forsitan erit post. 10. reuolutiões erit ꝗ accidēs in .2. reuolutiōe ꝛ illud est ſm quantitatē eius ꝙ exigūt cōiunctiōes ꝑmisse ad hoc ex longitudine morę aut breuitate eius. Et iā dixerūt quidā alij ꝙ quātitas tēpoꝝ vicis erit ſm quātttate annoꝝ maxioꝝ datoꝝ planetę significāitbꝰ ciues vicis: ꝛ induxerūt ad hoc exemplū ꝛ dixerūt ꝙ ♄ habuit sigtīonē sup hamsi: ꝛ fuit mora vicis in eis. 465. annis qui sunt reuolutio saturni ſm ꝓpinquitatem: ꝛ ꝗ fuit significatio ioui super persas fuit mora vicis in eis .429. annis ꝛ ex hac parte oportet vt mora vicis romanoꝝ ſm id ꝙ habet planeta eoꝝ qui est luminare maius significans sup eos de temporibus datis ꝛ sūt 1460. ꝛ sup hoc oportet vt sit mora vicis arabum ſm ꝙ habet planeta qui est venus significans eos de temporibus datis qui sunt. 544. ꝛ est propinquum ei ꝙ predixim̓. ⁋ Et iam dixerūt imaginū d̄ni ꝙ orbis habet motū 8. graduū inquibus accedit: ꝛ ꝙ accessio eius in omni gradu: ꝛ recessio ei̓ in eis erit omnibꝰ. 80. annis: ꝛ quādo cōplet in accessione aut recessiōe est gradus. 1. si illud cōtingit cū ꝑmutat̃ ꝛc. Et illud est cū ꝑmutat̃ saturnꝰ de signo ad signū sigt esse accidentiū in mundo ꝛ signa celestia ꝛ terrestria et reuolutionez sectarū: ꝛ ꝑmutationē regni de gente ad gentem: ꝛ casuz bellorūz infirmitatū ꝛ esse terremotuū in climatibus ꝛ quod est verius ad hoc cum fuerit in hora complementi. 80. annorum quando accidet orbis graduum perfectorū: aut quando redit in tanto. Et iam fiet similiter mutatio cōis maior cū cōpleuerit motus orbis iste. 9. gradus accedēdo vel recedēdo: ꝛ illud contingit in omnibus. 664. annis. Lūꝙ volueris scire aduentuz eius aut reditum in quo tempore erit illud ꝛ quantitas gradus aduentus at reditus eius addant̃ super annos gezdagiro ꝑfectos ꝑ. 640. ꝛ cōsiderat̃ ꝙ erit de diuisione ꝛ proijciat̃ inde ꝛ incipiat̃ a reditu orbis: ꝛ sic postea ab aduentu eius consideret̃ vbi desinit: ꝛ si desierit in aduentu orbis itaꝗ est aduentus ꝛ si defuerit in reditu orbis iterū est rediens deinde cōsidera ꝙ remanet de numero qui nō diuīdit̃: ꝛ diuide ꝑ. 80. ꝛ quod erit de diuisiōe est gradus: ꝛ ꝙ remanet minus. 80. sunt ptes gradus. Et fuit orbis puentio ī aduentu in principio anni. 265. gezdagiro vsꝗ ad. 5. gradꝰ ꝛ. 12. minuta ꝛ. 45. scða: ꝛ addit̃ quātitas graduū puenientiū ex motu orbis locis planetarū erraticoꝝ in cursibꝰ septētrionis ꝛ meridiei ꝛ locis stellarū fixarum. Si orbis fuerit veniē̃: aut si fuerit rediē̃s diminuit̃ ꝙ puenit de gradibus reditus eius ꝛ minuit̃ eius ex. 8. gradibꝰ ꝛ addit̃ ꝙ remanet locis planetarū ut certificent̃ loca eoꝝ ſm certificationē ſm ꝙ videt̃ ex consideratiōe ꝛ ꝙ cōtingit planetis de augmēto ī hora nostra hoc est quantitas graduū sup quos stetit ex motu orbis in hora quā determinauim̓ ſm canonē aut ꝓpinquū ei. Et illud super quod cōueniūt quoꝝ rememorationē finisim̓ de diuersitate sermonū eoȝ in elemēto ex quo extrahiꝛ quātitas temporū viciū ⁊ eiꝰ qd̄ est ex parte eius sup quod signt cōiūctiones qȝ sermones q̄ cō ueniūt ī hoc: annūciandū est illud qȝ cadit de cōueniētia signlōū ī cōueniē tiarū ħ signionibus cōiūctionū in illis tribus que posuerūt: acceperūt itaqȝ illa coueniētia quasi radices sine radice qua significatierūt sup illud: ⁊ ideo accidit eis diuersitas ⁊ opinionē nō crediderūt nisi ex pte. Et qȝ auxiliāte deo iam inuenimus cuȝ hoc quod exponere volebamus cōpleamus itaqȝ dr̄am. 8. tractatus secundi cum complemēto eius.

Tractatus tercius libri cōiunctionū albumasar in scīa qualitatis cōti nuationū planetarū ⁊ cōmixtione eoȝ ad inuicē in reuolutione annoruȝ ⁊ sunt sex dr̄e. ☞ Differētia prima in cōmixtione planetarū saturno. ☞ Differē tia secūda ī cōmixtione planetaȝ ioui. ☞ Differētia tercia ī cōmixtione pla netarū marti. ☞ Differentia quarta ī cōmixtione soli. ☞ Differētia quinta ī cōmixtione planetarū veneri. ☞ Dr̄a sexta ī cōmixtione planetaȝ mercurij

Saturnus

Differentia prima in eo q̄ planete cōmiscent̄ saturno.

Et autem premisimus collectiua de significationib[us] esse regum ex parte permutationū cōiunctionū in triplicitates τ coniunctionis duo{rum} superio{rum} planeta{rum} in eis: τ coniunctione duarum infortunarū in omnibus signis τ fuerint omnibus planetis cum cōmiscebant in ascendentibus p[er]mutationū annorum coniunctionū res que apparebant ab eis ciuibus sectarū τ vicium ex parte coniunctionū cōmixtionū eorum quādo cum fuerit situs quorundam apud quosdam s[ecundu]m figuram aliquam figurarū in hora p[er]mutationis coniunctionis de triplicitate in triplicitatē significauit illud q̄ vten̄t[ur] ciues illius secte pluribus rebus illis significationibus assimilantib[us]: τ si fuerit illud in hora reuolutionis alicuius annorum aut quartarū significat q̄ vten̄t[ur] rebus similibus que proportionant illis significationibus in illo tēpore nisi quia significationes planetarū inferio{rum} in hora ascendentiū permutationū coniunctionū in triplicitate peruentionū directionis ex ascendentibus coniunctionū almamareth que fuerint apud quartas s[ecundu]m q̄ prediximus euidentioris actionis quā haberet in reuolutionibus quartarū τ planetis inferioribus est vel fuit concordantia cum significationibus reuolutionū anno{rum} τ quartarū sub breuitate temporis significationū eorum fiunt significationes superio{rum} fortiores τ euidentiores actum in longis v[e]l diuturnis temporibus τ durabiliorum impressionumq̄ inferio{rum} nisi inferiores significent accidentia que fiunt in breuibus temporibus cum significationibus eorum in temporibus longis apparent successiue continuatio eo{rum} diuersificet in situ in omnibus temporibus τ preparent significationes eorum in illis omnibus temporibus frequenter τ successiue τ reuolubiliter ¶ Hinc littera suspensiua est interpositionibus. Item cum magis necesse vt veniam cum significationibus eo{rum} s[ecundu]m accidentia in hora reuolutionum tempo{rum} que prediximus ex parte descensus quoru{n}dam apud quosdam sup omnes partes figurarū vt si vnū adiuuantiū sup declarationē impressionū superiorum indiuiduo{rum} in accid[en]tibus inferioribus s[ecundu]m q̄ p[re]misimus. Rememoremus itaq̄ in hoc tractatu significationē planetarū τ cōmixtionem quoru{n}dā adinuicē in significationibus suis adiutorio dei.

⁋Dicamus ergo quoniā cōiūn
ctio duoȝ superioȝ scȝ saturni ⁊
iouis planetarū fecit aliqd ex re
bus necessario in pmutationibȝ
sectarū ⁊ viciū ⁊ pmutationibus
legum ⁊ instructionibus ⁊ in ad
uentu ingentiū reȝ ⁊ in pmuta
tione imperij ⁊ in morte regum
⁊ in aduentu pphetarū ⁊ ppheti
zandi ⁊ miraculoȝ in sectis ⁊ vi
cibus regnoȝ sicut premisimus
fuit ppter cōmixtionē reliquoȝ
planetarū ⁊ cōtinuationē eoruȝ
adinuicem in reliquis figuris cū
multis significationibus sup res
que apparent in aliquo annoȝ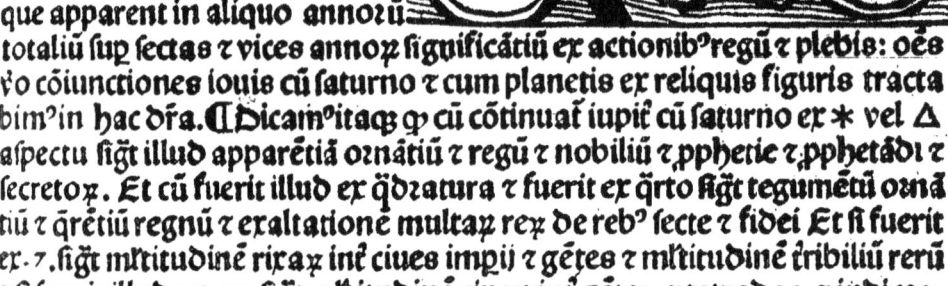
totaliū sup sectas ⁊ vices annoȝ significātiū ex actionibȝ regū ⁊ plebis: oēs
ƿo cōiunctiones iouis cū saturno ⁊ cum planetis ex reliquis figuris tracta
bimȝ in hac dīa. ⁋Dicamȝ itaqȝ qȝ cū cōtinuaƚ iupiƚ cū saturno ex ✶ vel △
aspectu sigt illud apparētia oȝnātiū ⁊ regū ⁊ nobiliū ⁊ pphetie ⁊ pphetādi ⁊
secretoȝ. Et cū fuerit illud ex qdratura ⁊ fuerit ex qrto sigt tegumētū oȝnā
tiū ⁊ qrētiū regnū ⁊ exaltatione multaȝ reȝ de rebȝ secte ⁊ fidei Et si fuerit
ex · 7 · sigt mltitudinē rixaȝ inƚ ciues impij ⁊ gētes ⁊ mltitudinē tribiliū reruȝ
⁊ si fuerit illud ex · 10 · sigt mltitudinē rixaȝ inƚ gētes ⁊ tetradas ⁊ iudices.

⁋Postqȝ aūt pinisimȝ in dīa · 8 ·
tractatȝ scdi sigtioēs cōiūctōinis
♂ ⁊ ♄ ī oibȝ signis: ⁊ fuerit de p
prietate eiȝ vehemētia aduēƚ va
riolarū ⁊ vlceȝ ⁊ plagaȝ ⁊ frau
dis ⁊ deceptiōis ⁊ iactationis et
renouatōis regni hoiȝ in ƚra illiȝ
signi in q cōiungunƚ cū eo qȝ ap
propriauimȝ de eo in oibȝ signis
singularif. Rememoremȝ ī hac
dīa sigtiōes oim eoȝ cōtinuātiū
⁊ cōiūctionū planetaȝ cū ♄ si g
cōtinuaƚ cū ♄ ex ✶ vƚ △ aspectu
sigt illud qȝ itrabit defraudatio
in res hoim ⁊ deuotoȝ ⁊ regū ⁊
cōmixtiōes q aduenieƚ inƚ hoīes
ppƚ cās fidū: ⁊ si fuerit ex qdrata sigt mltitudinē furtoȝ ⁊ latronū ⁊ tegumē

tū p̄mi illiꝰ: ꞇ ſi fuerit ex. 7. ſigt͂ ꝫtietatē hoīm adiuicē ꞇ lōgitudinē eoꝝ ꞇ re
fectationē eoꝝ. Et ſi fuerit ex. 10. ſigt͂ illud q̃ ſeqt͂ plebs ex rege vehemētia
ꞇ minorabit obediētia eoꝝ ei.

⊙ ſigt͂ deſtructionē mali ꞇ pri
uationē falſitatꝭ ꞇ fraudiſ: ꞇ ſi cō
tinuet ei ex * aut △ aſpectu ſigt͂
pauꝑtatē regū ꝓplo ſicut indigē
tia eoꝝ ab eis ꞇ q̃ ipſi idigēt eis.
Et ſi fuerit ex q̃rto aſpectu ſigt͂
reges occultare ꝓpꝛia ſecreta et
res. Et ſi fuerit ex. 7. ſigt͂ reges re
ſertare cū aliquibus de plebe ſic
cut ſunt monachi ꞇ pauꝑes ꞇ
q̃ aſſimulat͂ his. Et ſi fuerit illud
ex. 10. ſignificat illud deſtructio
nem ꞇ timorē ꞇ terrorē quē cōſe
quent͂ reges a plebe ſua cuz ho
q̃ exercebunt nimiū carceres ꞇ
eorum inſtrumenta ſicut vincula ꞇ cathene ꞇ compedes ꞇ his ſimilia.

⁋ Et quando coiungit͂ ei venus
ſigt͂ deſtructionē eſſe ꞇ vehemen
tem cupidinē matris ꞇ multitu
dinē filioꝝ ꞇ diuinationes timo
roſas in homines ꞇ anguſtia ꞇ
erit annus vehemēs ciuibus lu
toꝝ ꞇ egyptij ꞇ multiplicabit͂ in
eis peregrinatio cuz vilitate ſub
ſtantiarū aquaticarū ſicut mar
garite ꞇ his ſilia: ꞇ deſtructionez
quā cōſequit͂ populus ꞇ anguſti
as. Q̃ ſi cōtinuat͂ ei ex △ vel *
aſpectu ſignificat illud deſtructi
one vel corruptionem, que ad
ueniet filijs ꞇ pregnantibus ad
partus mulierib'. Et ſi fuerit ex
quadrato ꞇ fuerit illud ex quarto ſignificat illud q̃ mulieres cadent in ac
cuſationes ex maritis ꞇ generibus ſuis: ꞇ deſtructionē vel corruptionē eſſe
earuz propter iſtas cauſas. Et ſi fuerit ex ſeptimo ſignificat multas cauſas
vel multa placita mulierū cum viris ſuis. Q̃ ſi fuerit ex. 10. ſignificat illud
q̃ accident mulieribus cauſe vel placita pro quibus appellabunt ad reges
ꞇ detegent per hoc ꞇ deſtruent res veneree ſicut ſpes ꞇ his ſilia.

⁋ Et qñ coniungitur ei ♃ significat illud ⅋ vtentur homies in-
cantationibus ⁊ nigromancia: ⁊
significat detrimenta que aduenient scriptoribus: ⁊ mutationes
tpm: ⁊ tempestates ꝙ aduenient
villicis:⁊ adueniet hoibus mors
⁊ fames ⁊ aduentus ingentium
rerum. Q fi cōtinuetur ex △ aut
✱ aspectu sigt multitudinem in-
spectionuz in libris sectaru ⁊ que
assimilantur his Et si fuerit ex qua
drato significat illoru secretoꝝ uz
scientiarum apparentiaꝝ ⁊ nigro
mancie ⁊ incantationum ⁊ horū
aliū Et si fuerit ex .7. significat
hoies inuenire simulationes ⁊ falsitates duratarum ⁊ que assimilātur his.
Et si fuerit ex .10. significat apparitionē vel apparentiam libroꝝ et exercere
nigromanciā ⁊ incantationes sicut incantatioes serpentū que assilant his.

⁋ Et si cōiungatur ☽ significat
illud impedimentū rerum ⁊ tri-
bulationez earum ⁊ nocumentū
qd consequentur hoies propter
carceres ⁊ ligationem ⁊ infortunium ⁊ malum:⁊ destructionem
villaru ⁊ ciuitatū ⁊ pegrinantiuz
ciuium earum:⁊ paucitatē aque
fontium ⁊ fluminū. Et si ctinueᷓ
ei ex △ aut ✱ aspectu significat
illud vti homines iniurijs ⁊ falsi
tatibus ⁊ ligatione ⁊ carceribus
⁊ pcussione flagelloꝝ ⁊ iniusticia
⁊ sollicitudine causa illaru:⁊ sigt
acceptioᷓ colere nigre: ⁊ multas
infirmitates pter illam causam
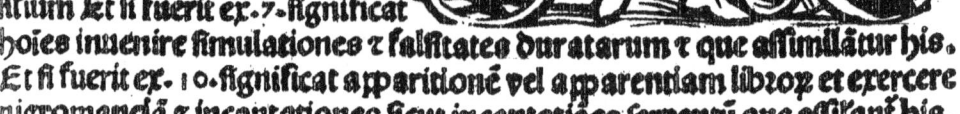
⁊ apparentiam destructionis in pluribꝰ terris:⁊ aborsum mulieru ex uile
tate nimium ⁊ quorūdam propter eas ⁊ sepelitionē eorum in eis:⁊ vti plan-
tationibus vinearum ⁊ ortorum ⁊ molendinis:⁊ fodere puteos ⁊ argentū ⁊
silices ⁊ lateres ⁊ plures fabricationes ⁊ corroborationem earum:⁊ hoies
nimiuz visitare sepulturas ⁊ carceres ⁊ his similia. Et si fuerit ex quadrata

τ fuerit illud ex quarto significat plurima somnia hominum τ metura eoꝝ in somnis suis: τ multitudinem fantasmatum facientium eos stolidos. Et si fuerit ex. 7. significat causas scʒ placita τ cogitationem τ suspectionem et causas eorum: τ ꝙ cadent quedaʒ hominum res ille abhominabiles τ his similia. Et si fuerit ex. 10. significat ꝙ cadent cause scʒ placita inter reges τ plebem eorum: τ ꝙ facient eis iniusticiam τ defraudabunt eos: τ ipsi scʒ reges multum timebunt eos propter causas eorum. Et quia auxiliante deo iam explicauimus quod exponere voluimus. Compleam' ergo differentiam primam.

Iupiter

⸿ Differentia secunda in comixtione planetarum ♃.

Postꝙ autem premisim' in differentia prima comixtiones planetarum cum ♄. Nominemus ergo in hac differentia continuationes eorum cum ♃.

Dicamus ergo ꝙ quñ coniungiſ
♂ ♃ ſignificat illud ꝙ homies
nimium exercebunt exercitus et
bella ⁊ multitudinẽ inſurgentiũ
⁊ malum: ⁊ multitudinẽ cauſaꝛ
⁊ aduentũ bubonũ in quibuſdã
climatibus:⁊ cariſtiã quarũdam
beſtiarum:⁊ ſomnũm timoroſuᷜ
vel horribilem ſcʒ rerum in prin
cipio temporis ⁊ conſtructionez
in fine eius:⁊ mortẽ regis in illa
reuolutiõe. Qᷓ ſi continuetur ei
ex △ aut ✱ aſpectu ſignificat illõ
exercitium in preliis cauſa fidei.
Et ſi fuerit ex quadrata et fuerit
ex ☐ ſignificat notatores ⁊ inter
ſectionem ⁊ victoriam ⁊ latrones:⁊ vtuntur illo in occulto ⁊ abſconſo. Et ſi
fuerit ex. 7. ſignificat illud aduentum placitorũ:⁊ multam hominum ſuſpe-
ctionem adinuicez de latrocinio. Et ſi fuerit ex. 10. ſignificat ꝙ homines in
current a rege malum ⁊ vehementem timorem.

Et quando coniungitur ei ☉
ſignificat mortez iuſticiarioꝛum
⁊ iudicum: ⁊ corruptionem quo
rundam fidei et cooperitionem
eorum Qᷓ ſi continuetur ei ex ✱
aut △ aſpectu ſignificat illud ap
partionez fidei ⁊ ſcientie legum.
Et ſi fuerit ex quadrata ⁊ fuerit
ex ☐ ſignificat apparitionez for-
titudinis iudicuz ⁊ ipſos vti frau
de. Et ſi fuerit ex. 7. ſigñt illõ mul
titudinez cauſarum ⁊ clamatoꝛ
ad iniuriam ⁊ manifeſtationem
eius. Et ſi fuerit ex. 10. ſignificat
fortitudinem iudicum ⁊ eis ap-
perire iuſticiam ⁊ eos vti eqtate

⁋ Et qñ coniungitur ei ♀ significat illud castitatē mulierum in
defensione earum ⁊ caristiaȝ spe
cierum ⁊ margaritarum:⁊ q̇ se-
quentur regiones illius signi in
quo coniungunt̄ bonum ⁊ largi
tatem ⁊ mulieres fideliter se h̄re
cum viris suis:⁊ apparere ab eis
castitas in pluribus climatib9:⁊
ipsas consequi quietudinē ⁊ pul
crum victum. Q fi cōtinuetur ei
ex △ aut ✳ aspectu sig̃t mulieres
adherere fidei ⁊ religioni et esse
constantes veritate et fide. Et si
fuerit ex quadratura: ⁊ fuerit ex
□ significat eas mores pulcros
habere ⁊ constantiaȝ earum. Et si fuerit ex · 7 · significat q̇ mulieres sig̃bunt
causas ꝓter sides ⁊ multiplicabunt ⁊ manifestabunt illud:⁊ q̇ rectificabit̄
q̇d est inter eas ⁊ viros earuȝ. Et si fuerit ex · 10 · significat q̇ mulieres regū
vtuntur rebus honestis ⁊ speciebus: ⁊ multiplicabunt inquisitionē specierū
⁊ res odoramentoꝝ ⁊ vnguentoꝝ ⁊ his similia.
⁋ Et quando coniungitur ei ☿
significat hoies querere scientiā
⁊ scripturaȝ ⁊ sapiaȝ ⁊ doctrinā
legum ⁊ fidei ⁊ secretoꝝ ⁊ bu
bones ⁊ fortitudies ⁊ calefacti-
ones aeris. Et fi continuet̄ ei ex
✳ aut △ aspectu significat mlt̄as
hominū causas in fide ⁊ eos vti
disputationibus. Et si fuerit ex q̇
dratura et fuerit ex □ significat
contentionem sacerdotū ⁊ reuelationem plurium secretoꝝ. Et
si fuerit ex · 7 · significat aduentuȝ
causarum in causatis emptionū
⁊ mercicaturarum ⁊ ɔiunctionū
quibus inter se homies vtentur.
Et si fuerit ex · 10 · significat multam inquisitionē hoim proficui cūm multa
regum inquisitione scientiarū ⁊ ꝓphetie ⁊ artificioꝝ ⁊ operum ⁊ his similia.

⁋Et quando coniungitur ei ☾ significat multu vti homines bonitate ⁊ dictamine ⁊ populatiõe ecclesiarum: et inquisitione fidũ ⁊ legum: ⁊ laudis dei memorie. Q, si continuatur ei ex ✶ aut △ aspectu significat apparitionem rerum diuinaꝝ ⁊ fidei ⁊ ꝓphetie ⁊ sapiẽtie. Et si fuerit ex quadratura et fuerit ex □ significat occultationez secretozum ⁊ fidum Et si fuerit ex. 7. sigt illud tam in fidibus ⁊ legibꝰ ⁊ cõsideratione in illo ⁊ his similibus. Et si fuerit ex. 10. aspectu sigt altitudinẽ iudicum ⁊ orantium deo: ⁊ corroborationem ⁊ fabricationem ecclesiarum: ⁊ domorũ orationis ⁊ his silia. Et quia auxiliante deo iam explicauimus quod exponere voluimꝰ. Compleamus ergo differentiam secundam tercij tractatus.

⁋Differerentia tercia in cõmixtione planetarũ ♂

Postḡ ergo premisimus in differentia secunda continuationes eorum cum ♃. Nominemus itaꝗ in hac differentia continuationes planetarum cum ♂.

E 3

⁋Dicamus ergo q̇ cum ☉ con/
iungitur ♂ significat illud multā
infectionē in latronibus τ furibꝰ
Q̇ si continuet ex △ τ ✱ aspectu
significat illuḋ reges manifestare
decreta alnauuenim Et si fuerit
ex quadrata τ fuerit ex □ signi/
ficat illud paucitatez causarum
τ contentiones τ absconsionem
eius q̇ ex eo fuerit in eo. Et si fu
erit ex .7. significat bella plura τ
interfectionem τ his similia. Et
si fuerit ex 10. significat multaz
iniuriam τ maliciaz cordis a re
gibus: τ apparitionez combusti/
onis τ his similia.

⁋Et quando coniungitur ei ♀
significat multam fornicationez
τ adulterium τ malum in mulie
ribus: τ mortem regum grecorū
τ infortunia que consequetur et
mala. Si cōtinuetur ei ex △ aut
✱ aspectu significat mltos filios
τ facilez mulieribus partum. Et
si fuerit ex quadrata et fuerit ex
□ significat multā fornicationē
τ adulteriū τ amicitias τ occul
tare illud. Et si fuerit in .7. signi
ficat vehementiam quam conse
quent fornicationes. Et si fuerit
ex .10. significat multam deni/
ginationem mulierz apud reges
τ incurrent ab eis infortunia et contraria.

⁋Et quando coniungetur ei ☿ significat illud qɔ hoīes multum exercebūt incudere nūmos ɼ solares ɼ es ɼ alkimiam ɼ his filia ɼ aduentuɱ timoris ɼ pauoris in mercatores ɼ peritos. Q̃ ſi continuauerit ei ex △ aut ✶ aspectu significat illud homines ingrere alkimiaɱ ɼ artificia que operanɼ cū igne. Et ſi fuerit ex quadrata et fuerit ex □ significat homines multū vti alkimia ɼ armis et occultare ea. Et ſi fuerit ex .7. significat illud multas causas ɼ deceptiones ɼ disputationes et dissimulationes in victu ɼ operibus: ɼ interfectionē ɼ latrocinia ɼ fraudem ɼ his similia. Et ſi fuerit ex .10. significat qɔ vtentur reges artificibus ɼ alkimijs ɼ armis.

⁋Et quando coniungitur ei ☽ significat homines vti mendacio ɼ effusione sanguinum cum multitudine querentiū ɼ decoratiōe Q̃ ſi continuatur ei ex △ et ✶ aspectu significat illud paruɱ prouidere his qui adherent fidibus ɼ vti ignorātia cum multitudine iugulationum in pascis ɼ conuiuijs. Et ſi fuerit ex .7. significat illud multa bella ɼ interfectiones ɼ refectatioɼ ɼ iusiuraɲdū falsɱ. Et ſi fuerit ex quadrata et fuerit ex □ significat illud qɔ rex erit cōtrarius plebi per iniusticiam. Et ſi fuerit ex .10. significat exercitus regum ɼ ministrorum ɼ ducum exercitus ad bella ɼ iniusticiam ɼ iniuriam Et quia auxiliante deo iam explicauimus quod exponere voluimus. Compleamus igitur differentiam terciam tractatus tercij.

Sol

⁋ Differentia quarta in cōmixtione planetarum ☉.

Qūq̄ aūt p̄emisim⁹ in differentia tercia memoriam com/
petitionum planetarum τ continuationes eorum cum ♂.
Dicamus ergo in hac differentia significationes continua
tionum eoꝝ cum ☉. ⁋ Dicamus itaq̄ cū ♀ coniungitur ☉
significat illud pregnantes consequi nocumentū cuz̄ mul
titudine placitoꝝ inter eas. Θ si cōtinuet̄ ei ex ✱ aspectu
significat illud altitudinem mulierum τ nobilitatē earum.
⁋ Et q̄ coniungitur ei ☿ significat occultationem rerū τ secretum earum:
τ tegumentū scientiæ τ sapientiæ τ libros legere vel scribere τ rumores. ⁋ Et
q̄ coniungitur ei ☽ significat multitudinē rerum secretarum τ absconsionē
eaꝝ: τ nūllū malum fore inter reges τ plebes: τ multos fugitiuos ex seruis
τ aliis: τ super facilitate operibus alkimie hominib⁹. Et si cōtinuetur ei ex
△ aut ✱ aspectu significat illud reuelationem secretoꝝ τ detectionez̄ eoꝝ

Et ſi fuerit ex quadratura z fuerit ex quarto ſigt difficultatē rez ſiendaruz z grauitatē earū. Et ſi fuerit ex .7. multas zrietates z cauſas z vtilitatē cauſdioz in linguis ſuis cauſando. Et ſi fuerit ex. 10. ſignificat apparitionem ſecretoz z manifeſtationē eorū: z diuulgationē ſecretoz regū: vt aūt venimus cū eo qz voluimus. cōpleamʹ igit ōrām quartā.

Venus

Differentia quinta i cōmixtione planetarū veneri.

Oſtēſū dūt pmiſimus in diſferētia quarta cōtinuatiōes planetarū cū ſole z eadem° ergo in hac ōra ſignificatiōes cōmixtionū eor cū ♀. Dicamus ergo qz cū cōiunxit ſi ♀ ſignificat apparitionē rumoz epiſtularū z bōas exercere res extraneas z ſcības z publicationē eoz ppt illas cauſas cum eo qz ipſi gaudebūt multum cū mulieribus delectabūt cū eis et multos rumores terribiles cū effuſione ſanguinū z amplitudines magne fuerūt i mundo. Et ſi cōtinuet ei ex ✱ aſpectu ſignificat apparitionē amicitiarū z amissionē curatarū mulierum z his filia. ¶ Qt si coniungat lunā ♀ significat illud hoies multū exercere cantilenas et modulationes z iocos z delectationē cum mulierib9 : z vti rebus aromaticis. Et si ɔtinuat ex △ aut ✱ aspectu significat illud hoies exercere iocosa sicut saltatio z fistulatio z cantus z exitus hominū ad amena loca z ad viridaria z his filia Et si fuerit ex quadratura z fuerit ex quarto sigt nimis vti homines de spō satione z cōiugio z abscondere illud. Et si fuerit ex .7. sigt rixas mulierz cuz v.ris suis z suggestionē eorum z his similia. Et si fuerit ex. 10 .significat apparitionē adulterij z multam fornicationē z reuolutionē eius. Et vt venimus cum eo qp exponere voluimus. cōpleamus ergo adiutorio dei differētiam quintam.

Mercurius

Differentia sexta in cōmixtione planetarū ♀

Postqʒ premisimus in dīa quinta tractatū significationū cō/mixtionū lune cum ♀ vt sit illud quod declarauimº ergo cō/pletū ex eo cū adiutorio dei. ⁋Dicamº ergo qʒ quādo cōiun/git ☾ ♀ significat illud querere sciam ꚍ libros ꚍ incantatio/nem ꚍ nigromātiā ꚍ astronomiā ꚍ omnē rem que tegit ꚍ oc/cultat. Qʒ si cōtinuat ei ex △ aut ✱ aspectu ꚍ fuerit fortuna/tus significat illud cōsiderare scientias ꚍ inquisitionem earū: et appreciatio/nem eoꝝ omniū que querunt ꚍ receptionē eoꝝ: ꚍ si fuerit infortunatº signifi/cat cōtrariū illiº. Si fuerit ex quadratura ꚍ fuerit ex quarto significat illud paucitatē rumoꝝ terribiliū ꚍ disputationē in scientijs. Si fuerit ex .7. ꚍ fue/rit fortunatus significat dissensiones ꚍ rixas ꚍ inquisitionē veritatis ꚍ equi/tatis: ꚍ si infortunatº significat inquisitionē rerum cōtrariū ꚍ vti ablatione cum ascriptione sibi ꚍ iusticia ꚍ iudicio. Si fuerit ex .10. ꚍ fuerit fortunatus significat appreciationē libroꝝ sidum. Et si fuerit infortunatus significat libros sophisticos ꚍ obscuros vel breuiatos ꚍ his similia. ⁋Et qn̄ non fue/rit super aliquē istoꝝ planetaꝝ in temporibº quod determinauimº aliqua continuatio ex istis figuris: ꚍ vnus eoꝝ separet ab alio significat illud ho/mines parum vti illoꝝ duoꝝ planetarū significatione illis generibus ꚍ proiectione eoꝝ ab eis: ꚍ vtunt eo qd̄ fecit necessario ɔtinuatio eoꝝ adin/uicē ꚍ ꝑtermittere res super quas cadit ablatio. ſ. ꝯparationes ex duobus figtionibus super res factas significātes. Et cum fuerint fortune significāt augmentū in eo qʒ significant de rebus fortune: ꚍ detrimētū de rebº infor/tunijs. Et si fuerit cōtrariū illius sigt cōtrariū eius qʒ narrauimº. ⁋Et quia auxiliāte deo id explicauimº: ꚍ quod exponere voluimº cōpleamus differē/tiam sextam tractatus tercij.

⁋Tractatus quartº in qualitate figtionū signoꝝ cū fuerint ascendentia alicuiº inceptionū quoꝝ narrationē ꝑmisimº aut ꚍ ꝑuenerint anni ad ea ab aliquo ascendētiū inceptionū ꝓcedētiū aut locis cōiunctionū: ꚍ sūt .12. ⁋Dīa prima ī significationibº arietis sup accidētia inferiora cū fuerit asce/dens aliquoꝝ tp̄m reuolibiliū: aut ꝑuenerint āni ad eū ab aliquo ascendē/tiū inceptionū ꝓcedētiū aūt ex locis cōiunctionū. ⁋Dīa secūda in significa/tionibº thauri scd̄m huic s̄ile. ⁋Dīa tercia ī significationibus geminoꝝ scd̄m huic s̄ile. ⁋Dīa quarta in figtionibº cancri scd̄m huic s̄ile. ⁋Dīa quinta in figtionibº leonis scd̄m huic s̄ile. ⁋Dīa sexta in figtionibº virginis scd̄m huic s̄ile. ⁋Dīa septima in figtionibº libre scd̄m huic s̄ile. ⁋Dīa octaua in sig/nibus ♏ scd̄m huic s̄ile. ⁋Differētia nona in figtionibus ♐ scd̄m huic s̄ile. ⁋Dīa decima in figtionibº capricorni scd̄m huic s̄ile. ⁋Dīa vndecima in figtionibus aquarij scd̄m huic s̄ile. ⁋Dīa duodecima in significationibus pisciū scd̄m huic simile.

Aries

Dña prima in significationib(us) arietis sup(er) accidentia inferiora cū fueri(n)t ascende(n)s alicui(us) tempo(rum) reuolubiliū aut anni p(er)uenerint ad eū ab aliquo ascēdētiū inceptionū p(re)cedētiū aut ex locis cōiunctionū.

Dixi(mus) ergo iā si(mi)li(ter) in tractatu tercio cōtinuatiōes plane/ tarū z cōiūctiōes eo(rum) ad inuicē. Uideam(us) g(itur) in hoc tractatu cum inuentione significationū signo(rum) singulariū cum fuerint ascendentia tempo(rum) quo(rum) rememoratione p(re)misim(us) aut anni p(er)uenerint ad ea ab ascēdentibus inceptionū p(re)cedē/ tiū aut ex locis coniūctionū cum adiutorio dei. Dicam(us) g(itur) cū fuerit ascendens alicuius tempo(rum) reuolubiliū aries: aut p(er)uenerint ad eu(m) anni ab aliquo loco(rum) quo(rum) rememoratione p(re)misimus sig(nificabi)t illud q(uod) apparebit i(n) ciuitatib(us) sup(er) quas est almuxtetil reges magnimin cu(m) eo q(uod) ci/ ues eorum vtent(ur) instrumē(n)tis ferreis z armis: z his similibus z interfectio/ ne z lite et combustione z igne: z derisio veniet hominibus in actionibus τ festinationē permutationis de esse ad esse τ expandeť mors in eis τ multitudo egericie bestiarum cum eo q̃ flabunt venti orientales τ occidentales τ cum temperantia aeris quarte septentrionalis τ prosperitatem aeris quarte estiue:τ erit autūpnus similis ei in qualitate τ multiplicabiť in ciuibus earum separatio τ peregrinatio τ itinera τ oculoτ dolor τ capitis τ vehementia frigoris hyemalis:τ casus niuis τ precipue apud descensum solis in signum libre τ multitudinē herbarum τ pascuoτ animaliū τ mediocritas arborum τ diminutio in seruabilibus cum densa hominū inquisitione redituū domoτ τ tendarū τ cōsequeť cibaria corruptionē propter humiditates τ minuenť messes harenales cum prosperitate ceteroτū fructuū: τ significat q̃ plus induenť rubeo q̃ vestimētis alijs alioτ colorum:significat cum hoc iter q̃ accidet regi babylonie τ victoriā de inimicis suis τ egritudines que aduenient s̄m quantitatem reuolutionis solis minoris:τ moriať aliqua ex mulieribus eius ex his que honorate sunt τ cōsequeť ciues regionis eius gaudia τ securitatē:τ significat mortem eius in die: τ q̃ sublimať filius suus in illo post eum: τ persequeť ciues persaruz τ orientis mala cum morte que erit in eis τ egentia boum τ paucitatē cibariorū τ augmentationē fluminū τ erit siccitas τ fames in armenia valida. τ cadeť mors in terra romanorum cum tranquillitate eorum cum inimicis τ aduenient eis tristicie τ planctus vehemens:τ aduenient bella inter arabes. Q̃ cū fuerit pars ascendētis in tercia p̃ima ab eo:aut fuerit directio in eo ad aliquod almubtez:aut peruenerit profectio ad ipsuz significat multa tonitrua τ fulgura τ ventos. Si fuerit in tercia media ab eo significat cōmixtionē aeris: Et si fuerit in vltima ab eo sigť caliditatez eius. Et si fuerit in partibus eius septētrionalibus calorez aeris τ humiditatem eius. Et si fuerit in meridionalibus frigiditatē eius. Et vt venimus cum eo q̃ exponere voluimus:cōpleamus ergo adiutorio dei differentiā primā tractatus quarti.

Differētia secūda in significatione thauri ad instar illius.

Oicam° itaq̃ cū fuerint ei significationes quas p̃diximus sigt illud ꝙ apparebūt iu ciuitatib° sup quas ꝛ almusteuli p̃digia que accidēt hominib° cū decisione que vertēt̃ de eis ꝛ fixitudo rerū sup vnū esse ꝛ accidēt eis dolores gutturis ꝛ inflatio ꝛ relaxatio ꝛ aduētus bubonū: ꝛ multiplicatio mor tis ꝛ timoris ꝛ multiplicabit̃ desideriū in mulierib°ꝛ delecta tio cū eis ꝛ perscrutatio quadrupedū ex his que comedunt̃, ꝛ vtunt̃ cuz magno precio boum ꝛ erit annus mediocris ꝛ fortasse adueniet siccitas in eo ꝛ multiplicabit̃ panis ꝛ vinū ꝛ fructus: ꝛ erit indumentū eoꝛ ſm maiorem partem lane ꝛ piloꝛ ꝛ albū ex coloribus. Et significant ꝙ aduenient infra feriz egritudines ꝛ multiplicabit̃ mors aīaliuz cū inusitato flatu ventoꝛ ꝛ oriētis ꝛ occidētis cū vehemētia frigoris quarte vernalis ꝛ bona cōmixtio ne aeris quarte autũpnalis: τ erit quarta hyemalis calida. τ multiplicabũtur niues in medietate eius τ corroborabit frigus τ fient pluuie pauce τ tonitrua τ fulgura cum casu grandinis destruẽtis τ multiplicabunt destruẽtes extensiones mariũ τ cõsequent ciues babylonie formidationes τ timores terribiles τ malũ τ inuidebunt sibi adinuicẽ reges τ considerabunt de aliquo vt eum interficiãt τ vincet eos: τ effundent sanguines multi ex hoc. Et cum fuerit pars ascendẽtis in prima tercia eius: aut fuerit profectio in eo aut aliqõ almubtez aut peruenerit perfectio ad eum sigt illud multitudinem rumorũ terribiliũ τ flatum ventoꝝ: τ si fuerit in tercia secũda sigt illud multas humiditates τ frigiditatẽ: τ si fuerit in vltima tercia eius sigt vehementiã caloris τ multa fulgura τ coruscationes. Et quia auxiliante deo iã explicauim? qp exponere voluim?. cõpleamus igitur differentiaz secundam tractatus quarti.

Differentia tercia in significationibus geminorum adinstar illius.

Dicamus ergo q̃ cum fuerint ei significationes quas diximus sigt q̃ apparebit i ciuitatib9 sup quas est almuztauli nimia consideratio misterijs que fuerint supra naturam: sicut theologia τ scientie celestes superiores: τ esse fidei τ prophetia τ astronomia τ pphetia τ musica:τ omnes disciplinales τ vincet in eis bona facies τ largitas animaruz τ opus cum temperātia τ coloratio in actionibus τ mutatio rerum adinuicez:τ participatio in eis τ vti formis τ sculpturis τ picturatione τ coloratione τ fabricatione ciuitatū cogitatū τ aularū regaliū munitaruz τ bene apparentiū τ populationibus τ accident in eis egritudines τ dolor capitis τ oppressio mortis in animalibus cum multo flatu ventoruz calidoꝶ venenosoꝶ in quarta estiuali τ retentione aeris in quarta autūpnali τ multiplicabūt pluuie in quarta hyemali:τ erit vincens viride ex coloribus. Et sigt q̃ consequet̄ rex babylonie egritudinē:τ postmodū euadet ab ea τ mutabit propter suos principes: τ irascet̄ super quosdam eoꝶ τ erit apparitio insurgentium in armenia:τ interficient sese adinuicem: deinde fugient ad alienas ciuitates:τ alterabit esse eoꝶ τ corroborabūt sup eos inimici sui:τ vincet eos τ cōsequet̄ romani mala:τ cadet in eos mors ex diuersis egritudinibus τ multiplicabūt tristicie eorum propter causas istas τ multiplicabūt pluuie illic: τ significat infortunia que adueniunt ciuibus hyspanie ex interfectione τ egritudinibus:τ multa tonitrua τ coruscationes τ ventos orientales destruentes redditus.s. fructuuz τ precipue in parte meridionali τ multiplicabuntur messes in pluribus climatibus τ aborsus pregnantiū τ casus mortis in pueros τ iuuenes τ multitudinē frumenti τ ordei τ dactiloꝶ τ largitatē τ casuum leticie in vineas cum salute arborū. Et si fuerint partes ascendentis in tercia prima eius:aut fuerit profectio in eo:aut aliquod almamareth aut puenerit profectio ad eam significat humiditatē aeris. Et si fuerit in tercia media sigt bonam complexionē eius. Et si fuerit in tercia vltima eius significat mutationē eius τ alterationem:τ si fuerit in partibus suis septentrionalibus significat siccitatem τ calorem. Et quia auxiliante deo explicauimus quod exponere voluimus: cōpleuimus ergo differentiam terciam.

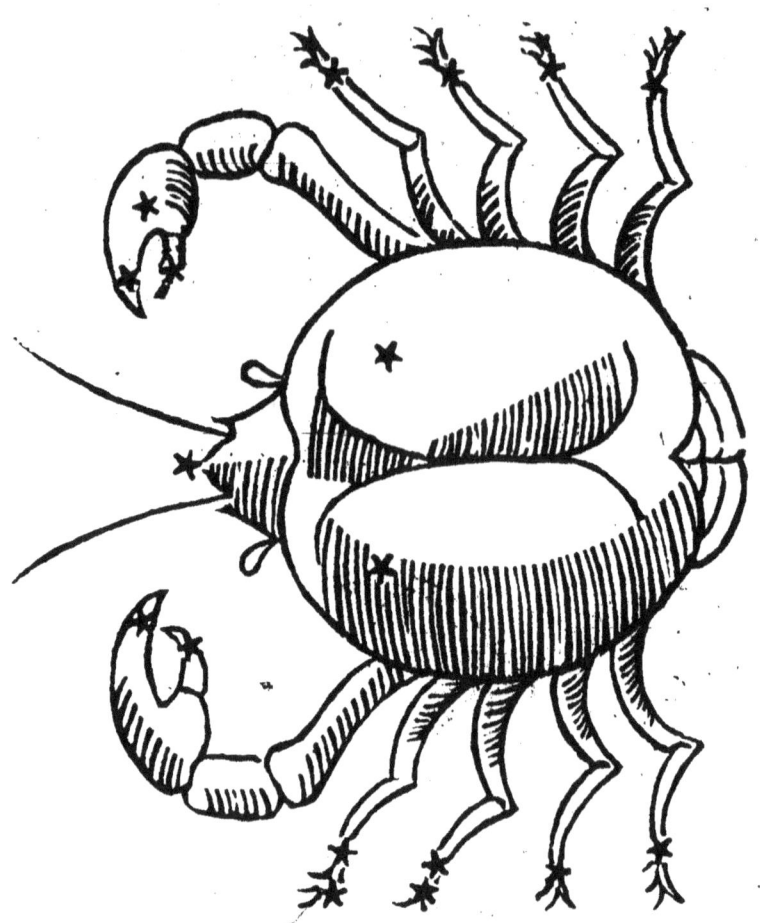

❡ Differentia quarta in significationibus ♋ adinstar illius

Dicamus itaq̃ q̃ cum fuerint ei figtiones q̃s diximꝰ significat
q̃ apparebit in ciuitatibus super q̃s est alm̃ vtauí multitudo
coeundi τ faciendi filios τ itinerũ τ mutationis τ cõuerfionis
rerũ de esse ad esse: τ consequent famez τ paupertatẽ propter
siccitatẽ: τ augmentabitur eoꝝ timoꝛ ex inimicis suis: τ cadẽt
in eos bubones τ moꝛs: τ erit annus subtilis suꝑ hoĩes propter multa que
aduenient in eo de interfectione τ multitudine locustarũ destruentium et
sialium: τ nocebunt lupi hominib? τ facere soueas ad pducendos filios τ
augmentũ aquarũ cum frigiditate q̃rte vernalis: τ mediocritate aeris q̃rte
estiualis: τ multus flatus ventoꝛum occidentaliũ: τ aque ductus τ frigus
vehemens in quarta hyemali: τ temperantiam aeris quartẽ autumnalis:
τ augmẽtum plantationum τ seminuz: τ erit vincens super eos indumentũ
vestimẽtoꝛum que assimilantur fimo in coloꝛe: τ quietudo regis babilonie

τ paucitas motus eius τ itinerum: τ pernoctabunt inimici τ insurgetes ad plures ciuitates eius et consequent eu propter illas causas angustie multe: τ effundetur sanguis τ durabit illud per quatuor menses: τ erit fertilitas in terra romanorum: τ aduenient ei dolores oculorum τ epiglotꝭ: τ cadet indigentia in equos τ asinos: τ mors in animalia: τ multiplicabuntur comestibilia et potabilia: et cùm fuerint partes ascendentis in tercia prima eius: aut peruenerit directio ad eum: aut aliqd almamareth: aut peruenerit profectio ad eum significat rumores terribiles et calorem aeris. Et si fuerit in tercia media eius significat pulcram cõmixtionez aeris: τ si fuerit in vltima tercia eius significat flatum ventorum eius: τ si fuerit in partibus septentrionalibus significat vehementiam caloris: et si fuerit in meridionalibus significat illud idem. Et quia iam explicauimus quod exponere voluimus. Compleamus ergo differentiam istam.

⁋ Differentia quinta in significationibus ♃ adinstar illius.

Dicamus ergo cū fuerint ei significationes quas diximus significat cp apparebit in ciuitatibus sup quas almuztauli multa natiuitas regum τ tyrannorum τ apparitio eorum cum fortitudine τ audacia τ strenuitate τ timorositate: et multa austeritate τ magnimitate: τ amore fame τ amore bellandi et fraude τ deceptione et angustijs τ tristicijs: et derisio hominum: τ desiderium in auro τ argento et lapidibus peciosis: τ accident hominibus egritudines τ precipue in stomacho τ ore cum aduentu bubonum τ multitudine mortis: et corroborabitur sup pregnantes partus: τ multiplicabūtur lupi qui nocebunt hominibus: τ aer fiet tenebrosus in hora scz successiue post horā cum eo cp erit mediocris aer quarte vernalis: τ declinabit ad frigus: τ vehemēs calor in quarta estiuali τ flabit ventus occidentalis in fine eius τ incessanter: τ erunt multe pluuie τ forte frigus in quarta hyemali τ pauci venti in fine eius: τ pauci erūt fructus arborum: τ meliorabuntur plantata: τ aque fontium minuētur: et erit vicens super eum indumentuz fuscum ex vestimentis diuersorum colorum sicut albedo cinereitas et rubedo. Et si fuerint partes ascendentis in tercia prima eius: aut fuerit psectio in eo ad eum significat vehementiam caloris τ angustie: et si fuerit in tercia media significat bonam aeris cōmixtionem: τ si fuerit in tercia vltima significat humiditates τ rores: τ si fuerit ī partibus septentrionalibus significat mutationem aeris τ caliditatez eius: τ si fuerit in meridionalibus significat humiditatez aeris. Et quia auxiliante deo iam explicauimus quod exponere voluimus. Compleamus ergo differentiam quintam.

§ 2

⁋ Differentia sexta in significationibus ♍ adinstar illius.

Dicam⁹ itaq; q̃ cū fuerint ei sig̃tiones q̃s p̄diximus significat
q̃ apparebūt in ciuitatib⁹ sup q̃s est almustauli reges bonaꝝ
facierū ⁊ pulcri ab eo q̃ abutunt coitu non s̃m legez: ⁊ vtunt
substantijs q̃ sunt sup naturā: ⁊ rethorica ⁊ dyaletica ⁊ bonis
morib⁹ ⁊ bono anio: ⁊ defraudatione ⁊ deceptione derisione
⁊ tꝑantia ⁊ subtilitate rerū ⁊ speciebꝰ ⁊ odoramento: et vtunt
delectationibꝰ ⁊ ociositate ⁊ fabricatione ⁊ messibꝰ ⁊ plantationibꝰ ⁊ parti
cipatione rerū: ⁊ multiplicabitur cū eis fames ⁊ egritudines ⁊ interfectio: et
durabit illud multū cum dolore gutturis: ⁊ erunt plures illius anni femine
⁊ etiam aialia illius anni q̃drupedia femina: ⁊ s̃m maiore parté erunt cum
difficultate partus: ⁊ erit aer tenebrosus in hora post horā: et q̃rta vernalis
plurium pluuiarū ⁊ niuium cū incessanti flatu ventoꝝ septentrionalium cū
vehementia eius: ⁊ pꝛsperabitur aer q̃rte estiuale: ⁊ erit quarta autumnalis

mediocris: τ principium quarte hyemalis mediocre τ finis eius vehementi
frigoris: τ flabunt cum eo venti septentrionales cum augmento pluuiarū τ
profecto reddituū hereditatū τ maxime fructuū oliuarū: τ erit vincés super
eos indumentū viride τ panni diuersoz coloz τ tincturarū sicut purpura τ
his filia: τ accident regi babilonie egritudines et precipue apud introitū ☉
in domū suā: τ erit illud iuxta quātitatē reuolutionis minoris ♃: τ multipli
cabunt locuste τ panis τ vinū in babilonia. Et si fuerint partes ascēdentis
in tercia prima eius aut fuerit directio in ea aut aliquod almubtez aūt puenit
pfectio ad eum significat illud caloré aeris: et si fuerit illud in tercia media
significat bonā complexionē eius: τ si fuerit in tercia ultima eius significat
humiditatez aeris: et si fuerit illud in partibus septentrionalibus significat
ventoz flatus: τ si fuerit in meridionalibus significat bonā aeris complexi
onem. Et quia iam explicauimus qd voluimus. Compleamus differentiaz
istam.

§ 3

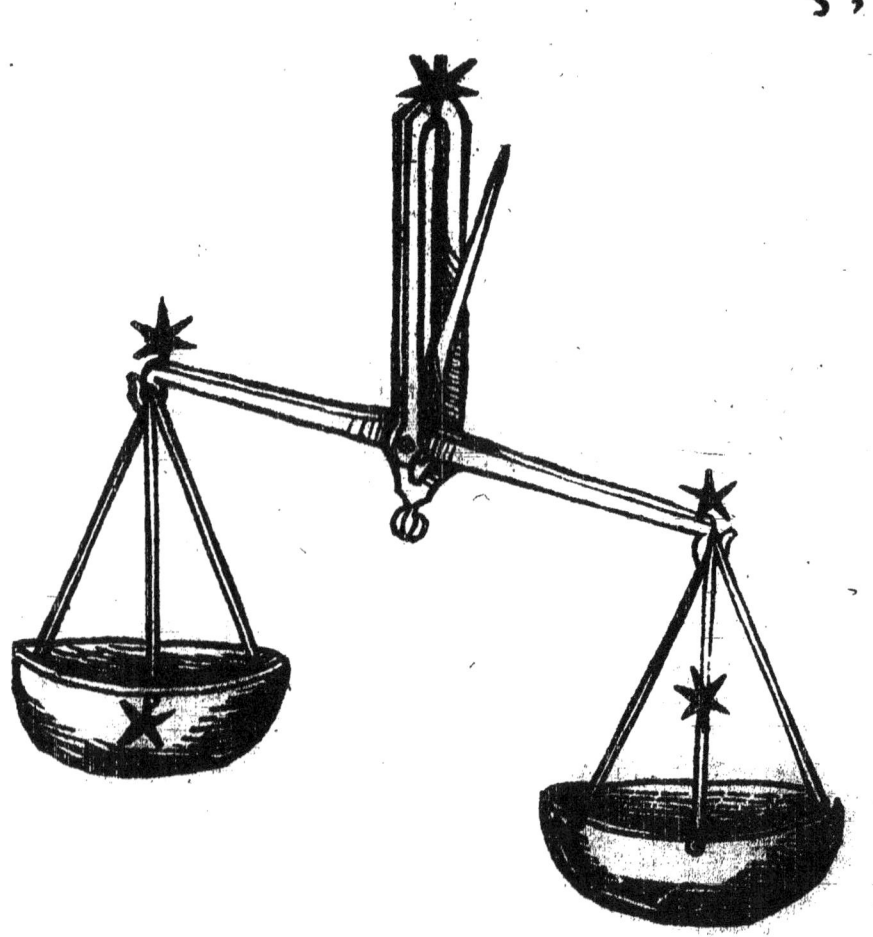

Differentia septima in significationibus ♎ ad instar illius.

Dicamus itaq; q; cum fuerint et significationes quas diximꝰ significat q; apparebunt in ciuitatibus super quas est almutauli leges prophetarum et decreta eorum et fides ꜹ sermo in eis: et fabrice ecclesiarū et domus orationis et seruientes earum et custodes earum cum bonitate facierum et pulcritudine que erit in eis: et largitate ꜹ iusticia et equitate et veritate et sermone et explanatione ꜹ acceptione et donatione et venditione et emptione: et arismetrica ꜹ geometria ꜹ in diuersis scientijs expositiōe: cantuum et modulationum et aliorum preter hec: et esse solacij et gaudij ꜹ tripudiorum et delectationis: et letificabunt homines sese: et multiplicabunt pecunie in manibus eorum: et edificabunt ciuitates et aulas et viridaria et loca amena: et populationes cum coleratione presentiarum: et permutationes rerū cum velocitate de esse ad esse et pticipatione in eis: et incurrere infortunia et impressiones cum salute parturientium et filiorum eorum: et obscurabitur aer in hora post horam: ꜹ multiplicabitur flatus ventorū calidorum venenosorum in quarta vernali: ꜹ flatus ventorum calidorū venenosorum in quarta estiuali: et equalitas erit quarte autumnalis: et mediocritas quarte hyemalis: et erit quo magis vtuntur ciues indumentū nigrū ex coloribꝰ: et accidet regi babilonie gaudium cum luminare maius fuerit in directo signi ♋: et letabitur et videbit qd letificabit eū: ꜹ multiplicabunt motus ꜹ venatio: et cadet mors in plebem eius. Et cū fuerint partes ascendentis in tercia prima eiꝰ aut fuerit directio in eo aut peruenerit profectio: aut aliquod almubtez ad eum significat bonam aeris complexionem: similiter in tercia secunda eius et tercia: et si fuerit in partibus eius septentrionalibus significat flatum ventorum: et si fuerit in meridionalibus significat multitudinem nubilorum. Et quia auxiliante deo iam exposuimus qd explanare voluimus. Compleamus itaq; differentiam septimam.

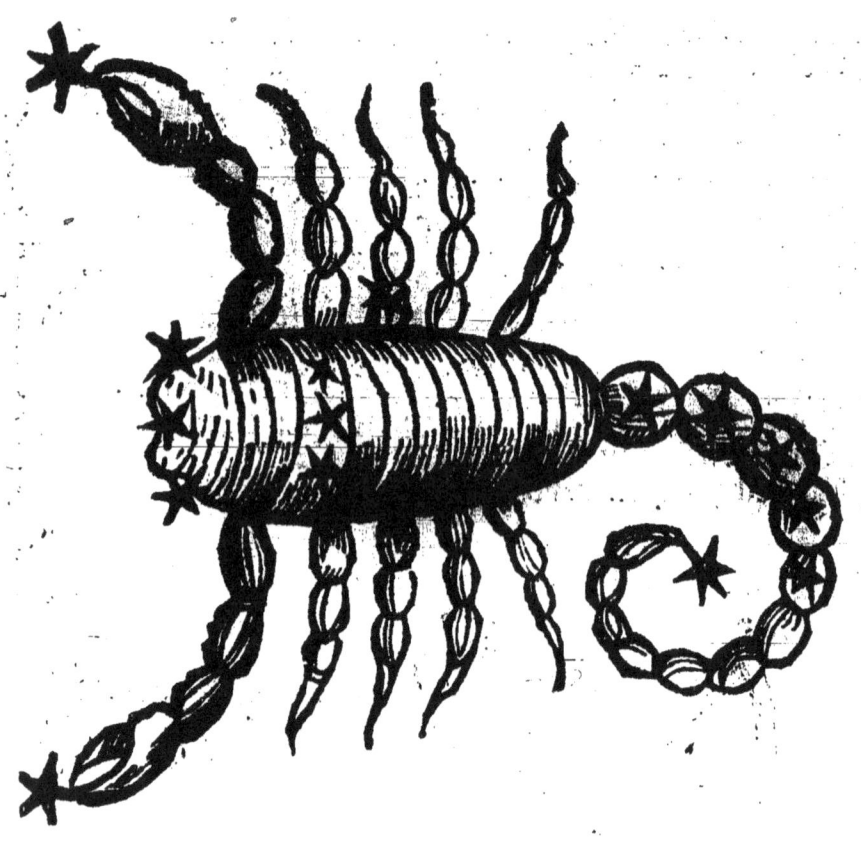

⟨Differentia octaua in significationibus ♏ ad instar illius.

Ostēdi aūt premisimus in differentia septima qualiter sciamus significationes ♎. Tractem° ergo in hac differentia qualiter sciamus sigñiones ♏. Dicam° itaq̄ q̄ cum fuerit ei sigñiones quas prediximus sigt q̄ apparebunt in ciuitatibᵒ super q̄s est almustauli reges pulcrarū faciez: põ igi multas expendentes pecunias z coitus: z multiplicabunt pōici z paralitici z medicine: z ingenia hoim pauca fient in rebus quas pscrutabuntur: z multiplicabunt guerre et bella z depdationes in sceleritate: z acuitas z leuitas z planctus: z carcer z carcerati z angustie z tristicie: et põitio z accusatio et murmuratio z inffectio z egritudines: z accibĕt in aere tenebre in hora post horā: z multiplicabunt pluuie: z erit q̄r ta vernalis calida z nubes erunt pauce in ea z pluuie z venti z frigus: z erunt estas et autumnᵘ tpati: z corroborabitur frigus hyemis et

flabunt in medietate eius venti occidentales: τ multiplicabunt pluuie in eo
τ aqueductꝰ magni: τ sigt multitudinē annone τ messium: τ destructionem
pascuoꝝ post destructionē niuium: τ multitudinē bestiarū aque et aīalium
eius τ vermium terre: τ nocumentuz hoibus ab eis: et erit vincés super eos
indumentū nigrum: τ sigt multum timorem in pluriꝫib° terris: et paucitatem
interfectionis: τ multā mortem in pueris fore τ mulierib°: τ morte quadru
pedum: τ multa infortunia in ambulantib°: τ apparitiones minerarū diuer
sarum sct ex ferro τ ex aliis: τ erit annus prosper pregnantib°. Q. si fuerint
partes ascendentis in prima tercia eius: aut directio fuerit in eo aut aliqō
almubtez: τ aut puenerit pfectio ad eum sigt multas nubes. Et si fuerint in
tercia scōa eius sigt bonā aeris complexionē: τ si fuerit in vltima tercia eius
sigt molliciem τ calorez: τ si fuerit illud in partib° suis septentrionalib° sigt
caliditatē aeris: τ si fuerit in meridionalib° sigt illud idem. Et qa auxiliāte
deo explicatū est qō exponere voluimus. Compleamus igitur oram istam.

Differentia nona in sigñtionib9 sagittarij ad instar illius.

Dicamus itaq3 qɔ cum fuerint ei significationes quas narrauimus sigñt qɔ apparebunt in ciuitatibus super quas est almuztauli fortitudo regum τ nobiliũ τ apparebit prouidentia eoɼ super prouidentiam ex populis τ multa milicia τ ferrum in instrumẽto belij et gubernatio militum et fraus et ingeniũ τ largitas et congregatio pecuniarum et dispersio earum et mundicia in cibo et potu et indumento et in omnibus rebus: et consequeñ homines egritudines τ sanguinis feruorem et corroborabit dolor pregnataruɱ τ multiplicabunt lupi et bestie. Et erit quarta vernalis multarũ nubiuɱ et pluuiarum et ventoɼ et erit quarta autũpnalis temperatoɼ vẽtoɼũ et quarta hyemalis frigida humida et multiplicabit bonuɱ et panis et vermes terre τ fortasse significat destructionẽ spicarum et erit vicens super eos ciues color fustus: et consequet rex babylonie egritudinẽ febris et dolorem capitis et durabit illud .22. diebus et circũdabunt inimici terras romanoruɱ et pigebit illud ad eos et consequet terra aldeilen bellum τ fortasse, consequent dolorem iuncturarũ et remouebit illud ab eis. Et cuɱ fuerint partes ascendentis in tercia prima eius: aut fuerit directio eius in eo aut aliquod almubtez et aut peruenerit profectio ad eum significat humiditatem aeris et si fuerit in tercia media significat bonam eius complexionẽ: et si fuerit in tercia vltima significat caliditatẽ eius: et si fuerit illud in partibus suis septentrionalibus significat flatum ventoɼ: et si fuerit in meridionalibus significat humiditatem aeris et velocitatẽ mutationis. Et vt venimus cuɱ eo qɔ exponere voluimus: cõpleamus igit dr̃am nonã.

Differentia decima in significationibus capricorni ad instar illius.

Postquam ergo premisimus in dfa nona sigtione sagittarij: tractemus ergo in hac dfa sigtione capricorni. ¶ Dicamus itaque op cũ fuerint ei sigtiones quas narrauimus sigt op apparebunt in ciuitatibus sup quas est almusteuli: multa concupiscentia in mulieribus z desideriũ z coitus z venatio z acuitas z leuitas z ire z angustie z mendaciũ z iniuria z fraus z malũ cum multa abscissione a ciuitate hominũ adinuicẽ z fortasse consequenter bubones: multas pluuias in quarta vernali: z bonus aer in quarta estiuali z flatus ventoꝝ orientaliuꝝ in eo cum caliditate quarte autũpnalis z temporis eius cũ mediocri frigore in principio quarte hyemalis z constrictione eius in fine eius z corruptione arborum z plantaruꝫ z erit annus .s. nec bonus nec malus inter vtrũqꝫ: z erit aduentũ aque in eo τ temporatus:τ erit vicens super eos indumentū nigrum ex coloribus τ timebit sup regem babylonie pre quibusdam inimicorū eius: τ aduenient in fortunia in ciuitate sua ex metu τ morte τ rumoribus terribilibº:τ cadet inī homines discordia: deinde rectificabit rex inter eos τ effundeť sanguis cir ca babyloniā τ illud apud equidistantiaz solis ad terciam faciem scorpionis. Et cū fuerint partes ascendētis in tercia prima eius aut fuerit directio in eo aut aliquid almubtez: aut peruenerit profectio ad eum significat caliditatem aeris. Et si fuerit in tercia media sigt bonam eius complexionem Et si fuerit in tercia eius vltima sigt illud idem:τ si fuerit in partibus eiº septentrionalibus sigt humiditatē aeris:τ si fuerit in meridionalibus significat illud idē. Et vt venimº sup illud quod voluimº: copleamº igitť dřaz istaz

Differentia. 11. In significationibus aquarij ad instar illius.

Dicamus itaq́ q̄ cum fuerint ei significationes quas prediximus significat q̄ apparebit in ciuitatib᷈ super quas est almusteuli exercitiū fabricamenti ciuitatū et aulaꝝ fortiū ⁊ cōcauationū fluminū et plantationuꝫ arboꝝ et cogitationū in mortuis et esse patrū qui fuerūt ⁊ exercitiū vitroꝝ et his similia ex substantijs mollibus et adueniēt ambulantibus damna: et erit quarta vernalis mediocris in frigore cum vehementia caloris in quarta estiuali cum declinatione quarte autūpnalis ad calorē: et multiplicabunt in eo choruscationes et tonitrua et pluuie: et corroborabit frigus in quarta hyemali cum multis niuibus et flatu ventorum orientaliū et nocebunt humiditates vineis: ⁊ erit annꝰ fertilis: ⁊ augmentabunt annone ⁊ dactili ⁊ plantatio arborum ⁊ multiplicabunt locuste nocentes eis: ⁊ consequeť omnis terra existens super littora maris aut super ripam terribilia damna vt sunt siccitates et egritudines ⁊ his similia: ⁊ multiplicabit in terra arabum bonum ⁊ gaudium ⁊ litigabunt romani cuꝫ inimicis suis. Q̄ si fuerint partes ascendentis in tercia prima eius: aut fuerit directio eius in eo aut aliq́d almubteꝫ: aut peruenerit profectio ad eū significat illud humiditatē aeris. Et si fuerit in tercia secūda significat cōmixtionem aeris. Et si fuerit in tercia vltima significat flatum ventorum sine intermissione. Q̄ si fuerit in partibus septentrionalibus significat flatum ventoruꝫ. Et si fuerit in meridionalibus significat nubila. Et quia auxiliante deo iam explicauimus q̄ exponere voluimus: cōpleamus itaq́ ōram. 11. cum virtute eius.

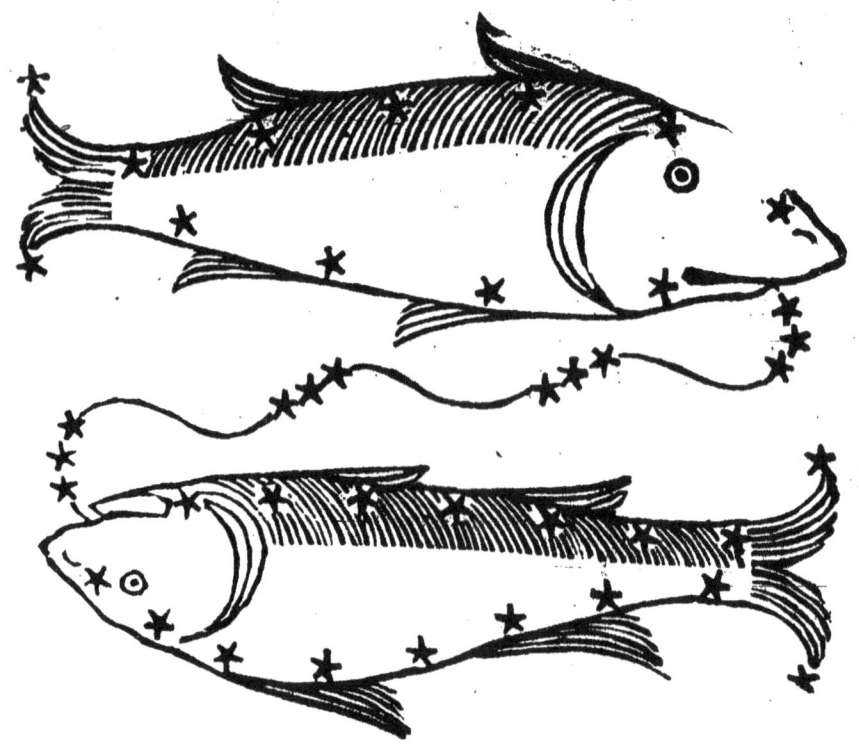

Differentia. 12. in significationibus pisciū ad instar illius.

Dicamus ergo q̄ cum fuerint ei significationes quas prediximus significat q̄ apparebit in ciuitatib9 super quas est al musteuli consideratio esse theologie cū eo q̄ exercebūt mundiciā τ scientiā decretoȝ in fidib9 τ dedignationē in rebus τ exercebūt multa spōsalicia τ familiaritatē hominū τ solatiū eorum adinuicē τ cōuenientiā τ securitatē τ religionē τ sanitatem cōmercij inter eos τ iustam exercebunt doctrinā τ ingeniū τ derisio hominū versabit̄ inter eos τ cōsequent̄ egritudines τ multiplicabit̄ apparitio luporum terre τ maris τ pluuiarū τ aquarum:τ cauatio fluminum: τ plantatio arboruȝ cum multis substantijs aquaticis sicut margarite τ erit coldȝ quo magis ytent̄ ex coloribus indumentis albis τ his similia: τ aduenient omnibus terris aquarū τ precipue ciuibus alcusa in hora quarte vernalis egritudines:τ erit annus fertilis τ erit paucus panis in terris chaim τ libre τ scorpionis:τ ampliabunt̄ egritudines τ occasiones τ vlcera τ cōsequent̄ pregnate nocumētū in hōra partus cū multitudine inimicoȝ in plu

ribus orizontibus τ erit annus fortis: τ cõsequent in eo homines bellũ do
nec mutēt se de locis suis ad loca alia τ mltiplicabit interfectio τ erit mors
τ timor τ rumores terribiles in plurib9 climatibus sĩgt multũ ventor flati
occidẽtaliũ τ esse pluuiarũ in quarta vernali τ vehementiā caloris in quar
ta estiuali τ mediocritatē aeris quarte autũpnalis τ frigoris multitudinē
in quarta hyemali τ prosperabit agricultura τ multiplicabunt fruct9 τ pa
nis cũ pauca reseruatione reddituũ. Cu si fuerint partes ascēdētis in tercia
prima eius aut fuerit directio aut aliquod almubtezet: aut puenerit perue
tio ad eũ sĩgt bonã aeris cõmixtione. Et si fuerit in tercia media sĩgt humi
ditatē eius: τ si fuerit in tercia vltima eius sĩgt caliditatez aeris. ⁋ Cõpleta
est .12. dĩa tractat9 quarti: τ volui huic adiũgere libro pscrutatione merca
cionũ diuitiarũ τ signor: τ qd habeant de ciuitatib9 τ adiungem9 ei qd sci
mus de ascendente ois ciuitatis.

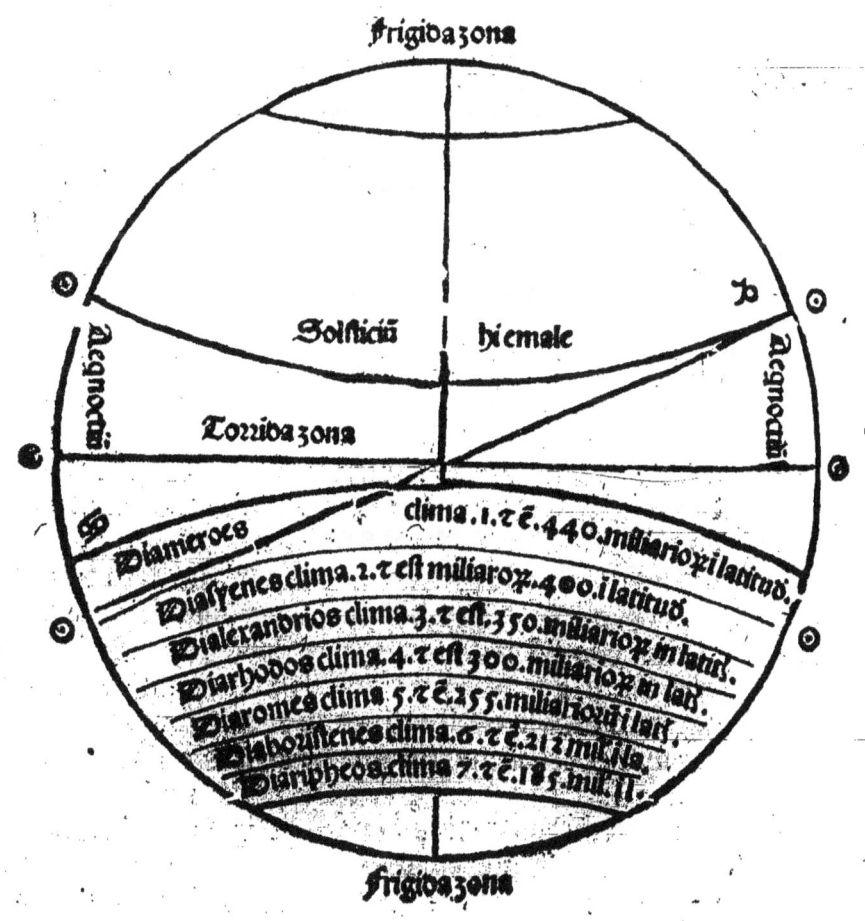

De diuisione climatū quid habeant ex planetis.

Rimū clima est indorū: τ ipsum ē saturni: τ h3 ex signis ♑ τ ♒. ⸿ Secūdū clima est albigez τ ethiopie τ ipm est iouis: τ h3 ex signis ♐ τ ♓. ⸿ Terciū clima egypti τ ipm est martis: τ h3 ex signis ♈ τ ♏. ⸿ Quartū clima babylonie ē radie τ est ipm solis: τ h3 ex signis ♌. ⸿ Quintū clima romanorū: τ ipm est clima ♀: τ h3 ex signis ♉ τ ♎. ⸿ Sextū clima gog τ magog: τ est clima ☿: τ h3 ex signis ♊ τ ♍. ⸿ Septimū vo clima psarū τ est clima ☽: τ habet ex signis ♋. ⸿ Ista sunt climata τ signa τ quod nos rememorabimur. ⸿ Aries habet ex terris τ prouincijs persiam τ arabigen τ britaniā τ balicam τ carmē τ germenā τ palestinā τ partem balea. ⸿ Thaurus habet ex terris quicquid post hispaem τ paruas ex insulis romanorū τ cabros τ asiam paruam. ⸿ Gemini habet ex terris alialem τ deilen τ virgen τ rabiasten τ armeniā grandem τ margualem τ maraniā τ egyptū. ⸿ Cancer habet ex terris babyloniā τ affricam τ luchiam que est in terra romanorū τ franciam τ aureniam τ oriam. ⸿ Leo habet ex terris terram thurcorum τ desertum eorū τ talia τ phalascha τ ahoma τ terrā homz τ damascū τ nigredinem altusa. ⸿ Uirgo habet ex terris loachia τ terram babylonie τ terram almaneū τ terram insule et terram grecorum et affricaz. ⸿ Libra habet ex terris terram hare τ zaiazsten τ terram thurcorū que nominatur achitus: τ tetram carmē. ⸿ Scorpio habet ex terris terram aligez τ guatil τ turagia τ terminos hululie τ hubediā τ aleminiā et suriam τ condochiā τ thatriā et diocesim arabum et partes eorū vsqȝ ad aliemen τ candiā et coqui et alizij et cōmunicat in alzaihil τ habet ex locis seminandis sūmitates montium τ omnem terram in qua sunt palme τ omnem terram maurit et vias et locum venationis τ asturiam et locum alium discoopertum et ista loca sunt libre τ non scorpionis. ⸿ Sagittarius habet ex terris montes et alrar et ypaen et hispaniam et aliemem siciliam τ habet ex locis viridaria et loca bestiarū et igniū. ⸿ Capricornus habet ex regionibus ethiopiā τ marlem et ascind et littus maris quod sequif diocesim arabum et hominū et talbahrem vsqȝ ad indiam et limites eius ad ascin τ habet algaguez τ limites terre romanorum et habet ex partibus terrarum loca aularum et loca portarum et viridaria et omnem locum quē occupant riui et flumina et paludes. ⸿ Aquarius habet ex terris nigredinem ad partem montis et alcusa et partem eius et dorsum aligez et terram alchipt et occidentem terram alchind: et habet cōmunicationem in terra feriz et habet ex partibus terrarum loca aquarum et fluminum decurrentium τ maria ad omnem locum quem aqua irrigat. ⸿ Pisces habet ex regionibus trabzascem et partem septentrionis et loca vinearum et omnem terram desertam humidam:

τ habet cōmunicationē in romanis τ habet ex romanis vsq̷ ad terrā iheru
solime τ insulā τ egyptū τ aliud mare scʒ mare alienuz τ altitudinē terre in
die τ habet ex partibᵒ aquarū lactinas τ piscinas τ littora mariū τ tructas
τ loca aquosa τ habet loca planctus τ meroris. ⁋ Adegila cōstellatio eius
leo τ ascendēs eius scorpio: persia seriz cōstellatio eius virgo: τ ascēdēs eiᵘ
scorpio: egyptus ascendēs eius cancer: ciuitas salutis sagittarius: altupha
aquarius: ascin thaurus: terratorsen aquariᵒ: albasaran scorpiᵒ: insula ihe-
rusolime aquariᵒ: aldeibem gemini: aray scorpio: nigredo de terra arabie
aquarius: metha libre τ saturni: iechri scorpionis τ veneris: hamē thauri τ
veneris: abrie piscis τ mercurij: adeilem scorpionis τ lune: trabrastē capricorni τ lune: ispahen sagittarij τ solis: balther libre τ martis: thorastē thau
ri τ lune: sarmochand arietis τ mercurij: fragana thauri: τ ciuitates astin
leonis τ veneris: ciuitas almotil capricorni: et alneir sagittarij et lune: domus capricorni et charasten gemioꝝ et mercurij: altuhe leonis et solis: ma
licia aquarij et lune. reiseria capricorni et lune: et tabrastē libre et martis:
almaziza leonis et lune: aria sagittarij et adeuluchia et babestina cancri et
solis: constātinopolis thauri et martis: pectus geminoꝝ et adripolum scorpionis et mercurij: hempʒ geminoꝝ et solis: rahalebeq̷ libre et veneris: da
mascus scorpionis et solis: beichzibrim cancri et lune: scalona leonis: et ra
hilien leonis: et ad tauzarin scorpionis et martis: beiseria palestina thauri
et mercurij: tabaria piscis et martis: et domᵒ sancta cancri et martis: et ale
xandrie leonis et martʒ ex eo geminis et solis: ahin sampʒ geminoꝝ et mer
curij: asuen scorpionis et lune: almatiza leonis.

Diuisiones regnoꝝ principaliū terre quid habeant ex signis.

Diuisiones terre sūt. 4. quaꝝ prima ē anthiochia τ pars orie
tis et habet ex signis cancrū et leonē et virginē et ex planetis
solē et mercuriū. ⁋ Secūda alexandria et qᵈ est circa eaꝫ a
parte meridiei: et habet ex signis librā et scorpionē et sagit
tariū et ex planetis venerē et lunā et saturnū. ⁋ Tercia pars
armenie et sunt in occidente: et habet ex signis capricornuz
et aquariū et pisces: et ex planetis venerē et iouē et martē et lunā. ⁋ Quar
ta cōstantinopolis a septētrione: et habet ex signis arietē et thaurū et gemi
nos: et ex planetis mercuriū et venerē. ⁋ Et estimauerūt indi q̷ principiuʒ
fuit die dñica sole ascēdēte et est inter eos. s. inter illū diē et illū diē diluuij
septingenta milia miliū miliū et viginti milia miliū miliū et sexcēta mi
liū: et trigintaquatuor milia miliū et quadraginta milia et quadragitaduo
milia et septingenta et quindecim dies qui erunt anni persici milies milies
milia et nongētesies mille milia: τ trecenties mille et quadragesies mille
nōgenti et trigintaocto anni et trecenti quadraginta quatuor dies: et fuit
diluuiū die veneris vicesimoseptimo die mensis rabe primi et est dies. 29.

excibat: et est dies decimusquartus ex adrstinich. Fuerunt ergo inter diluuium et primū diem anni in quo fuit alhigira. 3837. anni. 2268. dies: ꝛ erūt ꝑm annos persarū. 3725. anni. 2348. dies: Et inter diluuiuz ꝛ diē gezdagir regez persarum ab inicio regni cuius ceperunt perfici eraz scz die ♂: scz illo die exarisan fuerūt. 3735. anni et. 10. menses et. 22. dies ꝑm annos persaꝝ et similiter interfecerunt gezdagirth die ♂. 22. diebus rabe primi anno. 11 de alhigera: Et inter diem primuz anni alhigere ꝛ regum gezdagir fuerunt 3634. dies erunt ꝑm annos ꝑsicos. 9. anni et. 11. mēses et. 9. dies: Et fuerūt inter diluuium et inter tempus habentis duo cornua ꝑm annos romanos 2790. et. 126. dies: Et inter duo cornua habēte et primū annū de alhigera 932. anni et. 287. dies ꝑm annos romanos: et erūt arabici. 974. anni ꝛ. 294 dies: Inter diluuium et philippum super coequantur tabule Ptholomei: et cū quo faciunt eram suam egiptij. 2778. anni ꝛ. 232. dies ꝑm annos egiptiorum: et sunt conuenientes duo cornua habētia annis: Et inter annos philippi et habentia duo cornua. 22. anni et. 316. dies: et philippus fuit prior Et inter philippuz et alhigerā. 946. anni et. 316. dies ꝑm annos egiptioruz et persaruz: et erunt arabici. 974. anni et. 313. dies: Et inter philippū et gezdargid. 950. anni et. 90. dies fuerunt. Completi sūt quatuor tractatus deo adiuuante.

TRactatus quintus libri reuolutionum annoꝝ mundi Albumasar filij mahometi astronomici qualiter sciamus ꝓprietates significationū planetaꝝ singulariter cum fuerūt eis victorie suꝑ ascendētia alicuius inceptionis: aut fuerit acolhodebia et algerbutebia ꝛ apud equidistantiaz eorū ꝛ equidistantiā cursuz septentrionis aut meridiei aut alicuius stellarū habentium comas in omnibus signis singulariter. ¶ Differentia prima in scientia significationuz ♄ singulariter qñ fuerint ei super ascendentia alicuius inceptionis alhibuzez: ꝛ fuerit ei atelchodela et algerbutaria et apud equidistantiam eius in omnibus signis ꝑm modum cōmixtionis. ¶ Differētia scḋa in qualitate scientie significationū ♃ ꝑm illud. ¶ Differētia tercia in significationibus ♂ ꝑm illud. ¶ Differētia quarta in significationibus ♀ ꝑm illud. ¶ Differētia quinta in sigñtionibus ☿ ꝑm illud. ¶ Differentia sexta in significationibus ☽ ꝑm illud. ¶ Differētia septima in cursibus septētrionis et meridiei et stellarum habentibus comas equidistantiam eorum omnibus reliquis signis ꝑm modum cōmixtionis.

¶ Differentia prima in scientia significationum ♄ singulariter: cum aut fuerit ei alhibatez super ascendentia alicuius inceptionis: aut fuerit ei acLehotebia et elbutaria: aut apud equidistantiam eius in omnibus signis singulariter.

Ostēdz itaqz venim⁹ in tractatu quarto cum qualitate scientie significationum signorū singulariter cum fuerint ascendētia alicuius inceptionis pcedentis quarū rememorationez pmi simus aut puenerint ad ipsa ab aliquo ascendente aliquarū inceptionum pcedentium aut a loco cōiunctionū. Tractem⁹ ergo in hoc tractatu qualiter sciamus proprietatē sigtionum planetaruz singulariter cum fuerit ei alhibuzez super ascendentia alicuius inceptiōis: aut fuerit ei atelethodalcia aut agebutaria: apud equidistantiā cursum septentrionis τ meridiei τ stellarum cometarum in omnibus signis sm horam cōmixtionis.

Saturnus

⸿ Dicamus ergo ꝙ cum fuerint ♄ significationes quas narrauim⁹ τ fuerit appropriatum eius significationi super speciem humanaz significat illud ꝙ accidēt eis egritudines diuturne τ pthisis τ dissolutiones τ nocumentū ab humiditatibus τ a descensu τ decursu superfluitatum:τ febres quartane et fuga τ hesitatio τ guerre τ bella τ mors τ angustia:τ precipue illi qui fuit in senectute:τ significat interfectionē regum τ damna que adueniēt eis propter lupos:τ regnabit in babilonia rex illaudabilis:τ multiplicabitur i eo malū τ impedietur inquisitio victualium τ domorum:τ pauperabuntur diuites: τ morientur pauperes:τ nō verificabunt nobiles. Et si fuerit illud in specie bestiali qua homines vtentur sigt ꝙ adueniet eis damnū cum interfectiōe: τ accidet eis ꝙ ex eis fuerit fm cōtrarium illius destructio corpor̄ suorum cum egritudinib9 que aduenient vtentibus illis bestijs silibus egritudinib9 eorum:τ erit illud causa mortis eoru3. Si fuerit sigtio eius fm elementum acreum significat illud vehementiam frigoris: τ multam congelationem τ destructionem eorum super res cum diuersitate nebularū τ morbo τ malā cōmixtione aeris: τ multa nubila τ flumina τ vapores τ tonitrua τ choruscationes:τ vehementē decursum nimiū cum eo ꝙ generanē ex illo vermes nocentes nature hominū. Si fuerit natura eius significans super elementū aquaticum significat illud ꝙ accidet in fluminibus τ maribus vehementia frigoris et submersio cum difficultate equitationis marium: et paucitatem animalium aquaticorum:τ multa m aris cōtractio τ extensio τ augmentū superfluum in ipso: Et si fuerit significatio super arbores significat illud destructionem earum τ diminutiōe earum τ precipue earum que traxerint ad acetositatem:τ erit illud propter vermes que adueniūt eis aut locustas aut propter abundantiam pluuiarum τ frigoris.

⁋ Significatio vo ei9 fm modū cōmixtionis ad signum ♉ apud equidistantias ei9 sigt sup casum mortis in iuuenib9:τ sup multa3 rapinā τ multam interfectione3 τ guerras et pcipue in parte meridiei τ orientē cum multitudine latronū incidentium vias: τ aduentum mali cū mult9 rumorib9 terribilibus τ ipetuositate τ flatu ventoru3 τ prospera cōmixtione aeris τ fortasse accidit vehemē calor:τ corruptio in aere cum diminutiōe panis τ vini et vnguentoru3. Et si fuerit latitudo eius septentrionalis sigt vehementiā

B 2

caloris τ parum boni. Et si fuerit meridionalis sigt vehementiam frigoris et nimiuz gelu τ multū roris. Et si fuerit orientalis significat tristiciam que adueniet regibus propter causas rumorū τ pauor. Et si fuerit occidental significat interfectiões que aduenient inter homines propter causas patru cum doloribus τ prohibitione pluuiarum: et parum eqlitatis cōmixtionis aeris. Et si fuerit retrogradus esse tonitruorum τ choruscationū τ fulminū Lūcꝫ apparuerit in eodem sub radijs ☉ sigt illud multa bella et guerras in parte orientis: τ significat multos latrones et corruptionem terrarum cū multitudine vermium: et mortem cadere in lupos: et paucitatem frumenti τ vini in parte occidentis: τ debilitatem habentium annos.

⸿ Et si fuerit eqdistans signo ♉ significat multam interfectionē in parte orientis τ occidentis: et debilitatē habentium annos ex hoibus et multam infirmitatem eorum τ diuersitatez esse eorum cum multa morte boum: τ apparentiam culparū vel culpantium et casum niuium τ pluuias incessanter et vehementiam frigoris: et multitudinez comestionum et potuū et vnguentoꝝ: τ mutatiōz veris a suo calore τ corruptionē messiū: et fortasse panis erit carᵒ propter illō. Qᵈ si fuerit latitudo eius septentrionalis sigt bonam cōmixtionez aeris. Et si fuerit meridionalis sigt rixam que adueniet hoibꝰ cū mortalitate multa: τ pauca tꝑantia aeris. Et si fuerit orientalis sigt illud motum pluuiaruz τ aliquid accidere in locis illis. Et si fuerit occidentalis significat illud maliciaz consuetudinum regis cum multis cōmixtionibus aduenientibus in hoies τ rumores terribiles: et inuerecundiam latronū: τ apparitionē variolarū. Et si fuerit retrogradus sigt cogitatū qui adueniet regibus: et mortem homis excellentissimi: τ precipue in parte meridiei cum minutione precij domoꝝ τ tendarū. Lūcꝫ apparuerit in eodez sub radijs sigt illud vehementiam frigoris in oriente τ occidente et multas pluuias τ flatū ventoꝝ: τ casum mortis in camelos et boues cum destructione arboꝝ τ paucitate panis et vini: τ precipue in parte occidentis.

⁋ Et si fuerit eqdistans signo ♊ sigt multam mortem aduenire in viros cum pigricia in pscrutationibus τ tarditatez motus in eis τ motum exercituū et inimicitiā eorum et eos destruere propter illam causaz multas terras cum casu niuium τ vehementia aque ductus propter eas: τ incessantē flatum ventorum validorum et multitudinem pluuiaru̅: τ bonā cōmixtionez aeris:et corruptiōz agriculture. Q. si fuerit latitudo eius septētrionalis sigt aduent⁹ terremotuum τ validos ventos Et si fuerit meridionalis sigt sic‑
citatem aeris:et vehementiam caloris:et paucitatem arborum. Et si fuerit orientalis significat egritudinem regum. Et si fuerit occidentalis significat grossiciem aeris τ paucitatem pluuiaru̅. Et si fuerit retrogradus significat reges dissipare census τ qui fuerint in archis suis. Et si apparuerit in eo de subradiis significat illud vehementiam frigoris τ valitudinez ventorum et multas aqs:τ pane corrumpi:τ cadere mortalitate in parte septentrionis.

⁋ Et si fuerit eqdistans signo ♋ sigt illud apparentiā egritudinu̅ accidentaliuz hominibus ‚ppter causas ventositatum τ reumatis‑ mos accidētales τ tusses et pleu‑ resim:τ sigt multā peregrinatiōz hoim a locis suis propter malos aduētus qui aduenient inter eos τ cōmixtiones cū egritudinibus que aduenient senibus ‚ppter su‑ perfluitate sanguis in corporib⁹ eorum: τ significat multū gelu τ pluuias τ aquas. Et si fuerit lati‑ tudo eius septentrionalis sigt in uolutionem reru̅ τ inequalitate earuz. Et si fuerit meridionalis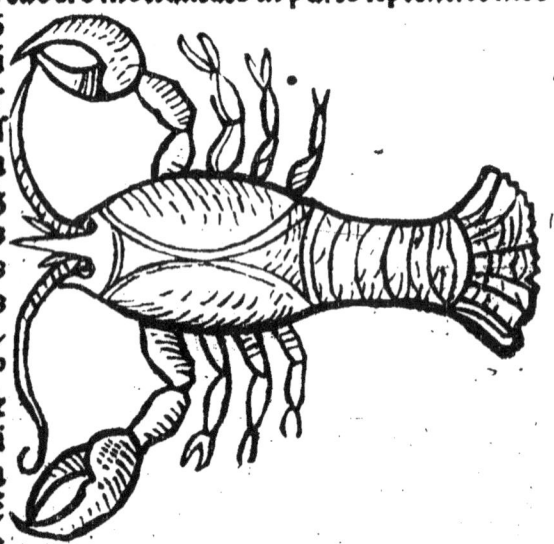
significat multas pluuias. Et si fuerit orientalis sigt multitudinez pluuiaru̅ τ augmentum aquarum τ fluminum. Et si fuerit occidentalis sigt dolores

qui adueniunt hominibus in oculis et morbidum: et mortem multam que cadet in mulieres cum proficuo qd consequentur que arant. Et si fuerit retrogradus significat mortem que adueniet nobilib?. Et cum apparuerit in eo de subradijs significat egritudines que aduenient hominibus in pectorib? cum vehementia tussium: z multitudinem insurgentium z depredationem eorum in conuiuijs cum multitudine bellorum et effusione sanguinum: et quietudiné ventoz: z cadere pestes in pane: z paucam vindemiam z bellū.

⁋ Et si fuerit eqdistans signo q̄ sigt illud multas infirmitates ve nire mulierib? sicut morbillos z febres cottidianas et tercianas: z morte cadere in eas: z multos latrones z infortunium z bella: z precipue in parte oriente: et incessantem flatu ventoz calidoz in dieb? venenosis: z paucitatez pluuiarū: z vehementé siccitatez z erit in parte oriente cum bona aeris cōmixtiōe: z forsan accidet mortalitas. Q4 si fuerit eius latitudo septétrionalis significat inuolutiones z inequalitaté earū Si fuerit meridionalis significat multitudinez pluuiarum. Si fuerit orientalis significat augmentū fluminū z inundationem eorum. Si fueri t occidentalis significat egritudinem que adueniet mulieribus et precipue mulieribus regum cum proficuo earum propter illam causam et fortasse consequentur febres tercianas. Si fuerit retrogradus significat corruptionem aeris z mortalitatem z vehementiaz ventorum calidoz in diebus venenosis. Cum apparuerit i eo de subradijs ☉ significat illud causam guerrarum z bellorum: z multitudinem febrium et mortem aduenire hominibus cum eo ꝙ accident eis pestes et venena et mordicatio serpentum cum vehementia calorum: z mora dierum venenosorum: et paucitatem pluuiarum cum multa siti cum validitate ventorum. Et cum fuerit ♃ et ☽ propinqui ei soluitur quod diximus de morte et egritudine. Si fuerit ♂ z ♀ propinqui ei significat vehementiaz interfectionis in parte oriente. Si fuerit ☿ propinquus ei significat mortem magnatum

⁌ Et ſi fuerit eģdiſtans ſigno ♍
ſignificat illud corruptionē que
adueniet hominibʒ: et rumores
terribiles multos: ʒ conſequenꝛ
nobiles infortuniuʒ cū aduentu
buboñū accidentium mulieribʒ
ʒ precipue virginibʒ ʒ iuuenibus
cum corruptione aeris ʒ medio
critate pluuiarū ʒ fortaſſe multi
plicātur. Q̃ ſi fuerit latitudo ei⁹
ſeptentrionalis ſignificat bonaʒ
aeris cōmixtionez. Si fuerit me
ridionalis ſignificat illud idem.
Si fuerit orientalis ſigt multitu
dinem pluuiarum et tonitruorū
ʒ choruſcationum ʒ augmentuʒ
aquarū in fluminibuʒ. Si fuerit occidentalis ſigt egritudinē que adueniet
regibʒ ꝓpter dolores oculoꝝ ʒ reumatiſmos cū paucitate pluuiarū. Si fue
rit retrograd⁹ ſigt plebē eſſe regibʒ ſuis. Si appuerit in eodez de ſubradijs
☉ ʒ cū eo fuerit ♀ ſigt caſum mortis in mulieres ʒ ꝓcipue in vgines earū: ʒ
paucitatē pluuiarū: ʒ accidere febres acutas: ʒ interfectiōʒ inter occitales
ʒ ſeptētrionales accidere, pdigia q̃ aduenient i aere. Si fuerit ibi ♂ accidēt
bella. Si fuerit ☿ ꝓturbatur aer ʒ efficient venti validi. Si fuerit ibi ♃ ſigt
paucitatem mortis: ʒ accidere locuſtas in redditibʒ cum eo q̃ apparebunt
peſtes ʒ nocumentum.

⁌ Et ſi fuerit eģdiſtans ſigno ♎
ſignificat q̃ accident hominibʒ
dolores cordium et ventrium et
egritudines febriū ex pte humi
ditatū ʒ multitudinē ſepationis
mulierum a coniugibus ſuis: et
propter illas cauſaſ cōſequentur
nocumentum ʒ infortunia cum
inceſſante flatu ventorū dierum
calidorum venenoſorū: ʒ bonaz
cōmixtionem aeris: ʒ paucitatē
panis et vini. Et cum fuerit lati
tudo ei⁹ ſeptentrionalis ſigt illō
multum flatum ventorum. i. for
titudinem eorū. Et ſi fuerit me
ridionaliſ ſigt apparentiā mortꝭ

in hominibus. Et si fuerit orientalis sigt qp accident hominib? egritudines
z cōmixtiones eis nocentes. Et si fuerit occidentalis sigt siccitatem aeris z
paucitatem pluuiarū:z vehementiam frigoris. Et si fuerit retrogradus sigt
aduentum egritudinū longarū in hoies z pcipue in oribus z auribus cum
paucitate eqlitatis cōplexionis corpox. Et si fuerit appitio ei? de subradijs
☉ in eo sigt aduentū bellorū. Et si ibi ♂ corroborabitur illud:z accident
hominibus timores saluatici. Et si aspexerit ♃ aut ☽ destruunt bella:z sigt
illud casum mortalitatz qui accidet hominib? z morte cum multis guerris
z obfuscationem aeris z conturbationem aeris et fortitudine ventorum et
vehementiā calorum:z qp multi hominū superabuntur a mulieribus suis:z
paucitatem panis et vindemie z olei.

¶ Et si fuerit eqdistans signo ♍
sigt illud paucam equalitatez cō
plexionū corporū hoim z morte
cadere in eos et pcipue in iuue
nib?:et multiplicabunt in senib?
egritudines cū nocumento ini
micorum:et vehemétia frigoris
hyemis cum exuberatiōe niuiuz
destruentiū messes. Et cū fuerit
ei latitudo septentrional' sigt il
lud vehementiaz caloris z lippe
Et si fuerit meridional' sigt illud
multitudinem pluuiarū et humi
ditatū. Et si fuerit orientali sigt
illud inimicos facere guerrā re
gibus z ipsos esse in angustia p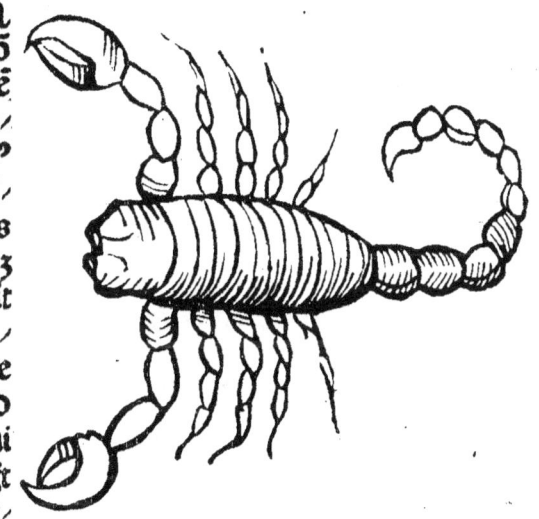
pter illas causas. Si fuerit occidentalis sigt egritudinez que aduenient re
gibus in quibusdā eorum mulierib? cum eo qp muliereres qrent quietem z
tardum sibi motuz:z parum erunt obedientes ppter illas causas. Si fuerit
retrogradus sigt impedimentū rerū in tarditate motus:z multos rumores
terribiles:z siccitatez aeris:z conturbatiōe hoim. Si apparuerit in eo de
subradijs ☉ sigt effusiōe sanguinū inter partem septentrionis z occidentz
z multas mortes vetularuz cum morte infantium. Si fuerit ♃ z ☽ ppinqui
ei sigt dolorem oculorum:z casum lapidum in vesicas eorum:z sigt multas
choruscationes z inundationes aquarum:z vehementiam ventox z vehe
mentiam frigoris:et casum niuium. Si fuerit ♂ ei propinquus sigt corru
ptionem arborū z messium:z paucum proficuū terrarum. Si fuerit ♃ pro
pinquus ei sigt paucitaté morbi:z claritatem aeris:z egritudines aduenire
hominibus in oculis.

⁋ Et ſi fuerit equidiſtans ſigno ſagittarij ſignificat illo accidēs bubonum accidentiū hominibꝰ ⁊ p̄cipue nobilibus eoꝝ ⁊ electis eoꝝ cum vehementia dolorum in oculis: ⁊ erit interfectio in parte orientis cū multis anguſtijs que aduenient mulieribus ⁊ caſum locuſtarū ⁊ caſuz mortis in aues ⁊ bonā aeris cōmixtionez. Si fuerit latitudo eius ſeptētrionalis ſignificat illud flatum ventorū. Si fuerit meridiana ſignificat ſtabilitatē rerū ⁊ velocitatez ꝑmutationis earū. Si fuerit orientalis ſignificat multas febres aduenire hominibꝰ. Si fuerit occidētalis ſignificat caſuz infortunioꝛuz et planctus in homines ⁊ depreſſionē eoꝛ que fuerit in ſenectute ⁊ vilipēdiū eorum cum impedimento rerū ſuper eos ⁊ debilitate eoꝛ et bonā aeris cōmixtionē. Si fuerit retrogradus ſignificat cariſtiā panis. Et ſi apparuerit in eo de ſub radijs ſignificat caſum mortis in magnates ⁊ caſum bellorum in parte occidētis. Si fuerit ꝑpinqutus mars ⁊ venus ſignificat illud paucitate mortis cū multis infirmitatibus que aduenient ex doloribus oculoꝛ ⁊ reumatiſmis ⁊ morbos ⁊ apoſtemata ⁊ febres ⁊ dolores coxarū, ⁊ mortē auiuz: ⁊ expanſionē locuſtarum cū paucitate panis ⁊ vindemie ⁊ olei.

⁋ Et ſi fuerit equidiſtans ſigno capricorni ſignificat deſtructionē maximā rerum factarū.i. preparatarū ⁊ caſum timoris in homines ⁊ rumores terribiles cum multitudine pluuiarū ⁊ aduētū terremotum ⁊ decorruptionem agriculture: ⁊ redditus aquaruz propter multas aquas ⁊ humiditates. Si fuerit latitudo eius ſeptētrionalis ſignificat multaz niuem cadere ⁊ gelu ⁊ vehementiā frigoris ⁊ ſuper habundātiaz humiditatū. Si fuerit meridiana significat illud idē. Si fuerit orientalis significat multā mulierib⁹ mortem. Si fuerit occidētalis significat apparētiam inimicoꝝ ⁊ cadere conturbationē in hoīes ⁊ destructionē ambulantium cum multa difficultate trāsfretandi sup mare. Si fuerit retrogradus significat multam hominū cōturbationē ⁊ susurrationē cū dissipatione pecuniarū ⁊ multitudinē casus elemosinarū inter homines. Et si apparuerit in eo sub radijs significat casum grandinis cum vehementia pluuiaꝝ ⁊ valitudine ventoꝝ. Si fuerit iupiter propinquus ei significat aduentum bellorum in parte orientis: ⁊ multas aduenire pestes in terras: cuꝫ multa vindemia ⁊ oleo.

⁋ Et si fuerit apparitio eius in ♒ significat timores et homines occidere ⁊ multos vapores in mūdum ⁊ multas gnerras et cōtrarietatem quorūdam ciuiuꝫ climatum cum quibusdam regibus ⁊ principibus suis ⁊ opprimere eos ⁊ proijcere eos de terra ⁊ casuꝫ mortis ⁊ morbi ī adolescētes mulieres. Si fuerit duo luminaria propinqua sigt paucitatem olei: angustias que aduenient hominibus terribiles ⁊ dolores qui aduenient mēbris cuꝫ impetu aquaꝝ ⁊ minutione redituum ⁊ expansione locustarū ⁊ destructionez vindemie ⁊ olei. ⁋ Et si fuerit equidistans signo ♒ significat casum mortis in homines ⁊ rumores terribiles ⁊ vehementiaꝫ timoris propter illam causam ⁊ peregrinationē plurium a locis suis: ⁊ multas locustas ⁊ multitudinem pluuiarum ⁊ inundationuꝫ nocentium hominibus et incessantem flatum ventoꝝ validorum ⁊ euentus terremotuum ⁊ accidet arboribus ⁊ pane ⁊ vino detrimentum in illo anno. Q̄ si fuerit latitudo ei⁹ septentrionalis sigt destructionē cadere in arbores. Si fuerit meridiana sigt multitudinē nubium ⁊ superfluitatem pluuiarum. Si fuerit orientalis sigt illud ꝙ aduenient regibus angustie ⁊ tristicie. Si fuerit occidentalis sigt multitudinez constrictionū hominibus aduenientiū ⁊ mortem cadere in eos qui fuerint in senectute cum aduentu humiditatū ⁊ corruptione. Si fuerit retrogradus sigt niues cadere ⁊ vehementiā frigoris.

⁋ Et si fuerit equidistans signo piscium significat ꝙ accidet hominibus mors propter turbationes que erit inter eos ⁊ precipue nobiles ⁊ dños cum vehementia caloris ⁊ frigoris in temporibus vtriusq̣; ⁊ paucam seruationem reddituum fructuũ. Si fuerit meridiana significat multitudinẽ pluuiarum ⁊ augmentum fluminũ. Si fuerit latitudo eius septentrionalis significat multitudinem flatus ventorũ. Si fuerit orientalis significat paucitatem pluuiaruz ⁊ mediocritatem aeris ⁊ multam cõmixtionẽ. Si fuerit occidẽtalis significat ꝙ accident regibus angustie ⁊ tristicie propter motum inimicorum ⁊ multas infirmitates aduenire ex reumatismis. Si fuerit retrogradus significat mortem aduenire hominibus nobilibus. Si apparuerit in eo significat multitudinẽ aquaruz ⁊ aqueductuũ ⁊ corroborationẽ frigoris ⁊ aduenire malum hominibus. Si fuerit mars ⁊ venus ꝓpinquus ei aut in oppositione eius significat illud ꝙ accident ho minibus dolores oculorum cum paucitate pluuiarum ⁊ panis ⁊ euasione arborum ⁊ multiplicatione earum:⁊ precipue arbores oliuarum. Et postq̣; venim᷑ cum eo ꝙ narrare voluimus. Compleam᷑ ergo dr̃am primam.

Differētia. 2. in qualitate ſcīe ſignificationū iouis ſm illud.

POſtq̇ illud p̱miſim⁹ itaq̇ in differētia prima ſciam p̱prietatēſ ſignificationū ſaturni ſingularīſ cū ei fuerit dn̄m alhibuzeꝛ ſup aſcēdentia alicui⁹ inceptionis aut fuerit alteiodeia aut aberbutharia ei aut apud equiſtantia eius in omnib⁹ ſignis ſm modū cōmixtionis. Tractem⁹ itaq̇ i hac dr̄a qualĭ ſciamus p̱prietatē ſignificationū iouis ſm illud. ꟅDicamus ergo q̇ cū fuerit ei ſignificationes quas p̄diximꝰ τ fuerit appropriatꝰ eis ſm ſpēm humanā ſit illud magnā vmbrā regū τ excellentiā regꝝ ſuaꝝ τ multas donatiōes earū τ altitudinē ordinū eoꝝ τ habere quoſdā vaſellos ſuos ſuſpectos τ eos pſicere ei p̱pter illā cām cū p̱ſperitate eē regis babylōie τ arabie τ erit guerra magna i romanis τ morieť magnꝰ vir ex eis p̱pt incarcerationes τ retentionē τ cuſtodiā domoꝛ pecuniaꝝ ſigt τ facilitatē laborıſ ſup ciues terrarū in redditibꝰ ꜫ hoīes vti in veritate in sermonibus suis ꜫ apparentiā bonā ꜫ sanitatē corporꝫ ꜫ aliarū ꜫ prosperitatē esse mercatoribꝰ ꜫ bonitatē acquisitionis ꜫ lucroꝫ ꜫ multas mulierū cōceptiones ꜫ precipue masculoꝫ ꜫ puenire natos ad cōplementū. Quā si fuerit istud scōm speciē bestialem ꜫ ꝑcipue quibus vtunī hoīes sigt illud multitudinē illius ꜫ augmentū eius ꜫ aduenit ꝓpter hoc ꝙ fuit ex eo ꝫm cōtrariū illius destructio ꜫ mors. Et si fuerit significatio eius ꝫm elementū aereū sigt illud multas pluuias ꜫ flatuū ventoꝫ ꜫ humiditatē aeris ꜫ bonā eius temperantiā. Et si fuerit significatio eius ꝫm elementū terreū sigt ꝓpalationē cū multis arboribus ꜫ meliorationē frumēti ꜫ ordei: ꜫ fortasse cadit vrīna in messes ꜫ distrahit ea. Et si fuerit eius significatio sup elemētū aquaticū significat euasionē equitantiū in mari ꜫ multas inundationes fluminū.

¶ Sed significatio eius ꝫm partē cōmixtionis eius signo arietis cū fuerit ei equidistans sigt casum litigiorꝫ ꜫ timoris inter hoīes alhoratē ꜫ armenie cū sanitate corporꝫ hominū: ꜫ fortasse multi planctus ꜫ infirmitates ꜫ dolor capitis ꜫ erit fortius illud in quarta autūpnali ꜫ vehementiā caloris in principio eius ꜫ vehementiaꝫ frigoris in quarta hiemali ꜫ multas pluuias ꜫ inundationes ꜫ humiditates cum multo additamēto ꜫ augmēto panis ꜫ plantationes arborꝫ ꜫ vinearū. Et cū fuerit latitudo eī septētrionalis sigt vehemētiā caloris ꜫ multitudinē ventoꝫ calidoꝫ. Et cum fuerit meridiana sigt vehementē aeris frigiditatē. Et cū fuerit orientalis sigt reges honorare senes de ciuibꝰ domus sue ꜫ suos seruientes cū multitudine pluuiarū ꜫ humiditate aeris. Et si fuerit retrogradus sigt nocumentum in omnibus rebus sup quas sigt ꜫ si apparuerit in eo sub radijs sigt infirmitates ꜫ dolores capitū cū motu colere in corpibꝰ suis ꜫ multas aues ꜫ durabilitatē flatus ventoꝫ septētrionaliū ꜫ longitudinē hyemis cū multa quietudine ꜫ casu niuiū ꜫ augmētatione fluminū ꜫ bonitate estatis ꜫ euasione reddituū hereditatis que sunt in plano ꜫ multa vindemia.

¶ Et si fuerit equidistās signo thauri sigt morte que adueniet propositis ꜫ nobilibus et multā hominuꝫ decoratione ꜫ grauitate eoꝫ ꜫ fortasse accidunt eis dolores oculoꝫ cum paucitate auiū ꜫ sigt vehementiā frigoris nocentis ꜫ multas pluuias ꜫ terremotus in initio quarte hyemalis ꜫ multas niues ī medietate eius: ꜫ erit quarta estiualis tempata et fortasse tēporabiꝉ calor ꜫ siccitas ꜫ in quarta autūpnali cū multitudine panis et vini ꜫ diminutione arborꝫ cū angustia quā occurrēt equitantes in mari ex aduersitatibus. Et si fuerit eī latitudo septētrionalis sigt illud bonā aeris cō

mixtione. Et si fuerit meridiana sigt pmixtione coniunctionis eius τ pauca
qualitate eius. Et si fuerit orientalis sigt supfluitate pluuiaru. Et si fuerit
occidentalis sigt morte quarunda mulieru regum τ quorunda seniu ex no
bilibus suphabundant: sigt etia comotione inimicoru sup reges. Et si appa
ruerit in eo significat morte quorundam inimicoru sapientu notoru τ durabili
tate pluuiaru in hyeme cu comixtione aeris τ casu niuiu in medietate eius
τ fortitudine ventoru τ durabilitate frigoris vehementis in fine eius cum
bonitate estatis τ supnitate eius τ corruptione eius.

¶ Et si fuerit equidistans signo geminoru significat
multos dolores aduenire hominibus in oculis τ precipue pueris τ mulieribus τ significat multam mortem i
eis τ causam illius vehementia caloris τ morte cade
re in bestias τ erit quarta autupnalis tempata cu ve
hementia frigoris in quarta hyemali τ paucu nocu-
mentu eius τ incessante flatu ventoru occidentaliu τ
multiplicabit panis τ vinu τ precipue in parte occidetis cum corruptione
messiu τ diminutione aquaru τ fortasse augmentabunt aque fontiu. Et si
fuerit latitudo eius septentrionalis sigt flatu ventoru τ temperantia eorum
Et si fuerit meridiana significat fortitudine estatis τ multitudine ventoru
calidoru τ siccitate eius. Et si fuerit orientalis significat multas pluuias et
vehementia frigoris. Et si fuerit occidetalis significat multas tristicias ad
uenire regibus τ parum vti laudibus τ glorijs. Et si fuerit retrogradus significat multos rumores terribiles τ bellu. Et si apparuerit i eo significat
multos oculoru dolores aduenire hoibus τ multa mulieribus morte τ multas
pueris egritudines τ corruptione fructuu arboru τ paucitate aquaru fontiu.

¶ Et si fuerit equidistas signo cancri significat pote
tia regu τ magnitudine eoru τ multas infirmitates
aduenire hoibus minoribus τ fortasse corpa sanabunt in quarta autupnali cu multo calore τ veheme-
ti frigore τ precipue versus parte orientis cu multitu
dine pluuiaru τ nebularu τ niuiu i quarta hyemali.
Q si fuerit latitudo eius septetrionalis sigt vehementia
caloris τ mltitudine vetoru calidoru. Et si fuerit meridiana sigt illud idem.
Et si fuerit orietalis sigt multitudine pluuiaru τ vehementiam frigoris. Et si
fuerit occidetalis sigt mltitudine itineris regu τ motione eoru τ dissipatio
ne pecuniaru τ casus rumoru terribiliu τ susurratione hoiuz. Et si fuerit re-
trograd°τristationes intrare sup regeru ex morte quorudam nobiliu. Q si ap
paruerit i eo sigt vehementia frigoris τ flatu vetoru septetrionaliu frigidoru
cu multis tonitruis τ coruscationibus τ augmentatione fluminu τ bonitate
reddituu hereditatu cu saluatione anni. nisi qz accidet hoibus i quartali au
tupnali dolores in oribus eoru τ labijs.

⁋Et si fuerit eqdistãs signo leonis sigt ifortunas regibꝰ aduenire ⁊ tristiciã ⁊ iracũdiã cũ mltitudine dolor ascẽdẽtiũ hoibꝰ ex visceribꝰ ⁊ ventris aduenientibus ex p̃te frigoris ⁊ moriẽt qdaz nobiles formosi ⁊ p̃sperabunt lupi ⁊ mltiplicabunt pluuiae i quarta autũpnali ⁊ paucitas caloris erit i quarta estiuali, ⁊ vehemẽtia frigoris i quarta hiemali cũ validitate destructiũ arbores ⁊ paucitas frigoris in medietate eius cũ augmẽto fontiũ. Qr si fuerit latitudo eiꝰ septẽtrionaľ sigt mltitudinẽ flat ventoꝵ ⁊ vehemẽtiã motꝰ eoꝵ: ⁊ si fuerit meridiana sigt humiditatẽ aeris. Si fuerit oriẽtalis sigt multitudinẽ pluuiarũ ⁊ iuuamẽtũ earũ cũ bona cõmixtione aeris hyemalis ⁊ tempantia eiꝰ. Et si fuerit occidẽtalis sigt mltas cõsequi angustias ⁊ tristicias ⁊ fortasse adueniẽt eis egritudines cũ morte aliquoꝵ nobilium. Et si fuerit retrograd⁹ multa itinera aduenire regibꝰ. Et si appuerit i eo sigt cp̃ adueniẽt hoibꝰ dolores emoroidaꝵ ⁊ reumatismoꝵ ⁊ tussiũ ex vehemẽtia frigoris i hyeme ⁊ multas aq̃s ⁊ validitatẽ ventoꝵ ⁊ diminutionẽ aquarũ cũ validitate quarte vernalis ⁊ bonã fructificationẽ fructus ⁊ vineaꝵ.

⁋Et si fuerit eqdistans signo virginis sigt cp̃ accidet hoibꝰ dolor epatis ⁊ erit annꝰ vehemẽs sup̃ pregnantes in tempantia aeris i q̃rta vernali ⁊ bonitate aerí q̃rte estiuaľ ⁊ vehemẽtia frigoris i q̃rta hyemali. Et si fuerit latitudo eiꝰ septẽtrionaľ sigt bonã aeris cõmixtionẽ. Et si fuerit meridiana sigt tempantiã pluuiarũ ⁊ iuuamẽtũ earũ. Et si fuerit oriẽtalis sigt paucitatẽ pluuiaꝵ. Si fuerit occidẽtalis sigt egritudies aduenire regibꝰ cũ mltitudine angustiaꝵ ⁊ tristiciarũ ⁊ diminutione coitꝰ. Si fuerit retrogradus sigt paucitatẽ pluuiaꝵ cũ bonitate aeris ⁊ tẽpantia. Et si apparuerit i eo significat vehemẽtiã frigoris hyemalis i p̃icipio eiꝰ ⁊ in fine eiꝰ ⁊ tempantiã medietatis eiꝰ ⁊ multitudinẽ casuꝵ gelu ⁊ pluuiarũ ⁊ augmentũ fluminũ inundationẽ fluuioꝵ ⁊ frigus corroborari in pluribꝰ locis ⁊ esse pluuiaꝵ in q̃rta estiuali ⁊ multã vineaꝵ vbertatẽ ⁊ bonã herbã ⁊ destructionẽ arboꝵ.

Et si fuẽit eqdistãs signo ♎ sigt illo hoies mľtũ vti robore .s. strẽuitate ⁊ fortitudie ⁊ magnitudie cũ expãsiõe morꝵ bouũ ⁊ tẽpantia aeris verí ⁊ declinationẽ eiꝰ ad frigiditatẽ ⁊ fortasse accidẽt in quarta estiuali pluuie destruẽtes panẽ cũ multitudine tonitruoꝵ ⁊ coruscationũ ⁊ multas niues i p̃icipio q̃rte hyemaľ vsq̃ ad medietatẽ eiꝰ cũ caliditate aeris in fine eius. Si fuerit latitudo eiꝰ septẽtrionaľ sigt incessantẽ flatũ ventoꝵ ⁊ tempantiã motus eorum ⁊ iuuamentũ eoꝵ. Si fuerit meridiana significat multos dolores aduenire hominibus ⁊ p̃cipue in oculis ex coriza ⁊ reumatismis.

Et si fuerit occidentalis sigāt egritudines aduenire regibꝰ cū paucitate pluuiaꝶ ɿ siccitate aeris et frigiditate eius. Et si fuerit retrogradus sigāt regem desponsare muliere regina ɿ sigāt egritudines aduenire hominibꝰ in capita ɿ infortunia accidere pregnantium et erunt pluuie in principio hyemis: et erit medietas eius cōmixta cum flatu ventoꝶ in ea et erunt humiditates et pruine multe cōmixte quarte vernalis et multas herbas in quarta estiuali et diminutiōe aquarum.

⸿ Et si fuerit equidistans signo scorpionis sigāt sanitatē corpoꝶ hominū ɿ iumentū eoꝶ cum paucitate damnoꝶ ɿ cum multis pluuiis destruētibus in oēs partes ɿ vehementiam frigoris in principio quarte hyemalis vsq; ad medietatē eiusdem supaddet ɿ ingrossabiꞇ aer ɿ multiplicabunꞇ nebule cum prosperitate vineaꝶ ɿ agriculture ɿ bonā plantatiōe arborum. Ɋ si fuerit eius latitudo septētrionalis sigāt vehementiā caloris. Et si fuerit meridiana sigāt humiditatē aeris. Et si fuerit orientalis significat cōmixtiones que adueniunt regibus. Et si fuerit occidentalis significat infirmitates aduenientes regibus aut mors accidere quibusdam propinquis eorum cum paucitate motus exercituū. Et si fuerit retrogradus significat paucitatem pluuiaꝶ ɿ incessantē ventoꝶ flatum vinacinoꝶ. Et si apparuerit in eo significat multos dolores aduenire hominibus in quarta vernali cum tempestatibus que accident nauibus ɿ erit inicium veris frigidum ɿ medietas eius leuis: ɿ significat esse pluuiarum ɿ tonitruoꝶ ɿ minutionem aquarum fontium ɿ multas herbas ɿ mediocritatē messium ɿ bonitatē vineaꝶ ɿ oliuaꝶ ɿ aduentū magnoꝶ fluminū.

⸿ Et si fuerit equidistans signo sagittarij significat illud multas infirmitates accidere hominibꝰ ex dolore capitis ɿ lippe ɿ precipue in quarta autūpnali ɿ casum mortis in bestijs ɿ precipue in bobus ɿ multas pluuias ɿ mediocre frigus in principio hyemi cum fortitudine in medietate eius ɿ casum niuium ɿ destructiōe panis ɿ fructuum cum vehemētia caloris in quarta estiuali ɿ durabilitatē flatus ventorum orientalium. Et si fuerit eius latitudo septentrionalis sigāt flatus ventoꝶ ɿ iuuamentū eoꝶ Et si fuerit meridiana sigāt aparentiā bonā ɿ iuuamentū in homines cū pace ɿ quietudine eoꝶ. Et si fuerit orientalis sigāt illud dolores aduenire regibus ɿ principibus ɿ mortē quorundā nobilium. Et si fuerit retrogradus sigāt multa gaudia plebis per hoc ꝙ apparebit de iusticia reguꝶ cum superfluitate pluuiaꝶ ɿ cōmixtione aeris estatis ɿ multas herbas. Et si apparuerit in eo sigāt mortē magni viri ɿ damna aduenire canibꝰ ɿ tēperātia aeris hyemalis cum aduentu flatus ventorum τ pluuiarum in fine eius : τ temperantiam estatis: τ multas herbas τ equalitatez fructuũ planiciei τ montʒ tarditatem vindemie τ prosperum esse arboribus.

☞ Et si fuerit equidistans signo ♑ significat irã regĩ super quosdam seruientes ei vt mortem nobilium cũ sanitate corporum hoĩm τ multʒ pluuijs τ incessante flatu ventoruz in quarta vernali: τ paucitate caloris in quarta estiuali: τ multitudinem ventoꝝ orientaliũ et fortasse accidit mors canũ cũ minutiõe fructuũ τ panis τ vini paucitate eoꝝ. Q̃ si fuerit latitudo eius septẽtrionalis significat illud humiditates multas. Si fuerit meridionalis significat illud idem. Si fuerit orientalis significat egritudines aduenire in homines τ precipue in oculos. Si fuerit occidẽtalis significat egritudines aduenire regibus τ principibus cum multo casu mortis τ rumoꝝ terribiliũ et conturbatione hominum. Si fuerit retrogradus significat cõmixtiones que aduenient regibus τ plebi. Lunc̓ apparuerit in eodem sigñ ꝙ accident hominibus dolores capitum τ oculoꝝ: τ multiplicabitur cõmotio ventorũ τ mors in eo ꝙ subtiliatur de animabus cum cõmixtione aeris in principio quarte hyemalis et aduentum frigoris τ humiditatis in medietate eius: et vehementiaʒ frigoris τ multas aquas τ flatum ventorum τ casum niuium in fine eius τ multitudinez tonitruorum: et bonum fore principium quarte estiualis: τ vehementiam caloris in fine eius cum temperantia reddituum τ abundantia humorum τ corruptione vindemie.

☞ Et si fuerit equidistans signo ♒ significat mortes quorundam nobilium: et multos aduenire dolores hominib⁹ τ precipue in iuuenes et fortasse sanabunt eorum corpora: cum morte auium τ lupoꝝ: et multitudinem pluuiaꝝ τ niuium: τ vehementiam frigoris in quarta vernali: et erit quarta estiualis multorum ventorum τ humiditatum: τ destruet illud panem τ fructus arborum cum multa nauium submersiõe in mari. Q̃ si fuerit eius latitudo septentrionalis significat siccitatem aeris. Si fuerit meridionalis significat multas nebulas. Si fuerit orientalis significat paucitatẽ ventoꝝ Si fuerit occidentalis significat egritudines aduenire mulieribus regum: τ mortem quorundam nobilium: τ paucitatem pluuiarum. Si fuerit retrogradus significat egritudinez accidere quibusdam regibus. Si apparuerit in eo significat mortem quorundam magnatũ: τ multas pluuias aduenire hominibus: τ mortez auium τ bestiarum maris cum submersione nauium in mari τ validitate ventorum conferentium seminibus cum esse pluuiarũ: et casu gelu τ niuium in principio hyemalis: et multos ventos prosperos in quarta autūnali cum eo q̄ nocebunt arborib⁹: τ cōmixtionem quarte estiualis: et temperātiam flatus ventorum in ea: et fortasse accident in ea pluuie τ casus niuium: et corruptio pluuiarum in herbis in pluribus locis: et prosperabuntur messes.

¶ Et si fuerit equidistans signo X significat multum nocumentum in homines et precipue iuuenes τ mulieres et pueros et multos dolores parturientium: τ incessantem ventorum flatum frigidorum in quarta vernali: et vehementiam caloris in quarta estiuali: τ bonam aeris cōmixtionem in quarta autumnali: et superfluitatem pluuiarum in prima quarta hyemali τ multorum ventorū flatum in medietate eius: et niues cadere in fine eius cum eo q̄ pluuie corrumpēt arbores et messes et precipue vineas τ oliuas Et cum fuerit eius latitudo septentrionalis significat flatum ventorum et iuuamentum eorum. Si fuerit meridiana significat multitudinē pluuiarū τ augmentum fluminū. Si fuerit orientalis significat paucitatem pluuiarū τ mediocritatem aeris. Si fuerit occidentalis significat multum motum et mutationem eorum: et exire quosdam exercitus ad extremitates regni. Si fuerit retrogradus significat malicias rerum. Si apparuerit in eo significat illud casum fortitudinis in corda hominum et timorem τ terremotus τ rumores terribiles: τ egritudines aduenire mulierib⁹ τ pueris in quarta vernali: τ infortunia accident pregnantibus et vehementem merorem τ difficultatem partus: τ multas pluuias in principio quarte hyemalis: τ multos ventos in medietate eius: τ incessantez flatum ventorum septentrionalium τ vehementiā frigoris cum casu niuis in fine eius: cum vehementia caloris quarte estiualis: τ destructionē accidere ouibus cum prosperitate esse messiū Compleamus ergo differentiam secundam.

Mars

⁜ Differentia tercia in qualitate scientie significationis ♂ sm illud.

Postæ premisimus in differentia secunda qualiter sciamus pprietatem significationum ♃. Tractemus ergo in hac differentia qualiter sciamus proprietatem significationis ♂ sm illud. Dicamus ergo qɔ cum fuerint ei significationes quas narrauim⁹ τ fuerint ei appropriate sm speciē humanaȝ signi ficat illud multa bella τ guerras insurgentes in reges: τ iram principum: τ accidet quibusdam hominibus ex istis rebus mors subitanea τ festina et grauis: et egritudines que erunt cum febribus tercianis et precipue intrantibus annos: et quidam incurrent penam et conuicia et violentiam et exitum a lege cum multitudine abscisarum viarum: et effusionem sanguinum: τ casum combustionis cum bubonibus in pluribus climatib⁹.

D 2

Et si significauerit fm speciem bestialez et precipue quibus homines vtunt significat paucitatem earum Si fuerit significatio eius sup elementu aereu significat paucitatem pluuiarum et vehementiam caloris et terremotus: et multa flumina: z incessantem ventorum flatum calidorum meridianorum Si fuerit eius significatio super elementu terreum significat destructionez arborum: propterea cp calor comburet eas siue ex aduetu ventoruz fortiu in eis siue ex combustione ignium in locis in quibus solet coburi. Si fuerit significatio eius fm elementum aquaticum significat illud submersionem nauium subitam ex ventis agitantibus diuersis aut ex fluminibus z his similia.

¶ Sed significatio eius ex parte comixtionis eius ad signum Y cum fuerit equidistans eidez significat interfectionez accidere ei in parte orientis cum multitudine dolorum oculorum: z velocitate rerū cū proficuo earum z multo flatu ventorum: z vehementiam venenosorum eorum: z paucitatem pluuiarum. Q cū fuerit latitudo eio septentrional significat siccitatem aeris. Si fuerit mediana significat comixtionem aeris. Si fuerit orientalis significat constrictiōes que aduenient hominibus z rancores.

Si fuerit occidentalis significat reges expendere multa z dissipare et paru se mouere exercitus cum aborsu pregnatarum mulierum. Si fuerit retrogradus significat multos luctus vel dolores aduenire hominibus z nocumentum. Si apparuerit in eo significat multa fieri bella in parte orientali: z egritudines aduenire hominibus in oculis suis cum vehementi flatu ventorum z bonis redditibus.

⁋Et si fuerit equidistans signo ♉ significat interfectionez inter ciues partis septētrionis τ meridiei: et multos oculorū dolores cū morte mulierū: τ nocumentū qd̄ adueniet coniugatis earum: τ maliciam rerum veneidarū: et mortem bouum: τ multitudinem ouium cum sup abundantia pluuiarum τ vehemētia tonitruoz τ choruscationū et nebularū cum paucitate victus et abundantia aquaruz. Q̄ si fuerit latitudo eius septentrionalis sigt multas infirmitates variolarū τ morbillorū Si suērit meridiana sigt maliciā

cōmixtionis aeris. Si fuerit orientalis sigt paucitatez aquarum τ multam siccitaté. Si fuerit occidentalis sigt egritudines mulierū pregnatarū propter aborsum earū cum destructione arborz et plertim vinearum et oliuarū. Si fuerit retrograd⁹ sigt nocumentū aduenire bestijs cum morte earū. Si apparuerit illud in eo sigt bella q̄ adueniēt inter partē meridiei τ septentriōis τ effustionē sanguinū: sequent septentrionales dolorē oculorz: et adueniet quadrupedib⁹ mors: et mult plicabunt vapor et nebule τ aque τ pluuie: et fiet panis paucus.

⁋Et si fuerit equidistans signo ♊ sigt multos dolores aurium que aduenient hominib⁹ et variolas τ morbillos τ interfectionē que erit in parte septētrionis cū multo latrocinio: et victoriaz de eis τ publicationē esse eorum: τ consequent hoies nocumentum propter fulmina τ choruscationes τ vehemētia frigoris. Q̄ si fuerit latitudo eius septentrionalis sigt multitudinē terremotuum. Si fuerit meridiana sigt caliditatem aeris et quietudinē eius. Si fuerit orientalis sigt mortem quorundaz nobilium: τ fortasse

aduenient quibusdaʒ regum mulieribus egritudidines: τ cadet cōbustio in quedam loca. Si fuerit retrogradus sigt multas egritudines variolarũ τ morbilloꝛ. Si apparuerit in eo significat ꝙ adueniet hominibus moꝛs τ multa cōbustio: τ interfectio in parte septentrionis cum nocumēto latronũ Ω si fuerint duo luminaria propinqua ei significat ꝙ consequentur hoīes impetigines τ doloꝛes oculoꝛum: τ accidet detrimentum in plantis.

℄ Et si fuerit equidistans signo ♋ sigt interfectionē q̃ adueniet in pte occidentis aut orientis: τ apparebit super eos redditꝰ tributoꝛum: et multiplicabunt egritudines τ pleuresis pectoꝛum: τ cottidiane febꝛes: τ doloꝛes gutturis: τ cadēt inter p̄ncipes ōrietates: τ multiplicabitur moꝛs in parte montis pꝛopꝛie τ pꝛecipue in quadrubꝰ cum paucitate pluuiarum τ vehemētia caloꝛis. Ω si fuerit latitudo eius septentrionalis sigt caliditatem aeris τ humiditatem eius. Si fuerit meridiana sigt illud idem. Si fuerit 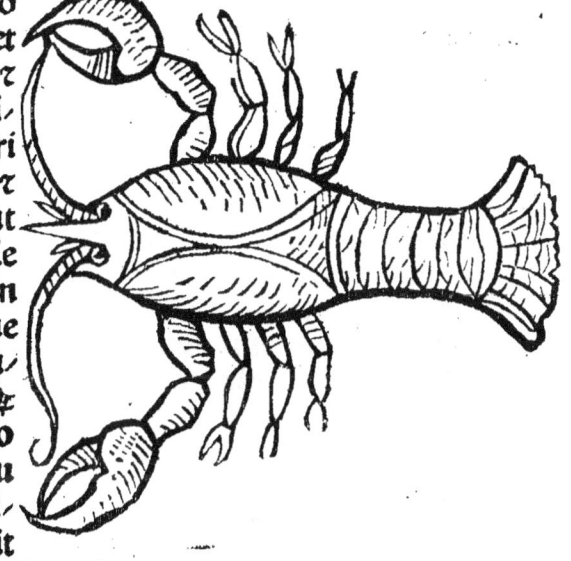 orientalis sigt multas tristicias aduenientes hoībus cum quietudine aeris τ siccitate eius. Si fuerit occidentalʹ sigt multas aduenire pꝛegnantibꝰ egritudines ꝓpter aborsum earum: τ foꝛtasse sigbit nocumentũ et corruptionez ꝓpter motũ. Si fuerit retrogradꝰ sigt illud corruptionē aeris τ vehementiā caloꝛis: τ flatum ventoꝛ venenosoꝛũ. Si apparuerit in eo sigt infelicitatem que adueniet hominibus ex doloribus gutturũ τ pectoꝛ: τ alʒemenet accidentalium in membris eoꝛũ τ quartanas: τ cadet caristia in bestias: τ pluuia erit pauca: τ flabit septentrio: et effundentur locuste: τ destruentur vindemie: τ oleum erit paucum.

℄ Et si fuerit equidistans signo ♌ significat multa bella fieri in pte orientʹ cum expansione moꝛtis τ pꝛecipue pueroꝛ: et cum istis doloꝛibꝰ in ventribꝰ τ casu caristie in bestijs: et paucitatez pluuiarum τ panis et p̄cipue in parte oꝛientis. Ω si fuerit eius latitudo septentrionalis sigt illud flatus ventoꝛuz cum foꝛtitudine venenosoꝛum. Si fuerit meridionalis significat siccitatez aeris. Si fuerit oꝛientalis sigt paucitatem pluuiarum. Si fuerit occidentalʹ sigt angustiam regis et pigriciam eius et desperationem in pluribus rebus et apparentiam inimicoꝛum cum vehementia caloꝛis et venenosoꝛum. Si fuerit retrogradus significat cp cadet inuidia τ odium inter romanos. Et si apparuerit in eo significat casuz mortis i magnatibus: τ multos dolores aduenire iuuenibus: et consequenτ pueri et infantes angustias τ dolorem ventris: τ cor roborabitur frigº hyemis: τ pluuie fient pauce τ panis.

⁋ Et si fuerit equidistans signo ♍ sigτ multos oculoru̅ dolores: multa̅ interfectione̅ τ effusionez sanguinum in parte meridiei: et multam mortem in mulieribus: τ multiplicatione̅ insurgentium et casum quorundam nobilium ab honorib⁹ suis cu̅ destructio̅e aeris τ eius siccitate: τ multξ ter remotibus: τ multitudine̅ panis et vini. ♎ si fuerit eius latitudo septe̅trionalis significat paucas pluuias. Si fuerit meridionalis significat malam complexionez aeris. Si fuerit orientalis significat mortem regis. Si fuerit occidentalis significat planctus et tristicias aduenire scriptoribus: cum aborsu pregnantiu̅: τ labor aduenient senib⁹. Si fuerit retrogradus significat siccitate̅ aeris Et si apparuerit in eo significat cp consequentur hoies oculoruz dolores τ diuturnos dolores τ

difficiles ad curandum cum vehementia frigoris: et pauco ventorum flatu Et si fuerint duo luminaria propinqua ei significat illud multitudine̅ pluuiarum: et impetuositatem frigoris: et aduentum bellorum: et effusionem sanguinum in parte meridiei: τ sonitum et timores τ pauores aduenientes magnatibus τ nobilibus: et depositionem quorundam a regnis suis cum multa morte cade̅te in septentrionales τ meridionales: et mortem cadere in oues.

ƌ 4

⁋ Et si fuerit equidistans signo ♎ sigt paucitatem infortunioru̅ τ apparitone̅ salutis in hoibus et fortasse apparebunt latrones τ abscissores viarum: τ multum timorem: τ terribiles rumores: τ malum hominibus:τ mortem multoɀ hoi̅m propter bubones et p̅cipue in parte meridiei cum paucitate pluuiaru̅ τ nubium et ventoɀ τ nebularu̅. Q̃ si fuerit eius latitudo septentrional' sigt multitudine̅ ventoɀ incessanter Si fuerit meridiana sigt pauci/ tatem co̅mixtionis aeris. Si fu erit orientalis significat multas

pluuias τ tonitrua. Si fuerit occidentalis significat quietudinem militum τ paucitatem motuum eorum:τ egritudines aduenire habentibus annos cum vehementi aeris siccitate in autumno et pluuiaru̅ paucitate. Si fuerit retrogradus significat mortem quorundam nobilium subito. Si appuerit in eo et ♄ ei sit propinquus significat multam mortem et consecutionem la tronum et pauores et mortalitatem existentem in mundo cum superabun dantia aquarum et nebularum et nubium:et paucitatem fructuum et her/ barum et oliuarum.

⁋ Et si fuerit equidistans signo ♏ significat m̅ltos dolores ocu lorum in hominibus: τ appariti onem bubonum:et egritudines hominibus τ precipue iuuenib' erit illud in parte septentrionis: cum multitudine latronu̅ et ab/ scisorum viarum: τ vehementia frigoris in quarta autumnali et hyemali τ estiuali: τ vehemente̅ aeris siccitate̅:τ nocere hoc pani τ vino et arboribus et messibus Q̃ si fuerit eius latitudo septen trionalis significat vehemente̅ aeris siccitate̅ et prohibitionem pluuiaru̅. Si fuerit meridiana

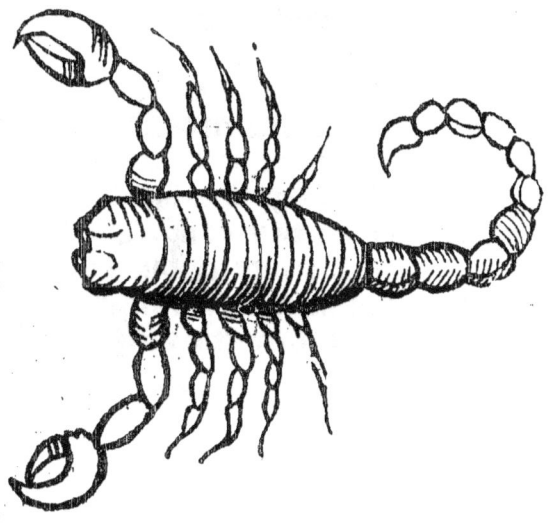

significat temperantiā aeris. Si fuerit orientalis significat paucitatē pluuiaru̅. Si fuerit occidentalis significat quietudinē militū̅ ⁊ parum se mouere ⁊ dolores aduenire oculis cum aborsu pregnataru̅ cum morte bestiaru̅. Si fuerit retrogradus significat infirmitatem accidere qui appropinquabit perditioni. Si apparuerit in eo significat pauores ⁊ timores aduenire hominibus ⁊ mortē cadere in mulieres ⁊ precipue in vetulas ⁊ proprie in regione septētrionis cum doloribus qui adueniunt hominibus pluribus diuersis per causas frigoris ⁊ colere nigre cum multa paupertate ⁊ latrocinio ⁊ tristicijs hominibus aduenientibus cum superbia vel infestatione latronum vel superfticiofitate:⁊ paucam vindemiā ⁊ oleum.

⁋ Et si fuerit equidistans signo sagittarij significat casum mortis in parte occidētis ⁊ in armenia ⁊ illic multā interfectionē cū egritudine, ⁊ vehementi tussi et doloribus oculo₹ ⁊ plus erit in littorib⁹ maris:⁊ erit quarta vernalis mali aeris corru̅pentis cū paucitate pluuiaru̅: ⁊ multiplicabi̅ frig⁹ in quarta hyemali quousq̅ adueniet ex illo annone ⁊ potui corruptio cum multis palmarum plantationib⁹. Si fuerit eius latitudo septentrionalis significat multum flatum vento₹ cu̅ siccitate illo₹ ⁊ pauca humi

ditate eorum. Si fuerit meridiana sig̅t alteratio̅ē quarundā reru̅ ⁊ conuersio̅ē earum. Si fuerit occidētalis significat inimicicias que adueniūt hominibus cum ira regis super quosdam nobiles:⁊ multū aborsus pregnataru̅. Si fuerit retrogradus significat infortuniū ⁊ malum aduenire militibus. Et si apparuerit in eo sig̅t casum bellorum ⁊ siccitatē in parte occidētis:⁊ mortem aduenire regibus ⁊ accidere hominib⁹ in parte septētrionis dolores oculorum cum multa morte ⁊ minutione aquaru̅ fontiu̅ ⁊ paucitate pluuiaru̅:⁊ cadere gelu ⁊ frigus destruens arbores ⁊ paucā vindemiā

⁌ Et ſi fuerit equidiſtans ſigno
capricorni ſignificat multā mor
tem τ multa infortunia in parte
meridiei τ precipue in iuuenibꝰ
τ mulieribꝰ τ erit inſfectio τ ꝓci
pue in parte que ſequiꞇ orientez
τ meridiem:τ paucas pluuias τ
ſiccitatē aeris cum multis reddi
tibus hereditatū τ paucitatē fru
ctuū. Si fuerit eius latitudo ſe
ptētrionalis ſigꞇ deſtructionem
commixtionis aeris. Et ſi fuerit
meridiana ſigꞇ illud idez. Si fue
rit orientalis ſigꞇ deſtructionem
vinearū. Et ſi fuerit occidentaliſ
ſigꞇ mortem aduenire nobilibuſ
cum cogitationibꞁ τ meroribus hominibus aduenientibus τ multas plu
uias. Si fuerit retrogradus ſignificat illud idem. Et ſi apparuerit in eo ſi
gnificat bella inter ciues orientis τ meridiei:τ mortem cadere in iuuenes τ
pueros cum pauca vindemia τ oleo.
⁌ Et ſi fuerit equidiſtans ſigno
aquarij ſignificat illud interfe
ctionem regis orientis ac mor
tem eius cum multis oppreſſio
nibus infortunijs hominibꝰ oc
currentibus:τ ſuperhabundan
tia pluuiarum τ caſuz niuium et
proſperam aeris cōmixtionem
cum multo pane τ vino τ multo
bono τ paucitatē eius in parti
bus maritimorū. Q̃ ſi fuerit la
titudo eius ſeptentrionalis ſigni
ficat illud ſiccitatē aeris. Si fue
rit meridiana ſigꞇ illud idez. Si
fuerit orientalis ſignificat vehe
mentiam caloris. Si fuerit occi
dentalis ſignificat vehementiaz interfectionis aduenire in mari τ ſubmer
ſione τ mortem aduenire nobilibus cum nocumento veniēte in mulieribꝰ
pregnantibus τ vehementiaz caloris. Si fuerit retrogradus ſignificat pra

uam plebis obediētiam regi. Et si apparuerit in eo significat multas rixas apparere in mundo ⁊ casum bellorum in parte septentrionis ⁊ paucitatez pluuiarum ⁊ paucas locustas ⁊ destructionē arborū ⁊ caristiam panis: ⁊ si non fuerit venus aspiciens eum significat illud dolores accidentes hominibus ⁊ multitudinē eorum cum minutione vindemie.

¶ Et si fuerit equidistans signo piscium significat interfectionez multam ⁊ interfectionē fore inter reges ⁊ magnates ⁊ ablationem regni magni viri propter illas causas ⁊ descensionem nobilium a dignitatibus suis ⁊ a regnis suis ⁊ apparitionem febris quottidiane ⁊ terciane hominibus in parte meridiei ⁊ occidentis: ⁊ caristiam bestiarū ⁊ habundantiā pluuiaruz ⁊ niuium cum bona aeris cōmixtiōe. Q si fuerit eiꝰ latitudo septētrionalis significat multum flatum ventoꝝ Et si fuerit meridiana significat  multitudinē pluuiarum. Si fuerit orientalis significat febres aduenire hominibus sicut terciane ⁊ alie. Si fuerit occidentalis significat destructionē militum ⁊ debilitatē eorum ⁊ timorem eorum cum aborsu pregnatarum et multo frigore ⁊ gelu. Si fuerit retrogradus significat permutationem accidere hominibus ⁊ paucum complementum eius in quo speraf ex operibus ⁊ rebus. Et si apparuerit in eo significat declinationē graduū sapientiuz et destructionē regum. Et si fuerit ei propinqua venus significat multa bella ⁊ vestimenta eorum ⁊ presentiā tonitruoꝝ ⁊ coruscationū.

Sol

⁋ Sed fiġlo ppria ☉ ſingularie ſup ibuzezihe ſup vna reuolutionū é rege cōſequi nocumētū τ mozté plebi aduenire τ cōmixtioné inimicoꝝ ab oīb⁹ ozizantib⁹ ptendit:τ annus infructuoſus erit τ multiplicabunt beſtie τ ibūt quidā reges ad alios τ effundeꞇ in parte occidentis ſanguis τ multiplicabiꞇ interfectio illic τ nobiles fient pauperes τ pauperes fient diuites. Uer ſignificatio ei⁹ ſm modū cōmixtionis cū intrat capita inceptionū reuolubiliū quas ꝓdiximꝰ planete quidē appzopzianꞇ cū illo ſine eo quādo diſtātia eoꝝ ad loca iſta ſuccedit in omnib⁹ reuolutionib⁹ τ non ꝓparaꞇ diuerſitas ſignificationū niſi ex pte tpm aſcēſtonū τ diuerſitas ſituū planetaꝝ ciuium aſcendentiū eoꝝ τ ſcōm ꝗ ꝑmiſimꝰ τ ꝓpter hoc rememorati ſumꝰ ſignificationé eius ſup accidētia inferiora ex eo ꝗ equidiſtat ipſis partib⁹ quarum rememoratione ꝓmiſimꝰ:ſed ſignificatio ſue equidiſtantie in oībus ſignis magis ſignificat ꝗ̄ ſuper illud.

Differentia. 4. in qualitate ſde pprietatis ſigñionis ♀ ſm illud idẽ.

Poſtq̃ igit̃ ſiniſmus in dr̃a tercia ex ſignificatiõib⁹ martis τ q̃ appropriat̃ ſoli deſignatiõe ſingularit̃. Remẽoret̃ igit̃ in hac dr̃a ſignificationes veneris ſm illud idẽ. Dicamus ergo q̃ cũ fuerint ei ſigñiones quas narrauim⁹ τ fuerint ei appropriate ſm ſpẽm humanã ſigñt illud apparitiõne moderationis τ prouidentie τ bonam intentionẽ in rebus fidei τ morte̛ quorundã ſapientũ τ precipue de ciuib⁹ babylonie τ ſup reuelatiõe ſublimationis τ eleuationẽ regum τ multum honore̛ ſibi adinuicẽ hoĩes afferre τ apparentiã gaudij τ pſperitatẽ eſſe cõ ingiſ τ multitudinẽ filiorum τ fortaſſe abſoluent viri mulieres ſuas τ patient̃ aborſum puelle ex fornicationibus τ multiplicabit̃ inuidia τ nocimentũ corporum. Et ſi fuerit eius ſignificatio ſm ſpẽm beſtialẽ qua homines vtunt̃ ſigñt illud multiplicatiõe earũ τ proficuũ earum. Et ſi fuerit eius ſigñio ſm elementũ terreum ſigñt bonũ eſſe ſeminũ τ arborum τ fructuũ. Et ſi fuerit ſignificatio eius ſm elementũ aquaticũ ſigñt illud habundantiã aquarum τ euaſiõne nauiũ in maribus.

⁋Sed significatio eius ex eo q̃ cõmiscet̃ signo ♈ cum fuerit equidistans ei sigt̃ aliquã siccitatẽ cu₂ dminutione pluuiarũ ⁊ incessanti flatu ventox̃ ⁊ bona aeris cõmixtione. Si fuerit eius latitudo septentrionalis sigt̃ illud caliditatẽ aeris. Si fuerit meridiana sigt̃ vehementiã frigoris. Et quando elongat̃ in longitudine sua longiori sigt̃ motionẽ exercituu₂ Si fuerit retrograda sigt̃ multitudinẽ tonitruo₂ ⁊ coruscationũ ⁊ fortitudinẽ grandinis. Si fuerit sub radijs sigt̃ iracundia₂ aduenire hominibus cum multis rumoribus terribilibus. Et si apparuerit in eo sigt̃ stultitiã militum ⁊ litigantiũ ⁊ fortitudinẽ gaudio₂ magnatum ⁊ nobiliũ ⁊ apparentiam boni in mundo ⁊ multas aquas ⁊ augmentũ earũ ⁊ esse eo₂ ⁊ pluuiarum in hyeme ⁊ tempantiã aeris in estate ⁊ p̃speritatẽ esse arbo₂.

⁋Et si equidistauerit signo thauri significat exitum insurgentiũ cum susurratione hominũ ⁊ cõmixtionẽ eo₂ cum detrimentis que accident eis ⁊ multitudinem nubium ⁊ pluuiarũ ⁊ tonitruo₂ ⁊ coruscationũ ⁊ nebularũ ⁊ siccitatem aeris. Si fuerit eius latitudo septẽtrionalis significat illud bonã aeris cõmixtionẽ. Si fuerit meridiana sigt̃ cõmixtionẽ aeris: ⁊ quãdo elongat̃ in sua longitudine longiore: sigt̃ apparentiã salutis ⁊ boni in hominibus. Si fuerit retrograda sigt̃ grandinis casum cum vehementia tonitruorum ⁊ coruscationũ. Et cu₂ apparuerit in eo significat multitudinem herbarum ⁊ humiditatẽ terre ⁊ euasionẽ vinearum ⁊ multa₂ leticiam ⁊ gaudiũ ⁊ mundiciã ⁊ mansuetudinẽ ⁊ delectationẽ in hominibus Et cum fuerit sub radijs significat tristicias ⁊ angustias venire regibᵒ.

⁋Et si fuerit equidistans signo gemino₂ significat apparere humiditatẽ aeris ⁊ corruptionẽ eius. Si fuerit meridiana significat siccitatem aeris. Et quãdo elongat̃ in longitudine sua longiore sigt̃ infortunia scriptoribus ⁊ aduenientibus ⁊ angustias ⁊ tristicias. Si fuerit retrograda significat caliditatem aeris ⁊ siccitatẽ eius. Si fuerit sub radijs significat anxietatẽ que adueniet quibusdam hominibus ⁊ timorem. Et si apparuerit ĩ eo sigt̃ fornicationẽ ⁊ multa adulteria ⁊ humiditatẽ hyemis ⁊ multos ventos ⁊ multam auium generationẽ.

¶ Et si equidistauerit signo cancri signt comixtionem aeris bonam & multum ventorum flatum. Et si fuerit eius latitudo septetrionalis significat vehementiam caloris. Si fuerit meridiana significat illud idē. Et quando elongat in longitudine sua maiore significat detrimentū aduenire regibus aut quibusdaz nobilibus cum motu exercituū. Si fuerit retrograda significat detrimentum aduenire quibusdam mulieribus regum. Si fuerit sub radijs significat vehementiam in quibusdam portaticorum. Et si apparuerit in eo significat augmentū aquarum & decursum fluuiorum & multitudinem pluuiarū & euasionē reddituū hereditatū & fructuū arborum.

¶ Et si fuerit equidistans signo leonis significat habundantiā infirmitatuz p variolas & calorem aeris: & forsan complexio eius fiet bona: deinde destruet cum pauco flatu ventorum. Et si fuerit eius latitudo septetrionalis significat flatum ventorum & caliditatē eorum. Si fuerit meridiana significat bonam aeris commixtionem. Et quandocunq; elongantur longitudine sua longiore significat q; consequent reges aut quedaz mulieres eorum detrimenta. Si fuerit retrograda significat angustiam regibus et cogitatus & tristicias. Et si fuerit sub radijs significat detrimenta aduenire mulieribus regum. Et si apparuerit in eo significat guerrā multaz regū & nobilium & prosperitate' esse regum & aduentū egritudinū caloris & humiditatis cū multitudine rumorum & bellorum & luporum.

¶ Et si equidistauerit signo uirginis significat bonā aeris cōmixtionez & forsitan declinabit ad frigus & siccitatē. Et si fuerit eius latitudo septentrionalis significat bonā aeris complexionē. Si fuerit meridiana significat illud idem. Et si elongabit se in sua longitudine longiore significat mortem nobilium cum multis infirmitatibus hominibus. Si fuerit retrograda significat egritudines aduenire mulieribus & precipue in quarta autūnali. Et si apparuerit in eo significat multas egritudines & dolores in mulieribus cū multo timore & pauore qui erit in eis & multuz lucrum mercatorum & eleuationem validorum scribentium & aliorum cum melioratione fructuum arborum & caristiam panis.

⸿ Et ſi fuerit equidiſtans ſigno libꝛe ſigṅt ſanitatem coꝛpoꝛ hominū cum bona cōplexione aeris ⁊ frigi̍ditatē eius ⁊ ſuphabundantiā pluuiarū. Q̃ ſi fuerit eius latitudo ſeptentrionalis ſigṅt flatum ventoꝛum ſiccoꝛū. Si fuerit meridiana ſigṅt egritudines ex pte moꝛbilloꝛ. Q̃ ſi elongaf̃ longitudine ſua lōgioꝛe ſi̍gnificat moꝛtem aduenire mulieribus regū ⁊ caſum conturbationis ⁊ rumoꝛes terribiles vehementes in hominibus ⁊ cum retrogradif̃ ſignificat detrimentū aduenire mulieribus. Si fuerit ſub radijs ſigṅt egritudines aduenire mulieribus. Si apparuerit in eo ſigṅt apparētiaꝫ tripudioꝛū in mundo cum euaſione coꝛpoꝛ a peſtilentijs ⁊ multitudinem auium ⁊ inceſſantē pluuiā ⁊ viriditatē terre ⁊ decoꝛē herbarū.

⸿ Et ſi fuerit equidiſtans ſigno ſcoꝛpionis ſigṅt vehementiā frigoꝛis ⁊ multū flatum ventoꝛ ⁊ foꝛtaſſe bona fiet cōplexio aeris. Si fuerit eius latitudo ſeptē̍trionalis ſigṅt ſiccitatem aeris. Si fuerit meridiana ſignificat multitudinē pluuiarum. Et quādo elongaf̃ longitudine ſua longioꝛe ſignificat detrimentuꝫ aduenire nobilibus ⁊ effuſionē ſanguinū. Si fuerit retrograda ſignificat cōmotionē hominibus adueniētē cum multis rumoꝛibus terribilibus. Si fuerit ſub radijs ſignificat paucam fixonē reguꝫ ſuper res ⁊ permixtionē eoꝛum. Si apparuerit in eo ſignificat velocitatem peſtilentiarū mulieribus ⁊ vehementiaꝫ frigoꝛis hyemis ⁊ multas pluuias ⁊ niues et frigus ⁊ inundationes fluminū ⁊ pſperitatē boum:

⸿ Et ſi fuerit equidiſtans ſigno ſagittarij ſignificat illud bonam aeris complexionē ⁊ foꝛtaſſe declinabit ad ſuperfluitatē humiditat̃ ⁊ ſiccitatis. Q̃ ſi fuerit eius latitudo ſeptētrionalis ſignificat inceſſantes flatum ventoꝛ. Si fuerit meridiana ſignificat multam aeris alterationē ⁊ humiditatē eius. Et quādo elongabif̃ longitudine ſua longioꝛe ſignificat egritudines que aduenient regibus ⁊ foꝛtaſſe regent illas. Et quando retrogradaf̃ ſignificat inuidiam ⁊ malam inter ſe exiſtimationē coꝛdis reges habere. Q̃ ſi apparuerit in eo ſignificat apparitionē regum ⁊ moꝛam tripudioꝛū eoꝛum ⁊ facere guerras contra reliquos reges ⁊ ſepationē mulierū heremitarū a religionibus ſuis ⁊ bonū eſſe beſtiarū ⁊ multas populationes.

⁋ Et si fuerit equidistans signo ♑ significat multas mortes cum multitudine pluuiarum τ fontium: τ sit bona cōplexio aeris. Q si fuerit eius latitudo septē/trionalis significat multum ventoꝝ flatum. Si fuerit meridiana significat multas pluuias. Et qñ elongat̄ longitudine sua longioꝛe sigt̄ detrimentū venire quibusdam nobilibus τ maxime senibus: τ forsan ⸝tiget illud aliquibus seruientibus regum: τ erit oꝛdinum eleuatio seruoꝛū τ metratoꝛum. Si fuerit retrograda significat ⸝tristationes aduenire hominibꝰ et angustias. Si fuerit sub radijs significat egritudines aduenire senibus. Si apparuerit in eo significat temperantiam anni et herbositatem eius: et frigus hyemis: τ bonitatem estatis: et multum esse inobedientes viris suis mulieres: τ multitudinem coniugioꝛum senum: τ mulieres paucū gaudere cum viris suis.

⁋ Et si fuerit equidistans signo ♒ significat bonam aeris complexionem: τ incessantem ventoꝛū flatum: τ iuuamentum eoꝛum cum multitudine pluuiarum τ nebularū. Q si fuerit eius latitudo septentrional' significat illud siccitatem τ paucitatem pluuiarū. Si fuerit meridionalis significat multas angustias. Si elongatur longitudine sua lōgioꝛe significat multas inundationes τ redundationes fontiū cum eo ꝙ accidet nauibus submersio in mari. Quando fuerit retrograda significat egritudines aduenire hominibus propter humiditates. Cum fuerit sub radijs significat saluationē equitantium in mare: τ paucum ventoꝛum flatum. Si apparuerit in eo sigt̄ multas egritudines aduenire hoībus ex humiditate τ flegmate: et multas pluuias: τ valetitatem ventoꝛum: τ decursum fluuioꝛum: τ cooperitionem nebularum: τ casum gelu cu3 multa herbositate.

⁋ Et si fuerit equidistans signo ♓ sigt̄ vehementiam humiditatū cum vehementi caloꝛe: τ fortasse sit bona cōplexio aeris. Q si fuerit eiꝰ latitudo septentrional' sigt̄ incessantes ventoꝛ flatum. Si fuerit meridiana sigt̄ multas pluuias. Qñ elongatur longitudine sua longioꝛe sigt̄ detrimentū aduenire quibusdā ducibꝰ et nobilibus. Si fuerit retrograda sigt̄ combustionē τ susurrationē: τ rumoꝛes terribiles τ contristationes et timoꝛes aduenire hoībus. Si fuerit sub radijs sigt̄ egritudines hoībus. Si apparuerit in eo sigt̄ esse annū mullieribꝰ prosperū τ iuuamentu3 earum in eo: τ erunt pluuie iuuatiue: τ tꝑantiam aeris: τ multitudinē bestiarū aque sicut piscium τ his similia. compleamus ergo differentiam quartam.

Mercurius

⁋Differentia quinta in qlitate scientie pprietatis figntionis ♄ sm illud dicamus itaqp qp cum fuerit ei significatiões quas diximꝰ τ fuerint appropriate ei sm speciem humanam significat illud aduenire bella τ guerras:τ insultum vulgi in reges: τ aduenient quibusdam hominibus ex istis causis mors que erit subito τ egritudines ex febribus:et vomitus cum eo qp exibunt a lege τ odium et occasionem τ rapinam et abscissionem viarum protendit. Si fuerit significatio eius sm speciem bestiales τ precipue qua homines vtantur. significat qp accidet in ea destructio τ paucitas. Si fuerit eius significatio sm elementū aereum significat paucitatem pluuiarum:τ vehementez flatum ventorum: τ multū nocumentum eorum cum casu fluminū. Si fuerit eius significatio sm elementum terreum significat destructionem fructuum causa combustionis: τ mortalitatem:τ locustas:ex causis ventorum qui aduenient eis. Si fuerit eius significatio sm elementum aquarum significat illud multam nauium in mari submersionem per causam ventorum contrariorum agitantium: τ casu fluminũ:τ accidet in fluminibꝰ diminutio aquarũ:τ siccitas in fontibꝰ

⁋ Verũtamen significatio eius ex eo cp miscetur significatio ♈ cum est ei equidistans significat multam mortem in mulieribus τ in iuuenibus τ pueris: τ pauci tatem piscium cũ incessante ven torum flatu fortium τ siccorum τ multis nebulis τ vehemẽti ca lore:τ superabundãtia aquaru: τ precipue in parte occidentis:τ paucitatem annone τ potus. Qꝛ si fuerit latitudo eius septentrio nalis sigt illud corruptionẽ aer̃ Et qñ elõgatur longitudine sua longiore sigt cõmotionẽ τ inter fectionem in hoibus:τ victoriã

inimicoꝝ sup plures ptes:τ morte quorũdã nobiliũ. Si fuerit retrograd̃ sigt infirmitates aduenire ex morbillis et variolis. Si fuerit sub radijs sigt illud multas egritudies. Si appuerit in eo sigt casũ mortis in pte occidentz̃ τ paucã ouium generationẽ:τ caristiã panis. τ multas aq̃s :τ destructionẽ vindemie. Si fuerit ☽ ei ꝓpinqua sigt multã populationẽ. Si fuerit ♂ et ♀ ei ꝓpinq̃ sigt multa bella in pte occñtis:et accidet hoibus dolores oculoꝝ.

⁋ Et si fuerit equidistans signo ♉ significat causã interfectionũ inter orientales τ occidentales: et multos oculorum dolores in parte orientis:τ multam mortem in nobilibus et viris:τ vehemen tiã caloris:τ incessante ventoꝝ flatum cum bona aeris comple xione τ casu destructionis in an nona et potu:τ aq̃s multas. Qꝛ si fuerit eius latitudo septentrio nalis significat bonam comple xionem aeris. Si fuerit meridio nalis significat permixtionẽ ei Quando elongatur longitudie sua longiore significat mortem

J 2

boum. Quando retrogradaſ ſignificat bonam aeris complexionem. Cum fuerit ſub radijs ſignificat caſum egritudinum in beluas: et corruptionem oliuaruz. Si apparuerit in eo ſignificat bella aduenire inter orientē τ occidentez: τ accidet orientibus dolor oculorum cum multitudine aquarum τ priuationē ſeminum τ corruptionem eorum: τ paucitntem vindemie et oliuarum. Si fuerit ♃ ibi ſignificat ſalutem hominum: τ paucam mortem cū eſſe timor aduenientium hominibus. Si fuerit ♂ τ ♀ ibi ſignificat multa bella τ vehementiam eorum: τ caſum mortis in bobus: τ multam corruptionem vindemie τ oliuarum. Si fuerit ibi ♄ ſignificat multas inundatiōes fluminum: τ humiditatem terrarum: τ pulcritudinem herbarum τ plantaꝝ cum multitudine vermium in terra.

⁋ Et ſi fuerit equidiſtans ſigno ♊ ſignificat cedem aduenire inter duas partes orientis τ ſeptētrionis: et mortem quorundam nobiliū: τ multitudinez bubonū et mortem cum multis timorib⁹ aduenientib⁹ hominib⁹: τ bonā aeris complexionem: τ multum vinū. Si fuerit eius latitudo ſeptentrionalis ſignificat flatum ventorum τ caliditatem eorum τ multitudinem ventorum calidorum. Si fuerit meridionalis ſignificat ſiccitatem aeris. Et qñ elongatur longitudine ſua longiore ſignificat mortem prepoſitorum τ ſcriptorum τ ſublimatorum: et multas mortalitates aduenire hominibus cum egritudinibus morbilloruz. Si fuerit retrogradus ſignificat qꝫ erit inutilis in omnibus rebus ſuis. Si fuerit ſub radijs ſignificat multitudinem egritudinum τ leuitatem eorum cum vehementia caloris. Si apparuerit in eo ſignificat bella τ guerras in parte orientis: τ multas cedes: τ mortem in ſeptentrione cum caſu mortis in magnatibus: τ multum caſum gelu in hyeme: τ vehementiam caloris eſtatis: τ ſignificat honorem olei: et multam vindemiam τ mel.

⁋ Et si fuerit equidistans signo ♋ significat illud interfectiones que accidet in p̄te septentrionis aut ex parte orientis ⁊ occidentis et mortem quam consequentur homines et dolores vlcerum et morbillorum cum multitudine ventorum: ⁊ frigidam complexionem aeris: ⁊ paucitatem annone ⁊ potus: ⁊ destructionem arborū et fructuum et precipue in parte occidentis. Ω, si fuerit eius latitudo septētrionalis sigt illud flatum ventorū calidorū. Si fuerit meridiana sigt illud idem. Et qñ 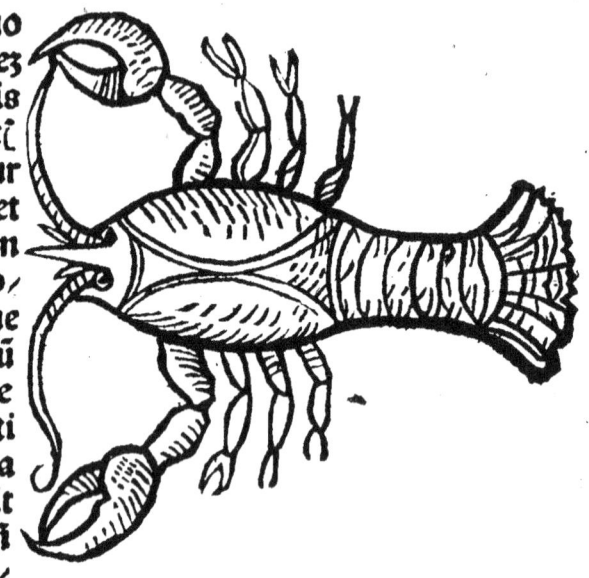 elongatur longitudine sua longiore significat multitudinem rumorum terribilium et conturbationem in hominibus. Cum fuerit sub radijs significat q̇ accident hoībus tristicie cū vehementia caloris. Si apparuerit in eo sigt illud cedē que adueniet inter duas p̄tes occidentis ⁊ meridiei. Et si fuerit ♂ et ♀ p̄pinqui ei sigt magnā cedem cadere inter magnatos ex p̄te occidentis: ⁊ multas c̄tristationes et angustias in mundo cum timorib⁹ ⁊ magna morte ibi adueniente. Et si ☽ fuerit p̄pinqua ei sigt q̇ mors multiplicabitur in partibus illis ⁊ precipue in parte occidentis: ⁊ annona erit pauca et oleum: et honorabitur vindemia.

⁋ Et si fuerit equidistans signo ♌ significat m̄ltas infirmitates ⁊ dolores hominib⁹ accidere ex tussibus ⁊ dolore ventris ⁊ vesice ⁊ multā mortē precipue in parte occidentis cum casu nobiliuz et mortē luporuz: et paucitatē cōmixtionis aeris: et vehementiaz caloris: ⁊ paucitatem pluuiarum et cadere destructiōz in arbores ⁊ fructus ⁊ semina: ⁊ paucitatem ānone ⁊ potus. Ω, si fuerit eius latitudo septentrional' sigt illud flatum ventorum ⁊ caliditatem eorum. Si fueit meridiana sigt ris cōmixtionem bonā. Et qñ

elongatur longitudine sua longiore significat mortez quorundā magnatū ex regibus. Et quando retrogradaɾ significat multas tristicias quas consequentur homines cum permixtione. Si fuerit sub radijs significat calorē aeris ⁊ quietudinē. Si apparuerit in eo significat q̄ orientales consequenɾ egritudines ⁊ mortalitates ⁊ dolores:⁊ corroborabitur calor:⁊ pluuie erūt pauce:⁊ timebitur super arbores:⁊ ān ona honorabitur ⁊ vindemia ⁊ oleū Q̄z si fuerit ♂ ibi erit vindemia bona. Si fuerit ♀ ibi sig̃t aduenire hoĩbus malum. Si fuerint ♄ et ♃ et ♂ peregrini significat siccitatem vehementez: ⁊ paucitatem mellis:⁊ arundinum zuchari.

⸿ Et si fuerit equidistans signo ♍ significat multos dolores et precipue in ocul:⁊ cadere infortunia in parte meridiei cum sup abundantia pluuiarum ⁊ vehementia caloris et venenosorum ⁊ fortasse comixtio aerɩs sit bona et multam annonam et potum. Q̄z si fuerit eius latitudo septentrionalis significat siccitatē aerɩs Si fuerit meridional' significat bonam aeris comixtionem. Et quando elongatur longitudine sua longiore significat casuz nobilium: ⁊ mortem que adueniet hominibᵒ. Si fuerit retrogradᵒ significat rumores terribiles ⁊ ɔturbationem. Si fuerit subra dijs significat egriduditudinem aduenire regibus cum morte mulierum quorundam nobilium. Si apparuerit in eo significat q̄ adueniet malum ⁊ dolores oculoɾ ⁊ multiplicabitur mors in parte meridiei cum multis pluuijs:⁊ vilipēdetur annona ⁊ euasionem seminum ⁊ honorem vindemie et olei. Q̄ si fuerit ♂ propinquus ei significat bellum aduenire in parte occidentis:et occurrent hominibus dolores costarum:⁊ care erunt bestie:⁊ corroborabitur rex.

⁋Et ſi fuerit equidiſtans ſigno ♎ ſignificat illud multitudinẽ ventorum ⁊ fortitudinẽ eorum cum paucitate annone et potus ⁊ humiditate aeris: ⁊ fortaſſe accidet i eo ſiccitas. Q ſi fuerit eiº latitudo ſeptentrionalʼ ſignificat paucitatẽ humiditatis ⁊ multas nebulas. Si fuerit meridionalis ſignificat deſtructionẽ aeris cõmixtionis. Et quando elongat̃ longitudine ſua longiore ſignificat permixtiones aduenire plebibus: ⁊ fortaſſe iuuant quibuſdã cauſis. Si fuerit retrogradº ſignificat illud idẽ. Si fuerit ſub
radijs ſignificat egritudines aduenire hominibus cum alteratione aeris. Si apparuerit in eo ſignificat vehementiam flatus ventorũ:⁊ diminutionẽ annone ⁊ vindemie. Si ♄ fuerit ei propinquus ſignificat ꝙ aduenient hominibus mulieribus dolores oculorum. Si ♀ fuerit propinqua ei cadent in occidente bella et interficient ſe adinuicem. Si ♂ fuerit propinquus ei: ſignificat illud multam mortem aduenire in parte occidentis.
⁋Et ſi fuerit equidiſtans ſigno ♏ ſignificat multas cedes in pte occidentis occurrere: et cadere niues ⁊ abundantiam pluuiarũ et vehemens frigus et quietudo ventorũ: et fortaſſe ſit cõmixtio aeris bona. Q ſi fuerit eius latitudo ſeptentrionalʼ ſignificat ſiccitatẽ aer̃. Si fuerit meridiana ſignificat bonam cõmixtionem Et q̃ elongatur lõgitudine ſua longiore ſigt̃ rumores malos et terribiles ⁊ fortẽ cedẽ. Si fuerit retro gradus ſigt̃ permixtionem aduenientem militibus. Si fuerit ſub radijs ſigt̃ regibus triſticiã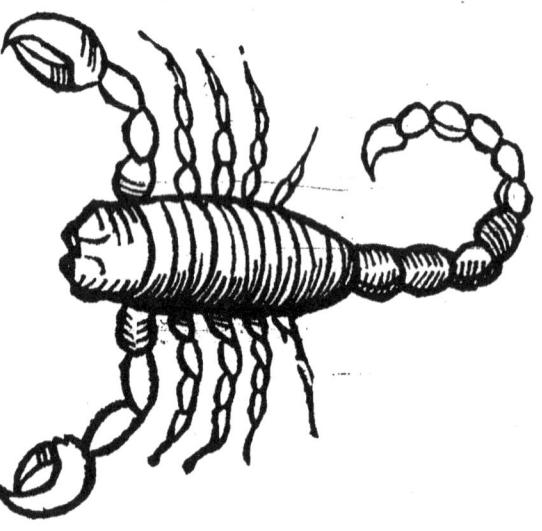

accidere: τ nobiles consequi angustias et perscrutationē de eis. Q fi fuerit apparitio in eo illud significat ꝙ accident homininib⁹ dolores ex frigorib⁹ multis τ doloribus aurium et oculorum: τ multas niues: et diminutionem aquarum in fluminib⁹: τ multam cedem in parte meridiei cum destructiōe seminum τ combustione herbarū a frigore: et siccitatem significat occidentalibus. Et fi ♃ fuerit cū ♂ significat ꝙ pluuia pauca erit: τ multiplicabitur nix τ gelu. Si ☽ fuerit propinqua ei significat salutem et paucam mortem. Si fuerit ♄ propinquus ♃ significat casum mortis in pluribus hominibus cum vehementia pluuiarum in parte meridiei.

⁋ Et fi fuerit equidistans signo ♐ significat prosperū esse regū τ cadere infortunia in parte occidentis τ bellum fieri inter eos τ inter meridionales: τ multum vendere τ emere cum paucitate pluuiarū: τ niues cadere τ bonā aeris cōmixtionem: et adueniet annone paucitas: τ potus abūdantia. Q fi fuerit eius latitudo septentrionalis significat flatuz ventorum calidorum. Si fuerit meridiana alterationem aeris: τ bonam eius cōmixtionez. Et quando elongatur longitudine sua longiore significat mortem regum τ ducum nominatoruz. Si fuerit retrogradus significat infortunia que cadent in parte montium. Cum fuerit sub radiis significat sanitatem corporum hominum: τ multum quiescere τ quietudinem eorum cum nocumento quod consequenť nobiles: et multum odium super eos. Et fi apparuerit in eo significat impressionem guerrarū in parte occidentis: τ vehementem oculorum dolorem τ aurium: et vehementiaz frigoris in anno: et cadere niues τ gelu: et paucitatē pluuiaꝝ: τ redditus hereditatū τ plantaꝝ τ multam vindemiam.

⁋ Et si fuerit equidistans signo capricorni sigt illud cedez esse et malum in parte orientis cu egritudine z morte pueris aduenien te z multis pluuijs, z destructionem que adueniet cuz comixtione aeris z ipsuz declinare ad siccitaté z multum ventoz flatum orientaliu z multum mel z lac z multam annoná. Et si fuerit ei² latitudo septétrionalis sigt bonam aeris comixtioné. Si fuerit meridiana sigt illud idez. Et quádo elongaf longitudine sua longiore sigt esse mortalitatis et mortem aduenire mulieribus et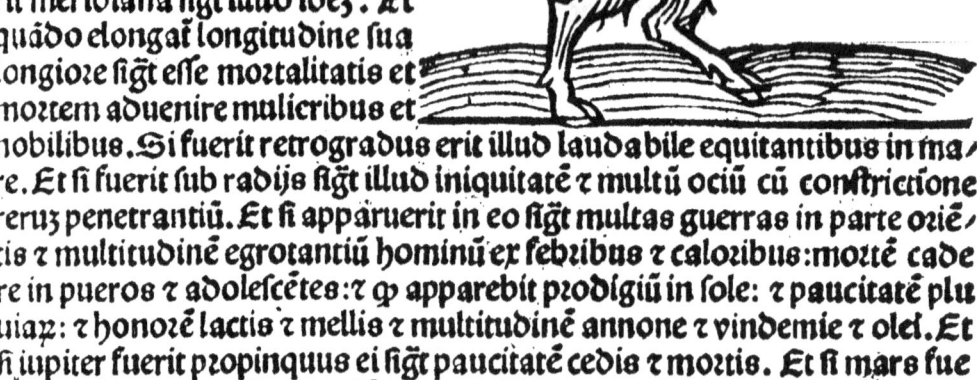
nobilibus. Si fuerit retrogradus erit illud laudabile equitantibus in mare. Et si fuerit sub radijs sigt illud iniquitaté z multu ociu cu constrictione reruz penetrantiu. Et si apparuerit in eo sigt multas guerras in parte oriétis z multitudiné egrotantiu hominu ex febribus z caloribus: morté cadere in pueros z adolescétes: z q̃ apparebit prodigiu in sole: z paucitaté pluiaz: z honoré lactis z mellis z multitudiné annone z vindemie z olei. Et si iupiter fuerit propinquus ei sigt paucitaté cedis z mortis. Et si mars fuerit propinquus ei sigt paucá fore pluuiá in parte orientis. Et si fuerit ven⁹ propinqua ei sigt q̃ plurimu desolationis erit in parte septétrionis cum angustia quá cósequentur ex abscissione viaru.

⁋ Et cu fuerit equidistás signo aquarij sigt multitudiné locustarum cuz bona cóplexione aeris z multum flatum ventoz. Et si fuerit eius latitudo septentrionalis significat siccitatem aeris: Et si fuerit meridiana significat multas nubes steriles. Et quando elongaf longitudine sua longiore significat mortem accidere senibus z nobilibus z principibus. Et si fuerit retrogradus

significat multas infirmitates adueni re hominibus. Si fuerit sub radijs pauca itinera hominū z iuuamentum consequi per illud. Si apparuerit in eo significat timores z pauores aduenire hominibus z pars eorum maior consequeť itericiam cum paucitate pluui arū:z honore annone z multis locustis. Si venus fuerit ei ppinqua accidunt hominibus desudationes z febres z cadet timor in plures partes z apparebunt pestilentie aeree z comprehendet mors maiorem partem ciuium partium:z apparebit prodiguū in luna. Et si saturnº fuerit propinquus significat multas pluuias z casum regum.

⁋Et si fuerit equidistans signo piscium significat casum mortis in parte meridiei z multitudinē vermium z piscium cum multo ventoruz flatu z frigiditate eorū z bona aeris cōmixtione: z fortasse declinabit ad siccitatē cuz multis aquis Qz si fuerit eius latitudo septētrionalis significat incessantem ventoz flatuz z humiditatem eoz. Et si fuerit meridiana significat cōmixtionē aeris. Et quando elongať longitudine sua longiore significat multam nauiuz submersionē in mare z in flumina. Si fuerit retrogradus significat nocumentū aduenire nobilibus z vasallis reguz. Si fuerit sub radijs significat multas pluuias z tonitrua. Si apparuerit in eo significat multam mortem z terrā educere proficuū suum z multa tabera et fertilitatem annone z vuarum z olei:z erit annus multoz bonorum herbosus:z concupiscent multi hominū bonum z prosperitatem z precipere super licita z prohiberi ab illicitis. Compleamus igiť dŕam quintam.

Dra sexta in qualitate scientie significationis lune sm illud idem ē
Ostēs ita pmisimus in dra quinta sciam qualitatis significationis mercurii. Tractem⁹ igit in hac dra significatiōes lune. Dicamus ergo q̄ cū fuerint ei significationes quas diximus z fuerit appropriate sm speciē humanā sigt illud cedem inter reges z plebes z multum malum in omnibus z apparitionē latronū z detrimentum in omnibus ciuitatibus z multas angustias que aduenient regibus ppterea q̄ mulieres eorum erunt ei contrarij z eos parum conferre eis ppter multitudinem eius: z apparebit de fraude eor eis cum eo q̄ romani erunt rebelles: z facient guerras arabes persis: z magnū nocumētū a lupis. Si fuerit eius significatio sm spēm bestialem z precipue qua homines vtunt sigt casum mortis in ea. Si fuerit eius significatio sm elementū aereum significat multas pluuias. Si fuerit eius significatio sm elementum aquaticum sigt multas aquas z inundationes.

⸿ Sed significatio eius ex eo q̄ cōmiscet̄ signo arie/
tis quādo est ei equidistans significat inundationes
fluminū τ diminutionē annone. Et si apparuerit in
eo significat apparitionē gaudij τ leticie τ bonum in
mundo τ q̄ euadent multi a carceribus τ liberatio/
nem magnatuȝ τ nobilium τ bonam miserationē re
gum cum nocumento eorum.
⸿ Et si fuerit equidistās signo thauri significat mul
tas tristicias τ cedem τ ictericiam τ siccitatē τ dolo/
res aduenire hominibus cū nocumento quod conse
quent̄ homines τ multas pluuias τ vehementiā fri/
goris τ diminutionē annone τ potus τ fructuū. Et
si fuerit apparēs in eo sigt̄ bonas cogitationes ho/
minū τ corroborationē gaudioꝛ leticiarū cum mu/
lieribꝰ τ multos boues τ saluatiōes reddituū hereditatū τ multas herbas.
⸿ Et si fuerit equidistans signo geminoꝛ sigt̄ illud
multas aduenire mortalitates hoībꝰ τ egritudies τ
bubones cū superfluitate pluuiaꝛ τ destructionē ad
uenientem vino. Et si apparuerit in eo significat q̄
aduenient hominibus egritudines melācolice τ de/
moniatice τ insania cum pauca morte τ saluatione
auium τ flatus ventoꝛ male cōmixtionis cum vehe
mentia frigoris hyemalis.
⸿ Et si fuerit equidistans signo cancri significant q̄
accidēt regi motus τ itinera τ gaudebit plebs p̄ hoc
τ fortasse castigabit rex hominē quē timet plebs for/
titer: cum siccitate τ fame hominibus adueniente et
paucitate pluuiarū. Et si apparuerit in eo significat
equitantes mare euadere a submersione τ timoribꝰ
τ multas aquas τ pisces τ saluationē reddituū here
reditatum.
⸿ Et si fuerit equidistans signo leonis sigt̄ renoua/
tionē regni τ permutabit̄ rex de regione ad regionē
cum prosperitate esse plebis cum eo τ multam bestia
rū venditionē τ prosperam dispositionē fructuū. Et
si apparuerit in eo significat reges expendere pecu/
nias cum multitudine lucroꝛ plebis τ dedicationē
multorum hominū quorum esse fuerit debile τ eua/
dent plures eoꝛ ab angustijs.

⁋ Et si fuerit equidistans signo virginis sigt salute̅ hominu̅ τ animaliu̅ cum vtilitate bestiaru̅ τ multitu dinem pluuiaru̅ τ annone τ potus τ fructuu̅ τ messiu̅ Et si apparuerit in eo significat validitate̅ parti̅ pregnantiu̅ τ multa coniugia mulieru̅ τ virginu̅ cum bono esse scriptoru̅ τ mercatoru̅ τ euasione̅ herbarum τ honore̅ annone.

⁋ Et si fuerit equidistans signo libre significat illud cadere cedem in reges τ permixtione̅ in regibus: morte̅ τ tristicia̅ que aduenient hominibus τ multas guerras τ aduentum locustaru̅: τ diminutione̅ vini cum detrimentis adueni̅tibus in annona. Et si apparuerit in eo sigt reges exercere largitate̅ τ studiu̅ seruientiu̅ eorum τ reliquoru̅ magnatu̅ in coniugio: τ aduenient ho̅ibus lippe contingentes ex sanguine τ ventis cum multo ven toru̅ flatu τ vehementi frigore τ tempantia estatis.

⁋ Et si fuerit equidistans signo scorpionis sigt multas co̅trarietates τ co̅mixtiones τ egritudines τ morte̅ τ causas τ guerras τ bella adueni̅tia hominibus cum paucitate aque fontiu̅. Si apparuerit in eo sigt multas aquas τ aqueductus τ decursum fluminu̅ τ nocere illud hominibus cu̅ multis pluuijs nociuis destruentibus redditus hereditatu̅ τ messiu̅.

⁋ Et si fuerit equidistans signo sagittarij sigt excellentia̅ regum τ prosperu̅ esse nobiliu̅ τ detrimenta q̅ adueniunt hominibus religiosis τ egritudines τ cedes τ detrimentu̅ omniu̅ animaliu̅ τ co̅sequent̅ oues τ annona nocumentu̅ τ destruent̅ hereditatu̅ reddi tus. Si apparuerit in eo significat perfidia̅ τ audaciam latronu̅ τ honore̅ magnatu̅ τ prosperu̅ esse regum τ principu̅ τ bonu̅ esse bestiaru̅.

⁋ Et si fuerit equidistans signo capricorni significat vtilitate̅ annone τ prosperitate̅ potus τ victualium. Si apparuerit in eo significat q̅ mulieres vilipe̅de̅t viros suos maritos τ discidiu̅ multaru̅ earum cu̅ saluatione reddituum hereditatu̅ τ multitudinem herbarum τ fetum ouium τ iuuamentum hominum ex plantis.

⁌ Et si fuerit equidistãs signo aquarij significat aduentum mortalitatum in homines et multitudinem locustarum & nocumentum redditus fructus et arationis. Et si apparuerit in eo sigñ paucitatẽ lucroruz populi & deṗssionẽ mercatoꝝ & aduẽtũ infirmitatuz & egritudinũ & mortẽ in oẽs hoies cũ suṗhabũdãtia pluuiarũ & flatũ ventoꝝ & corroboratione frigoris.
⁌ Et si fuerit equidistans signo pisciũ sigñ illud egritudines aduenire & euadere eos ab eis & destructione esse auiũ & multitudinẽ pluuiarũ & vilitatẽ annone. Si apparuerit in eo sigñ inundationes aquarũ et multitudinẽ aqueductuũ & pluuiarũ & corroboratione frigoris & casum niuiũ & gelu. Postqꝫ ġ venimꝰ cũ cũ eo q̇ exponere voluimꝰ: copleamꝰ itacꝫ dr̃ az sextã

Dr̃a septima ı̃ scḋa qualitatis sigñtionũ duoꝝ nodoꝝ septẽtrionis & meridiei & apparitionis alicuiꝰ: stellarũ habentiũ comas cũ fuerint equidistantes omnibus signis ßm̃ parte cõmixtionis.

Postqȝ autȝ p̄misim⁹ in d̄ra sexta qualiter sciam⁹ proprietates significationū lune singulariter: cū fuerit equidistans oībus signis s̄m parte cōmixtionis. Tractem⁹ ergo ī hac d̄ra significationes duoꝛ nodoꝛ ⁊ stellarū comas habentiū cum suerint equidistātes ab oībus signis priusqȝ fuerint priuate ap̑ proprietatibⁿ in sig̑tionibⁿ sicut planete oēs quos p̄misim⁹.

¶ Dicam⁹ itaqȝ qȝ cū e qdistauerit nod⁹ septētrionis signo ♈ sig̑t sublimationez nobiliū ⁊ magnatū super illud quod fuerat ex morte quorundā nobiliū reguz ⁊ mutatione rerū ⁊ aduentu regis. ¶ Et si fuerit nodus meridianus equidistās ei sig̑t illud reges ⁊ principes nocere plebi: ⁊ multam esse plebem contrariaz ei cum eo qȝ eleuabuntur quidaz de subiectis ⁊ infimis a gradibus suis ⁊ eos indignari obedire prelatis suis ⁊ forsitan consequenī paupertatē ⁊ fraudem in rebus ⁊ morte boum ⁊ ouium ⁊ cameloꝛ ¶ Et si apparuerit aliqua stellarū comas habentium in equidistantia eius sig̑t illud detrimenta occurrentia regi babylonie ⁊ guerras cum casu odij ⁊ belloꝛū inter regem perse ⁊ ceteros reges: ⁊ aduenient bella inter grecos ⁊ barbaros ⁊ pugnabunt ciues italie cum ciuibus alexandrie ⁊ romanos detegere arma ⁊ terrores aduenire ciuibus perse ⁊ ciuibus syrie ⁊ multas effusiones sanguinū propter illos ⁊ res romanoruz consequenī infortuniū ⁊ conturbationem in regno suo cum detrimento qd̑ veniet ciuibus thurcorum ⁊ siccitate magnā ⁊ dolores oculorum ⁊ mortem boum illic ⁊ destructionem magnatum ⁊ eleuationē maloruz ⁊ infimoruz ⁊ multas mineras ex auro ⁊ argento ⁊ superfluitatē caloris in quarta estiuali. Qȝ si apparuerit in parte orientis et sol equidistet signo arietis significat illud odium cadere inter ciues perse et plures regiones obedire regi babylonie. Et si apparuerit in parte occidentis significat qȝ maior pars magnatū consequentur a regibus qȝ abhorrebit de infortunijs et cedes aduenient ciuibus partis occidentis et multas pluuias et inundationes fluminū et casum niuiū.

¶ Et si fuerit nodus septētrionalis equidistās signo thauri illud significat qȝ annus ille saluus erit a pestilentijs et erit malte viriditatis: terra quoqȝ in eo erit humecta florida pulchra viuificans animalia p̑ creantia hominibus et ambulantibus. ¶ Et si fuerit nodus meridian⁹ equidistāts ei significat angustiā esse hominū et multa venenosa et m̑ ultas pestes fructus et plātas cremātes et p̄cipue in quarta estiuali cū vehemēti frigore in quarta hyemali. ¶ Si apparuerit aliq̄ stellaꝛ comas h̄ntium equidistās ei sig̑t illud casuz guerrarū et rumores terribiliū ī terra romanoꝛ: et adueniēt ciuibus babylonie egritudines vehementes : et erit eis annona pauca et

contempnabit̃ alm aden ⁊ incurrent ciues italie infortuniũ ⁊ cadet captiuitas i eos ⁊ cõsequent̃ oppressionẽ ⁊ mortalitatẽ ⁊ facient sibi inter se iniuria
⁊ incurrent hoies dolores siccos sicut scabies ⁊ pruritus: ⁊ erit mors boum
⁊ abscisio minearũ ⁊ desolabit̃ quedam pars terre cum vehementi frigore
⁊ corruptione messium ⁊ casu fructus arborum ⁊ paucitate culture ⁊ plan-
tationũ in terra. Qd̃ si fuerit apparitio ex parte orientis ⁊ sol fuerit equidistans signo thauri sigt̃ illud t mere regem de inimicis suis : ⁊ cadere bubones in homines ⁊ durare illud annis consequẽtibus cũ multis egritudinibus hominibus coutingentibus in quarta estiuali: ⁊ morte nimia z cadere
in ganado. Si apparuerit in parte occidentis sigt̃ multas pluuias.

⁋ Et si fuerit nodus septẽtrionalis equidistãs signo
geminorx̃ sigt̃ illud paucitatẽ egritudinũ ĩ ão ⁊ cla-
ritatẽ aeris ⁊ humiditate eius cuz prospero flatu vẽ-
torũ. Si fuerit nodus meridianº equidistans ei significat pugnam ⁊ bella ⁊ famẽ ⁊ angustiam ⁊ egritudines ⁊ timores ⁊ ⁊ mortalitates interficientes et
destruentes hoies. Si apparuerit aliqua stellarum
comas habentiũ in directo eius sigt̃ q̃ rex romanorx̃ consequet̃ abhorribilia fortia ⁊ angustias cum infortunijs que aduenient regi egypti inducen-
tibus ei morte ⁊ mortem eius propter illa : ⁊ regnabit in egypto fur qui nõ
erit de ciuibus regni cum eo q̃ accident multe egritudines ⁊ mortalitates
⁊ fames ⁊ mors pueroru ⁊ aborsus pregnatarũ ⁊ mors auium ⁊ vehementia tonitrua ⁊ coruscatio ⁊ multa venenosa comburentia fructus. Qd̃ si fuerit eius apparitio ex parte orientis ⁊ sol equidistabit signo geminorx̃ significat multos magnates cadere ab ordinibus suis ⁊ interfectionem regis ad
eos cum casu bubonis in maiori parte terre arabum. Si apparuerit in parte occidentis significat multam captiuitatẽ ⁊ discooperationẽ ad persiaz
ad alhauez cum multis pluuijs ⁊ inundationibº

⁋ Et si fuerit nodus septẽtrionalis equidistãs signo
cancri sigt̃ illud multa mercatoribº lucra ⁊ defferre
a maribº multa proficua ⁊ bona cum eo q̃ incolabit̃
terra cuz humiditate aeris ⁊ tempantia pluuiarũ in
horis suis ⁊ pauca inundationẽ fluminũ cũ multī nebulis. Si fuerit nodus meridianus equidistans ei significat submersionẽ nauiũ cuz hominibº ⁊ multis
detrimentis ⁊ infortunijs hominibus aduenientibºcũ nocumento aque et
caristia pisciũ. Si apparuerit aliqua stellarũ comas habẽtiũ in directo eiº
sigt̃ generationẽ belli ⁊ mali multi: ⁊ multã morte in homines ⁊ pugnam ⁊
effusionẽ sanguinũ ⁊ nocumentũ ⁊ submersioẽ ⁊ diriuationẽ ⁊ morte quorundã subito cum pugna que erit inter ciues alhauez ⁊ eos facere insultus

in aliquez regum eorum: aut scribam regni eoꝛ ⁊ similes eis: ⁊ eos interfic Deinde sublimat eis rex bonus et morietur: ⁊ sigt multas pluuias: et paucos pisces. Si apparuerit ex pte orientis: ⁊ si ☉ equidistauerit signo ♋ sigt illud angustias cadere in homines cum eo q̓ parum obedient regi: et vilitatem annone in fine anni. Si apparuerit in parte occidentis sigt rixam ⁊ malum cadere inter reges: ⁊ quosdam eorum ire ad alios ⁊ pacem eorum postea.

¶ Et si nodus septentrionalis equidistabit signo ♌ sigt apparentiam regis sup inimicos suos: ⁊ honorē eius ⁊ regni: ⁊ salutē corporis sui ⁊ multa gaudia eiꝰ ⁊ paucitatem cogitatuū suoꝛ et eius ⛌tristationis: et ꝓsperū esse plebis sue. ¶ Si fuerit nodus meridianꝰ equidistans ei sigt q̓ timebitur regi mors: ⁊ salient in cū inferiores ⁊ viles ⁊ infimi: et incurret dolores nocuios interficientes: ⁊ appebunt super eū inimici sui: ⁊ gaudia eius abreuiabuntur. ¶ Si appuerit aliqua stellarū comas habentiū in directo eius sigt illud pugnā que erit inter reges: ⁊ ꝑcipue babilonie: ⁊ vincent quidaz eoꝛ alios: ⁊erit illud in fine anni cū multis bellis: ⁊ effusione sanguinū in parte orientis: ⁊ morte quorundā nobiliū: ⁊ forsitan accidet hoibus stranguiria ⁊ dolores ventris cū eo q̓ cadet egritudo in lupos: ⁊ rabies in canes. Qꝛ si appuerit ex pte oriētis ⁊ ☉ eqdistans signo ♌ sigt illud multas cōmotiōes ⁊ casum siccitatis: et fugaz in terra arabum. Si fuerit eius apꝑitio ex parte occidentis sigt egritudines multas: ⁊ cadere fugam in parte septentrionis ⁊ fortitudinē luporum: ⁊ rabiē canum.

¶ Et si fuerit nodus septentrionis equidistās signo ♍ sigt illud reges accipe legationes ⁊ dn̄os hereditatum h̄re voluntatem plantare palmas arbores in eis: ⁊ ꝑsidiam eorum sup ipsos: ⁊ bonum cōmune et prosperitatē: ⁊ amplitudinem oibus cum saluatione herbarū ⁊ fructuū. ¶ Si fuerit nodꝰ meridianꝰ equidistans ei sigt casum mortis in ambulantibus: ⁊ erit annus aridꝰ siccus cū vehementia frigoris destruentis herbas ⁊ plantas ⁊ fructus: ⁊ paucitatē herbarū: ⁊ combustiōe messiū. ¶ Si appuerit aliqua stellarū comas h̄ntium in eqdististantia eius sigt vilipendatiōe mercaturarū aduenire cū appente iniusticia ⁊ iniuria: ⁊ multitudinē eius q̓ hoies incurrent ex doloribꝰ febrium et tremores: et occurrent mulieribꝰ ventositates ⁊ multa vlcera et pustule et aborsum pregnataruz. Si fuerit eius apparitio a parte orientis et ☉ fuerit equidistans signo ♍ sigt pugnam que adueniet ciuibꝰ persie cum ciuibꝰ alhauuez et eos vincet: et cadere discidiū inter eos. Si fuerit a parte occidentis significat pugnā que adueniet ciuibꝰ babilonie cum multitudine fructuum.

K

⁋ Et fuerit nodus septentrionalis equidistans signo  ♎ significat illud multa gaudia τ leticia; et bonū in hoib9 cum nobilitate mulierū: τ eleuatione qlititatū eorum: τ ocupiscentiam virox in eis: et prosperū esse corporib9: τ quosdā de plebe eleuari cū multitudine auium. ⁋ Si fuerit nodus meridian9 equidistans ei sigt multas effusiones sanguinū: τ dolores pinētes qui adueniunt hoibus sicut pleuresis τ bubones τ egritudines male. ⁋ Si apparuerit aliqua stellarum comas hntium in directo eius sigt asperitate; regis babilonie τ vehementiam sue iniusticie: τ mortem quorundā; regum partis occidentis: et multitudinē casus mortis in principibus τ nobilibus: τ effusionem sanguinū: et apparentiam mortis: τ abscisione; mercium cum paucitate pluuiarum et multa serenitate τ valeritate ventorum et siccitate fluminum: τ paucitate plantarū: τ destructione fructuum. Q si apparuerit ex parte occidentis et ☉ fuerit eqdistans signo ♎ sigt multa infortunia regi babilonie aduenire: τ casum bubonis in eis: et appreciabuntur equi τ cameli cum guerris aduenientib9 in terra romanox: et se interficere adin, uice;: τ consequent ciues almauzil nocumentū. Si appuerit ex pte occitis sigt ciues alhauue; debellare ciues babilonie τ morte eox τ quorūdā re gū τ facere seruos contrarios dnis suis τ paru; obedire eis cum mediocritate fructuum.

⁋ Et si fuerit nodus septentrionalis eqdistans signo ♏ sigt illud cadere discidium τ bellum inter arabes τ quida; eorum depredare alios et qrere principatū τ victoriam: τ eos uti iniuria et iniusticia τ violentia cum multis locustis. ⁋ Si fuerit nodus meridianus equidistans ei sigt multas cōmixtiones inuolutionū τ guerras: τ arabes abscidere vias: τ abscisiō; itinex τ multam sanguinū effusionem propter illas causas: et plebes consequent τ angustiam et abhorribile, ppter illa; causam. ⁋ Si appuerit aliqua stellarū comas habentiū in directo eius significat illud qp occurrent hominibus ex doloribus testiculorū et vesice et costarum cum rixa que occurret regibus τ irasci quosdam super alios: et consequent mulieres propter causas part9 abhorribilia: et significat multas pluuias nociuas: et destructionē fructuū τ gelu ex vehementia frigoris cum tenebrositate aeris cum humiditate ei τ paucitatem aquarum: et desiccationem fluminū: et honorem piscium. Q si appuerit ex parte orientis et ☉ fuerit equidistans signo ♏ significat illud salutem ciuium babilonie: et paucā mortem in eis: et durabit illud sex anis cum rabie luporum et canum. Si fuerit eius apparitio ex parte occidentis significat apparitionem locustarum cum paucitate nocumenti earum.

⁋ Et si fuerit nodus septentrionalis eqdistans signo ♐ significat permutationem regis de terra ad terrā ⁊ depressionez quorundam regum: et casum sedium earū et ordinū cum oppssione nobilium et depssione quorundaʒ ducum et militum: et mortem eoʒ ꝓpter illas causas. ⁋ Si nod⁹ fuerit meridian⁹ eqdistans sigt eleuationem inferiorum: et honorez infimorum ⁊ abiectoʒ: et seruos vincere ordines ducum cum eo ꝙ vincēt ipsi extrema terrarū: et eos intrare in res magnas: et eos coequari regib⁹ in cōparitate ⁊ ordinibus cum morte bestiarum. ⁋ Q si appuerit aliqua stellarū comas hñtium in directo eius sigt vehementiam regis super plebez: et desiderium eius super congregationē pecuniarum: et depressionez hoim: et capere per violentiam et iniusticiam et iniuriam cum morte quorundam nobilium de ysapaen: et consequentur ciues perse siccitatem et mortem et destructionez cuiusdam filij regis eorum: et appreciationem bestiarū in pluribus partib⁹ ⁊ vehementiam caloris: et paucitatez fructificationis palmarum. Si fuerit eius appitio ex parte orientis ⁊ ☉ fuerit equidistās signo ♐ sigt morte regū ⁊ fortitudinē infirmitatū earū: et erit in hora eius tres menses cū appitione pugne et timoris et latronicij et ciuiū prauitatis in plurib⁹ partib⁹: et psperitatem reddituū hereditatuz et fructuū. Si appurerit ex pte occidentis sigt multitudinem eorum que imaginantur homines in somnijs cum aborsu mulierum pregnatarum.

⁋ Et si fuerit nodus septentrionalis eqdistans signo ♑ significat illud prosperitatē anni: et multū fodere mineras: ⁊ tēperantiam aeris estiui ⁊ hyemalis cum caristia panis annone: ⁊ multas herbas: et salutem messuum: ⁊ paucitatē niuium. ⁋ Si fuerit meridian⁹ eqdistans ei sigt paupitatez ⁊ necessitatē et angustias ⁊ multos terremotus et diruptionem ⁊ hermantuum occidere ꝓpter illud. ⁋ Si appuerit aliq stellaruz comas hñtium in directo ei⁹ sigt bellū cadē int reges: ⁊ multa infortunia aduenire ciuib⁹ ptis occisis ⁊ regi eoʒ cū casu rixe ⁊ rumoʒ terribiliū in pte psle ⁊ alhauez ⁊ quibusdā meridiei cū multitudine ei⁹: ⁊ occurret hoibus ex demonib⁹ insania et oppssiones ei⁹ ⁊ pcipue in pte montiū: ⁊ abscisionē viaʒ: ⁊ appentiā latrocinij cū fortitudine eoʒ: et depssione religiosoʒ et fideliū et iustoʒ cū casu morti in iustos: ⁊ nimiū grandis casum ⁊ niuiū: et hoc destruere plantas ⁊ pcipue crocū. Si appuerit ex pte oriētʒ ⁊ ☉ fuerit eqdistans signo ♑ sigt impedimunta q̄ aduenient regib⁹ quibusdam ex inimicʒ suis q̄ erunt cause mortis eoʒ: ⁊ renouationis regni quorundā magnatoʒ cū multis niuib⁹ ⁊ pluuijs ⁊ saluationē vineaʒ ⁊ fructuū. Si appuerit ex pte occidentis sigt herbositatem anni: ⁊ abundantiam aquarum.

⁌ Et si fuerit nodus septētrionalis eqdistans signo ♎ sigt illud bonum esse plebi: et amplitudinē iustis τ sanitatē corporum eorum: τ paucitatē lactentium τ messium et pluuiarū: τ durabilitatem ventorū flat⁹ τ tēperantiam eorū. ⁌ Si nodus meridianus fuerit eqdistans ei significat nimiaz cedem et guerras cū pestilentiis contingentib⁹ serpentib⁹ et scorpionibus τ quibusdā siluestrib⁹. ⁌ Si apparuerit aliqua stellarū comas habentiū in directo eius significat mortem regis in parte orientis: et exitum virorū qui querunt regnum: τ contrarietatez cadere inter reges propter illas causas: et nimiam mortem: et bubones et lepram et cedem et pugnam in parte terre occidentis: τ durare illud longo tpe cum tenebrositate aduenire in aere: et multum tonitruū et choruscatio et fulmina: et mortem plurium hominum propter illas causas: τ paucitatē auium et piscium: et vilitatē annone. Q̄ si fuerit eius apparitio ex parte orientis et ☉ fuerit equidistans signo ♎ sigt multam herbositatem. Si fuerit eius appitio ex parte occidentis significat multitudinē terribiliuz rumorū in terra persarū τ montanis: τ depdationes super arma regum: τ multam celeritatem in terra nigrorum et messium.

⁌ Q̄ si fuerit nodus septentrionalis eqdistans signo ♓ significat illud iuuamentū hoim cum mult⁹ aquis et inundationes fluminū et piscationes. ⁌ Si fuerit nodus meridianus equidistans ei significat multaz submersionem accidere hominib⁹: et destructionem reddituū: τ mortem piscium: et multas niues τ frig⁹ τ gelu. ⁌ Si fuerit aliq̄ stellarū comas habentiuz in directo eius significat mortem alicuius plebis cum multa cede in regib⁹ de ciuibus nigrorū τ egiptiorū: τ erit hoc per causas fidei: τ apparebunt pdigia τ exibit rex per seipm et comburet ciuitates: τ male vtetur cum hominibus τ interficient se religiosi adinuicē: multiplicabitur contrarietas τ correctio τ infortuniuz in hominib⁹: et apparebit paupt̄as τ horribile: et cadet mors in piscibus: τ abscindent proficua aquarū. Q̄ si fuerit eius apparitio ex pte orientis: τ ☉ equidistat signo ♓ significat vehementiam ctrarietatis ducū τ principū regi: et eos exire ab obedientia: τ q̄ ipsi accipient censum regis: τ multiplicabitur timor in multis climatib⁹: τ cadet infortuniuz in plas cum superfluitate pluuiarum. Si fuerit apparitio ex parte occidentis sigt illud multas hoim angustias: τ cadere bubones: et mortem in plurib⁹ climatib⁹ τ pcipue in parte occidentis: et vehementiam angustie τ conturbationem: τ illud durare trib⁹ annis: et accident hominib⁹ contristationes cum multitudine auiū τ pisciū. Cum fuerit appitio aliquarū stellarū comas hn̄tium in ascendentibus radijs natiuitatuz regum ac in signis profectionū: aut in aſcendentibus reuolutionū: aut in ſignis diuiſionis τ p̄cipue in ipſo termino aut fuerit cum dn̄is aliquorum ſig̅t multas anguſtias et bella aduenire eis τ erit illud ppter cauſas inſurgentium in eos:τ multiplicabitur inuidia eor̄ τ iniuria i hoibus: et fortaſſe ſig̅t cedez eor̄. Q̄ ſi fuerit natus ex mediocribus hoibus aut ex infimo ordine ſig̅t multos inimicos eor̄:τ q̄ occurret eis ab horribilibus τ infortunijs et per illas cauſas. Et qa auxiliante deo iam explicauimus q̄d exponere voluimus. Compleamus igitur differentiam ſeptimā tractatus quinti que eſt complementum eius.

℟ In noīe dn̄i miſc̄dis τ pij tractatus ſextus in q̄litate ſcientie proprietatis accidentium inferiorū que fiunt ab impreſſione indiuiduorū aliquorum in reuolutionibus annorum ex parte mamareth ſtellarum eleuantium alior̄ ſuper alios:τ habet duodecim differentias.

Rima dr̄a in iudicio ſuper mamareth ſtellarum eleuantiū aliarum ſup alias cum equidiſtant ſigno ♈ ℟ Differentia ſecunda in iudicio ſuper mamareth ſtellarum eleuantium aliarū ſuper alias cum equidiſtant ſigno ♉. ℟ Differentia tercia in iudicio ſup mamareth ſtellarū eleuantium aliarū ſuper alias cum fuerint eqdiſtantes ſigno ♊. ℟ Differētia q̄rta in iudicio ſuper mamareth ſtellarū eleuantium aliarū ſup alias cum fuerint eqdiſtantes ſigno ♋. ℟ Differentia quinta in iudicio ſuper mamareth ſtellarū eleuantium aliarū ſuper alias cum fuerint equidiſtantes ſigno ♌. ℟ Differentia ſexta in iudicio ſuper mamareth ſtellarum eleuantium alia rū ſuper alias cum eqdiſtant ſigno ♍. ℟ Differentia ſeptīa in iudicio ſuper mamareth ſtellarum eleuantium aliarum ſuper alias cum fuerint eqdiſtantes ſigno ♎. ℟ Differētia octaua in iudicio ſup mamareth ſtellarū eleuantium aliarū ſuper alias cum fuerint equidiſtantes ſigno ♏. ℟ Differentia nona in iudicio ſuper mamareth ſtellarū eleuantium aliarū ſup alias cum fuerint eqdiſtantes ſigno ♐. ℟ Differētia decima in iudicio ſuper mamareth ſtellarum eleuantium aliarū ſuper alias cum fuerint equidiſtantes ſigno ♑. ℟ Differentia vndecīa in iudicio ſuper mamareth ſtellar̄ eleuantium aliarum ſuper alias cum fuerint equidiſtātes ſigno ♒. ℟ Dr̄a duodecima in iudicio ſuper mamareth ſtellarum eleuantium aliarum ſup alias cum equidiſtauerint ſigno ♓.

℟ Differentia prima in iudicio ſuper mamareth ſtellarum eleuantium aliarum ſuper alias cum fuerint equidiſtantes ſigno ♈.

Oſtq̄ q̄ in tractatu quinto, diximus illud q̄d narrare voluimus de qualitate ſcientie proprietatis ſignificationum planetarū ſm ſingularitatem τ cōmixtionem cum reliquis ſignis. Tracemus ergo in hoc tractatu qualitatez ſcientie ſignificationū indiuiduorū ſuperiorum ſuper accidentia inferiora ex parte

K 3

mamareth stellarum aliarum super alias apud reuolutiões annorum: qm
hoc fuit vnum ex complentibus id quod apparere voluimus de qualitate
scientie significationū coniunctionum in hoc libro cum adiutorio dei. Dicamus itaq̃ q̃ nullum indiuiduum ex indiuidnis orbis est: q̃d non sit alti-
eo quod ipsum sequitur in ordine: τ non vtuntur per transituz aliarum sup
alias nisi ex parte q̃ cum aliqua eorum alij iunguntur: et equantur in longitudine τ latitudine τ descensu in eis et equalitate: erit illud causa tegendi
inferius τ superius: τ erit hoc ex accidentibus inceptionum mutationuz sup
accidentia inferiora. ¶ Scientia vero q̃liter sciat illud in stellis superioribꝰ
τ duobus luminaribus est vt consideres ad medium cursum eius eorum τ
locum eius equatū. Q̃ si locus eius fuerit equatus minor medio cursu suo
ipsum est ascendens a medietate zone sue vsq̃ ad longitudinez longiorem
orbis sui. Q̃ si fuerit locus eius equatus maior medio cursu suo ipsum est
descendens a medietate zone sue vsq̃ ad longitudinē inferiorem orbis sui
Q̃ si equaní locus eius equatus τ medius cursus in quantitate erit in medietate zone sue: deinde minues postq̃ feceris super illud minus eoruz ab
alio τ multiplica quod remanet in. 9. deinde diuides ipsum per. 22. τ quod
exierit de diuisione erit quantitas ascensionis τ descensionis eius de partibus. Sed cum vnusquisq̃ ☿ et ♀ cum fuerit orientales τ fuerit locus eius
equatus minor loco ☉ equato in eis: tunc ipsi ascendent a medietate zone
vsq̃ ad longitudinem longiorem orbium vtriusq̃. Et si fuerit locus eius e-
quatus maior loco ☉ equato τ fuerit occidentalis ipse est descendēs a medietate zone vsq̃ ad longitudinē inferiorez orbis sui. Et si fuerit in directo
☉ et vnitꝰ ei erit in medietate zone sue: postea vero accipiaí q̃d fuit inī eos
τ operetur cum eo s̃m q̃ operaí in stellis superioribus de diuisione τ multiplicatione. Et fortior significatio indiuiduorum superiorum apud transitꝰ
aliorum super alios apparet apud equidistantiam coniunctiuaz. In oppo-
sitionibus vero τ quadraturis et ceteris figuris erunt significationes horū
minorum apparitionum τ debilioris impressionis.

Aries

⁋ Postq̃ itaq̃ premisimus quod premitti oportebat. Incipiam? ergo re/
memorari significationẽ in mamareth aliarum super alias in signo ♈. Et
incipiemus rememorari transitum ♄ super planetas et mamareth eorum
super eum. Deinde sequemur hic ex reliquis planetis ſm modum generis
centrorum eorum.

⟨Sermo in mamareth ♄ super planetas.

icam⁹ itaq; q̃ ♄
si trãsierit super ♃
sigt regẽ babilonie
pugnare cũ multis
hominib⁹ cuʒeo q̃
apparebunt ei de malis opibus
in pluribus eius ciuitatib⁹: τ malicia cõsuetudinis eius cũ multa
siccitate eiⁱ τ pluuiarũ paucitate
τ multa ãnona in messib⁹. ⟨Et
si transierit super ♂ sigt multas
egritudines aduenire pueris cũ
multis venenosis ĩ tpe congruente illi cũ aerʒ turbatõe τ mlto
puluere. ⟨Et si transierit sup ☉
sigt renouationẽ regis cũ bellis
in hoĩbus: τ mortẽ cum mediocritate pluuiarũ: et ciues alhauueʒ pugnare
cuʒ romanis: τ aduenire bella: et nimiã morte᷍: τ superfluitatẽ pluuiarũ: et
flatuʒ ventoꝛ mediocris motus. ⟨Et si transierit sup ♀ sigt renouationẽ
regis cum bellis in hoĩbus: τ mortez cum mediocritate pluuiarum. ⟨Et si
transierit super ☿ sigt renouationez regis: et ciues alhauueʒ pugnare cum
romanis: τ aduenire bella multa: et nimiaʒ morte᷍: τ superfluitatẽ pluuiarũ
τ flatum ventoꝛ mediocris motus. ⟨Et si transierit sup ☾ significat multa
bella: τ superfluitatem pluuiarum et iuuamentum earum.
　　　⟨Sermo in mamareth planetarum super ♄.
L cum ♃ transierit super ♄ significat exaltationem regis sup
plebem: τ paucitatem inimicorum eius cum multis rumorib⁹
terribilib⁹ τ mendacio: et prosperitatẽ aeris: τ flatum ventoꝛ
tpatorum in messibus τ prosperum eius esse. ⟨Et si transierit
♂ super eum significat ↄtristationẽ regis babilonie: τ fortasse
renouatur rex alius: τ nimiam mortem in ciuibus montis cum multo flatu
vẽtoꝛ venenosoꝛ: τ multe pluuie τ bonũ esse estatis. ⟨Et si trãsierit ☉ sup
eum sigt romanos intrare armeniam: et cadere bubones in ciues alhaueʒ
eum multis pluuijs et messibus: et prosperitatem esse vtrorumq;: et fortasse
inueniẽt herbe. ⟨Q si transierit ♀ super eum significat romanos intrare
armeniam: τ bubones cadere in ciues alhaueʒ: τ incessantẽ flatum ventoꝛ
septentrionaliũ: et multas aquas. ⟨Et si ☿ transierit super eum significat
illud idem. ⟨Et si ☾ transierit super eum significat ire romanos in armeniam: τ casum mortis in alhaueʒ: τ paucas pluuias.

Sermo in mamareth iouis sup planetas.

⁋ Et cum fuerit iupiter trāsiens sup marte significat mortem inimicoȝ ⁊ multas infirmitates et dolores cum eis cum vehementi frigore. ⁋ Et si transierit super solem significat prosperitatē regis babylonie ⁊ multa infortunia cadere ⁊ infirmitates ⁊ mortem in pluribus terris cū aduētu terremotuū. ⁋ Et cū trāsierit sup venerez significat bonū esse regis babylonie ⁊ prosperitatez pregnantiū cum multa humiditate ⁊ incessante flatu ventorum ⁋ Et cū transierit sup mercuriuȝ significat casum mortis in milites ⁊ multas pluuias ⁊ flatum ventoȝ incessanter ⁊ iuuamentuȝ eoȝ ⁊ esse tonitruoȝ ⁊ coruscationū ⁊ terremotuū. ⁋ Et cuȝ fuerit sup lunā significat herbositatē anni ⁊ multas pluuias.

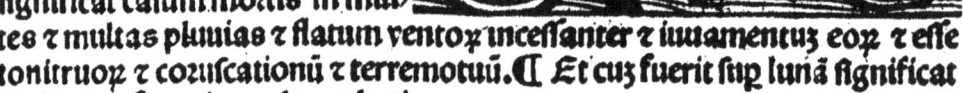

Sermo in mamareth planetaȝ sup iouē.

⁋ Et cum mars fuerit transiens sup iouem significat mortē regis babylonie aut interfectionē eius ⁊ rememoratione regis alterius aut mortez regis ciuiū montis ⁊ cadere mortem in homines ⁊ precipue in ciues babylonie cum paucitate pluuiarū ⁊ diminutione aquariū. ⁋ Cum fuerit sol transiens sup eum significat paucitatē pluuiaȝ. ⁋ Luȝ fuerit venus sup eū transiens significat interfectionē regis babylonie ⁊ maiorē parte magnatū eiᵘ ⁊ malum esse ciuiū eius cū cōmixtione inimicoȝ ⁊ pugnaȝ multam ⁊ discidiū cadere inter viros ⁊ mulieres eoȝ cum multis pluuiis ⁊ augmentum fluuioȝ magnoȝ sicut tigris ⁊ eufrates. ⁋ Cum fuerit mercurius transiens sup euȝ significat multas congregationes ⁊ absentiā aldeanoȝ in regibus babylonie ⁊ salutem regum eius ⁊ victoriā eius de inimicis suis cum temperantia pluuiarū ⁊ aquariū cum incessanti flatu ventorum. ⁋ Et cum fuerit luna transiens super eum significat flatum ventoȝ ⁊ iuuamentū eoruȝ ⁊ tȝantiā pluuiarū ⁊ euasionē hominū ab egritudinibus.

Sermo in mamareth martis sup̄ planetas.

⁋Et cū̄ fuerit mars transiens sup̄ solē significat casuz nimium guerrax̄ in babylonia τ iniurias τ mendatiū τ venditionē hominū adinuicē̄ cū paucitate caloris τ bona cō̄mixtione quarte estiualis τ multarū coruscationū et valitudinē ventox̄ eradicantiu₂ arbores τ plantas. ⁋Et cū̄ fuerit trā̄siens sup̄ venerē significat multas guerras sup̄ ciues montiū ex p̄te inimicox̄ suox̄ τ mortem cadere in bubones τ alhauez τ combustiones venire in reliquas regiones τ multa horribilia τ pestes: τ prosperuz esse pregnantiū cū pestibus eax̄ aduenientibus cuz siccitate aeris.  ⁋Et cuz fuerit transiens sup̄ mercuriū significat bella aduenire in terra hierusalē τ multos inimicos in terra arabū cū paucitate pluuiarū τ nubiū τ vehemēti calore τ pauca aqua fontiū. ⁋Et cū fuerit transiens sup̄ lunaz significat mortem regis babylonie τ sep̄atione inter ciues babylonie τ multaz pugnaz et guerras in pluribus terris τ captiuatione eox̄ adinuicē τ nimiā mortez in persia τ romanos cū morte regis τ renouabit rex alius. τ multā rapacitatē lupox̄ τ valitudinē quadrupedū τ paucitatē humiditatū.

Sermo in mamareth planetax̄ sup̄ marte.

⁋Et cū fuerit sol transiē̄s sup̄ marte significat multaz pugnā fieri in babylonia τ iniurias τ venditionē hominū adinuicē τ vehemētiā caloris i quarta estiuali τ multā coruscatione τ valitudinē ventox̄ eradicantiū arbores τ palmas. ⁋Et si fuerit venus transiens sup̄ eum significat casuz egritudinū τ precipue febriū in omnibus terris τ vehementes pugnā aduenire inter hoīes τ cobustionē in pluribus terris cū multis pluuijs τ tonitruis. ⁋Cū fuerit mercuri⁹ transiens sup̄ eū significat pugnā que adueniet inter romanos τ thurcos τ destructionē regis romanox̄ cū egritudine que adueniet in oculis eius τ ibunt in parte occidentis milites qui destruent p̄m maiorē parte cum multa destructione τ egritudines hominū ex demonib⁹ τ febribus τ tussib⁹ τ doloribus emoroidax̄ cū mediocritate pluuiax̄ τ paucitate nubiū τ vehementi calore τ paucitate aque fontiū τ messiū. ⁋Et si fuerit luna transiens sup̄ eū sig̃t multas humiditates.

Sermo in mamareth solis sup planetas.

¶ Et cuz fuerit sol transiens sup venerē significat siccitatez aeris ¶ Et cū fuerit trāsiens sup mercuriū significat multas pluuias τ incessantē flatu ventorū. ¶ Et cū fuerit transiens sup lunam significat coruscationē τ tonitrua generari τ fulmina

Sermo i mamareth pľax sup ☉
¶ Et cum fuerit venus sup solez significat esse tonitruoȥ τ coruscationū τ mltas pluuias. ¶ Lū fuerit mercurius transiēs super euz significat bonū quod consequet rex babylonie cuz temperātia pluuiaruz τ mediocritate augmenti aquaȥ. ¶ Cum fuerit luna transiens super eum significat pluuias tonitrua τ fulgūra esse.

Sermo in mamareth veneris sup planetas.

¶ Et cuz fuerit venus transiens sup mercuriū significat guerraȥ multam contra ciues atracta et contra eaȥ τ fortitudinē ciuium babylonie et concurrunt nubes τ flatus ventoȥ mediocrit̄. ¶ Et cū fuerit transiens sup lunam significat multas pluuias τ humiditates.

Sermo i mamareth pľax sup ♀
¶ Et cuz fuerit mercurius transiēs sup venerē sigt̄ alhauez pugnare cū romanis cū multitudine nubiū τ pluuiaȥ τ bonas messes τ proficuū eoȥ. ¶ Cum fuerit luna transiens super eam significat incessantē ventoȥ flatum meridianoȥ τ multas humiditates τ precipue in quarta estiuali.

Sermo i mamareth ☿ sup pla
netas.
℃ Et cū fuerit mercuri⁹ trāsiens
sup lunā significat bonū q̇ con
sequeť rex babylonie cuz multis
pluuijs z ventis z aquis.
Sermo i mamareth pľaȝ sup ☿
℃ Et cū fuerit luna trāsiēs super
mercuriū significat multas plu
uias z incessanté ventoȝ flatum
Postq̇ȝ venimus cum eo q̇ nar
rare voluimus. Compleamus
i gǐť drāȝ primā cū laude dei.

℃ Differentia secunda in iudicio sup maȷmareth planetaȝ eleuatiū alio
rum sup alios cū fuerint equidistantes signo thauri.
Postq̇ ergo pmisimus in dr̄a prima rememoratione mama
reth alioȝ sup alios cū fuerint equidistātes signo árietȝ. Tra
ctem⁹ iḡ in hac dr̄a reméoratione signoȝ i mamareth plane
taȝ alioȝ sup alios cū fuerit eqdistātes signo thauri z mama
reth eoȝ sup se sequentiū ipm ḃm ordiné z ḃm textū ei⁹ iuxta
q̇ firmauim⁹ in signo arietis z in dn̄o cófidendū est.

Sermo in mamareth saturni super planetas.

⁋ Dicamus ergo qɔ cū saturnus trāsierit sup iouem sigt ciues armenie pugnare cū ciuibˀ babylonie τ montiū τ victoriaȝ habere regem armenie de eis τ nimiam siccitatē habere in pluribˀ climatibus cū siccitate aeris τ augmētum messiū. ⁋ Et cū fuerit transiens sup marte sigt nimiā siccitatē τ famam τ cōstructiones: τ morte cadere in homines cū vehemēti frigore τ mora eiˀ. ⁋ Et cū fuerit transiens sup sole significat multas guerras τ bella venire inter gentes cū circuitu inimicoȝ ciuiū alhauueȝ τ paucas humiditates τ annonā. ⁋ Et cū fuerit transiens sup venere sigt mortem romanoȝ τ morte cadere in mulieres τ paucitate pluuiarū. ⁋ Et cum fuerit transiens super mercuriū sigt illud idem cum multis inundationibus τ caristia annone. ⁋ Et cū fuerit transies sup lunā sigt illud idem cuȝ paucitate pluuiarū τ paucitate aquarū τ paucā annonā.

Sermo in mamareth planetarū sup saturnū.

⁋ Et cū fuerit iupiter super saturnū transiens sigt illud corruptionē habis τ destructionē que adueniet in terra armenie τ morte aduenire quibusdā hominibus magnis τ aduentū nocumenti in plures terras cum multis humiditatibus. ⁋ Et cū fuerit mars transies super saturnū sigt mortem regis alhauueȝ τ cōmotionē inimicoruȝ ex duabus partibus τ casum siccitatis τ adustionem nociuam hominibus in pluribus regionibus cū esse terremotuum. ⁋ Et cum fuerit sol transiens super eum sigt multam famam accidere hominibus τ augmentū fructificationis arborum cuȝ humiditate aeris. ⁋ Et cum fuerit venus transiens sup eum sigt generationē oppressionuȝ et infortunarū τ siccitatē τ causam in pluribus climatibus τ multas pluuias τ paucitate annone. ⁋ Et cū fuerit mercurius transiens super eum sigt inimicos facere exercitū contra ciues babylonie τ oppressiones contingētes cum vehementi frigore. ⁋ Et cum fuerit luna transiens sup eum significat aborsum pregnatarū τ paucas messes τ multas pluuias.

Sermo in mamareth iouis sup planetas.

¶ Et cum fuerit iupiter transiēs sup martez significat destructionem aduenire ī plures regiones ⁊ multam cadere niuem ⁊ precipue in tempore congruente eis. ¶ Cum fuerit transiens sup solē significat siccitatē aeris ⁊ multa venenosa. ¶ Cuz fuerit transiēs super venerem significat destructionē pluriū alhauez ⁊ multum nocumētū aduenire in regiones romanoꝝ ⁊ aduentū humiditatum. ¶ Cuz fuerit transiens sup mercuriū significat salutē hominum ⁊ destructionē in terra romanoꝝ ⁊ hermamentū caldeaꝝ 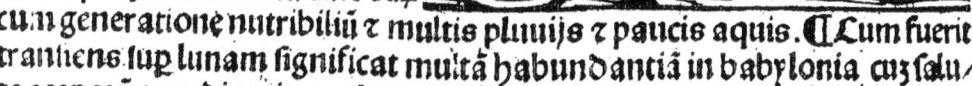 cum generatione nutribiliū ⁊ multis pluuijs ⁊ paucis aquis. ¶ Cum fuerit transiens sup lunam significat multā habundantiā in babylonia cuz salute corporū ⁊ mediocritate pluuiaꝝ.

Sermo in mamareth planetarū sup iouem.

¶ Et cum fuerit mars transiens sup iouem significat destructionē ciuitatū magnaꝝ ⁊ p̄cipue in parte persie ⁊ alhauez ⁊ obedientiā inimicoꝝ ⁊ aduentuum egritudinū in parte montis ⁊ mortē quorundā magnatū cum multis pluuijs ⁊ constrictionib⁹ ⁊ tonitruis. ¶ Et cum fuerit sol transiens sup eum significat destructionē depositionis ciuium alhauez ⁊ mortez regis eorum ⁊ destructionē aldeaꝝ eoꝝ ⁊ multas cōmixtiones in omnibus regionibus ⁊ infirmitates ⁊ potentiā muliex̄ sup viros eorum cum paucitate pluuiarū in tempore ei congruente. ¶ Cum fuerit mercurius transiens sup eum sigt multitudinē insurgentiū in regiones babylonie ⁊ salutē eorum ⁊ multam guerram in ciuibus aldeaꝝ ⁊ regem suum destruere arabes cuz multis humiditatibus ⁊ flatū ventoꝝ. ¶ Cum fuerit luna transiens sup euz significat ciues persie ⁊ romanoꝝ ⁊ alhauez ⁊ preparare se contra regem babylonie ⁊ cadere belluz inter se cum siccitate in regione persie ⁊ alhauez ⁊ romanis cōtingent pestes ⁊ multiplicabuntꝰ pluuie ⁊ aque.

Sermo in mamareth martis super planetas.

¶ Et cum fuerit mars transiens sup solem significat vehementiā caloris τ siccitaté aeris. ¶ Cum fuerit transiens sup veneré significat morté regis alhauez τ destructioné maioris partis terre eoz τ cadere egritudines τ mortez in eos: et multas parere feminas filias cum vehementi calore q erit in quarta estiuali. ¶ Cū fuerit transiens sup mercuriū significat destructioné aduenire in plura climata τ nimiā mortez in terrā romanoz cū multis pluuijs τ nebulis τ nubibus τ vehementi frigore quarte hyemalis et  autūpnalis. ¶ Cum fuerit transiēs sup lunam significat morté regis babylonie τ morté regis alhauez τ renouationé regni alterius τ multaz pugnā τ guerram in plurib' climatibus τ morté cadere in persiam τ romanos cū paucitate lupoz τ precio bestiarū.

Sermo in mamareth planetarū sup martem.

¶ Et cum fuerit sol transiens sup martem significat humiditaté aeris. Et cum fuerit venus trāsiens sup eum significat morté aduenire quibusdam regum mulieribus τ graue esse viroz τ destructioné esse mulierum τ ciues eradij pugnare cum ciuibus montis τ mutationé pluriū exercituū τ pugnā facere ex parte nigroz ad partem montiū τ eos destruere plures regiones cum multitudine aquarum τ superfluitate pluuiaz. ¶ Cum fuerit mercurius transiens sup eum significat magnū timoré vehementé qui accidit in pluribus regionibus cū esse pugne τ destructionis τ diuersitatis τ impedimenti τ mortis in terra romanoz τ precipue in viris cum flatu ventoruz τ multis niuibus. ¶ Cum fuerit luna sup transiēs eum significat, multas humiditates τ frigiditatem.

Sermo in mamareth solis sup planetas.

❡ Et cũ fuerit sol transiens sup venerẽ significat siccitatẽ aeris Cum fuerit transiens super mercuriũ significat ciues ciuitatis facere bellum inter se adinuicẽ τ multos ventos τ paucitatẽ pluuiarũ τ detrimentũ herbarum τ inundationes fluminũ. Cũ fuerit transiens super lunã sigt paucitatẽ humiditatũ.

Sermo i mamareth plaȝ sup ☉
❡ Et cum fuerit venus transiẽs super solem significat inimicos possidere terrã romanoȝ τ morte cadere in mulieres cum temporantia pluuiarũ τ flatum ventoȝ. ❡ Et cum luna fuerit transiens super eũ significat paucitatẽ pluuiaȝ.

Sermo in mamareth veneris sup planetas.

❡ Et cum fuerit venus transiẽs super mercuriũ sigt illud multaȝ morte τ instabilitatẽ hominum τ comixtionẽ inter eos τ paucitatem pluuiarũ τ tonitruoȝ τ coruscationũ τ paucitatẽ annone. Cũ fuerit transiens super lunaȝ sigt paucitatẽ humiditatũ.

Sermo i mamareth plaȝ sup ♀
❡ Et cũ fuerit mercuri⁹ trãsiens super venerẽ sigt ciues armenie facere guerras romanis τ multas humiditates τ forsitan temporabiȝ aer cũ incessante ventorũ flatu. Cũ fuerit luna transiẽs sup eã sigt illud esse guerraruȝ q̃ aduenient persis τ morte regis eoȝ in iuuentute sua τ similiter adueniet in alhauueȝ cũ multis latronibus τ furibus τ cadere belluȝ inter ciues persaȝ τ romanoȝ τ interfectionẽ regis persaȝ τ aborsuȝ pregnatarũ τ preciũ asinoȝ τ morte boum τ multa tonitrua τ coruscationes τ paucitatẽ messiũ τ seminum.

⁋Sermo in mamareth ♂ super planetas.

Et cū fuerit ♂ trā
siens super ☽ sigt
illud facere guer/
ram inimicoȝ plu
rib' terris roma
noȝum cū multis
pluuijs τ inūdationib' fluminū.

⁋Sermo in mamareth pla
netarum super ♂.

⁋Et cum fuerit ☽ transiens sup
♂ significat illud multas natiui
tates: τ detrimentum herbaruȝ:
τ mediocritatē pluuiaȝ. Postqȝ
ergo venimus super illud quod
narrare voluimus. Compleam'
dīam secundā cum dei auxilio.

⁋Dīa tercia in iudicio super mamareth stellaȝ eleuantium aliarum
super alias cum fuerint equidistantes signo ♊.

Postqȝ igitur premisimus in differentia secunda planetarum
significationes eleuantium aliorum super alios cum fuerint
equidistantes signo ♉. Tractandū est ergo in hac differētia
de rememoratione significationuȝ eorum super simile illius
quando fuerint equidistantes signo ♊.

z

¶ Sermo in mamareth ♄ super planetas.

¶ Dicamus ergo cū ♄ transierit super ♃ significat mortem regis armenie τ militarium: τ abscisso res viarum precipue arabes: et ipsos accipere pecunias merca/torum cum paucitate pluuiaruz τ aquarum: τ beluis aque pluui arum sicut rane τ his similia. ¶ Et cum fuerit transiēs super ♂ sigt cōmotionem inimicorum: τ ad/uentū infortune in pluribus terris τ aduentum locustarum: τ inces santem ventorum flatum: τ pau citatez humiditatū. ¶ Lū fuerit transiēs super ☉ significat regē babilonie interficere quasdam suarum mulierū cum fortissimo calore. ¶ Cum fuerit transiens super ♀ sigt illud mortem regis romanorum: τ multas iniusticias et infortunia in terra sua: τ casum mortis in mulieres: τ paucas pluuias. ¶ Lū fuerit trāsiens sup ☿ significat illud regem babilonie interficere quasdam mulierum suarum cum mediocritate ventorū τ prosperitate eorū. ¶ Cum fuerit transiens sup ☽ significat illud regem babilonie interficere quasdam suarum mulierum cum paucitate pluuiarum.

¶ Sermo in mamareth planetarum super ♄.

¶ Et cum fuerit ♃ transiens super ♄ sigt illud thurcos destruere maiorem partem terre montium: τ ire omnes ciues alhauez ad eos et destruere eos sm maiorem partem eorum cum siccitate multa in armenia: et in eo quod est circa eam: τ prosperitatem messium in babilonia: τ prosperitatē fructuū eius: τ flatum ventorū: τ multum esse humiditatū. ¶ Cum fuerit ♂ transiēs super eum significat illud motum ciuium montium et eos facere guerram ciuibus occidentis: τ pugnam aduenire in terram romanorum cum multis egritudinibus: τ mortem in eis: τ esse pluuiarum τ tonitruorum τ chorusca tionū. ¶ Cum fuerit ☉ transiens super eum significat illud prosperitatē esse ciuium alhauez τ multum bonum apud eos cum bonitate aeris: τ tempe/rantiam pluuiarū. ¶ Cum fuerit ♀ transiens super eum sigt illud prosperū esse ciuium alhauez: τ multos milites esse apud eos cum superfluitate plu uiarum. ¶ Cum ☿ fuerit transiens super eum significat prosperū esse regis babilonie: τ incessantez flatum ventorum. ¶ Cum fuerit ☽ transiens super eum significat multitudinem pluuiarum.

⁋ Sermo in mamareth ♃ super planetas.

⁋ Et cum fuerit ♃ transiēs sup ♂ significat illud morté ciuium de aliomena: z destructionem z angustiam in viridarijs cū paucitate humiditatuz. ⁋ Lū fuerit ♃ trāsiens sup ☉ significat illud siccitatez aeris. ⁋ Lū fuerit transiens super ♀ significat illud prosperum esse regis babilonie: z ciues armenie facere guerram ciuibus eradie z destruere eam: z mortem cadere in mulieres pregnatas: z paucitatez pluuiarum z multiplicationez messiū. ⁋ Lū fuerit transiens sup ☿ significat illud ciues indie facere bella contra ciues romanorū z destruere regiones eorum cum valitudine ventoru ⁋ Cum fuerit transiens super ☽ significat illud superfluitatez pluuiarum e aquarum.

⁋ Sermo in mamareth planetarum super ♃.

⁋ Et cum fuerit ♂ transiens super ♃ significat illud mortem duorum regū aliomena z albedia z destructionez eius: z fortasse accidit hoc in pluribus terris: z cadere morté in plures inimicos regis babilonie. ⁋ Cum fuerit ☉ transiens super eum significat illud timorem regi babilonie: et gaudia regi albedie: et prosperitatem ciuium eius: et multum infortunium in armenia. ⁋ Cum fuerit ♀ transiens super eum significat mediocritatem esse mulierū pregnatarū cum tenebrositate aeris z multitudine humiditatuz z pluuiarū ⁋ Cum fuerit ☿ transiens super eum significat cadere contrarietatem inter plures homines cum interfectione ciuium aldearū adinuicē. ⁋ Cum fuerit ☽ transiens super eum signifiicat illud multas humiditates.

L 2

⁋Sermo in mamareth ♂ super planetas.

⁋Et cum fuerit ♂ transiēs sup ☉ sigt illud caliditatem aeris et eius siccitatem. ⁋Lū fuerit trāsiens sup ♀ significat illud contrarietatem virorum cum mulieribus: ⁊ mortem pregnatarum ex eis: ⁊ paucitatem rerum ⁊ humiditatū. ⁋Cum fuerit trāsiens super ☿ sigt mortem quorundā filiorum regum: ⁊ renouationē regis babilonie ex his qui nō conueniunt regno: ⁊ exitū exercituū a montibus adhorastē: ⁊ interfectionem eorum adinuicem: et multos pauores cōtingentes cū inimicitijs inter eos: et destructi onem monasteriorum ⁊ ecclesiarum: ⁊ acceptionem censuum suorum cum paucitate pluuiarum: ⁊ validitate ventoꝝ. ⁋Cumf uerit transiens super ☽ significat illud mortem regis babilonie: et contrarietates que cadent inter eius nobiles: ⁊ expendi census eorum cum morte regis alhauez: ⁊ multam cedem ⁊ guerrā in plura climata cū siccitate aeris ⁊ paucitate humiditatū.

⁋Sermo in mamareth planetarum super ♂.

⁋Et cum fuerit ☉ transiens super ♂ significat illud multas cedes in babilonia ⁊ querimoniam eorum adinuicem ⁊ vindictam eoꝝ inter se. ⁋Cum fuerit ♀ transiens super eum significat illud mortem cadere in magnates ciuium montium ⁊ in reges eorum cum odio et discidio qd adueniet inter plures hoies: ⁊ mortem cadere in mulieres: et pluuias multas. ⁋Lū fuerit ☿ transiens super eum significat illud ciues romanos ciuibꝰ montiū inimicari: ⁊ eruūt guerra ⁊ nocumentum ⁊ pugna inter ciues montium cum multitudine mortis ouium: ⁊ paucitate pluuiariū: ⁊ vehementiaꝫ frigoris. ⁋Lū fuerit ☽ transiens super eum significat illud superfluitatem pluuiarum et humiditatum.

Sermo in mamareth ☉ super planetas.

¶ Et cum fuerit ☉ transiens sup
♀ significat illud paucitaté hu-
miditatű. ¶ Luʒ fuerit trāsiens
super ☿ significat flatus ventoȝ
venenosoɤ multitudinez. ¶ Cũ
fuerit trāsiens super ☽ significat
paucitaté aquarū z humiditatū

¶ Sermo in mamareth pla-
netarum super ☉.

¶ Et cum fuerit ♀ transiēs sup
☉ significat illud humiditatem
aeris. ¶ Lū fuerit ☿ trāsiēs sup
eum significat illud multam siccitatem in pluribus climatibus:
z paucitatez auium z bestiarum
aque cum paucitate pluuiarum
z siccitate aeris. ¶ Cum fuerit ☽ transiens super eũ significat illud paucitatem humiditatum.

Sermo in mamareth ♀ super planetas.

¶ Et cum fuerit ♀ transiēs sup
☿ significat illud apparentiam
salutis: z multitudinem elemosi-
narum in terra babilonie z psie
z alhauez z aradie z romanoȝ
z augmenti in possessionibus et
hereditatibus: z multas causas
virozum contra mulieres: z paucitatem pluuiarum: et multa tonitrua z choruscationes: z supe-
fluitatem aquarum: z inundationes fluminũ. ¶ Lũ fuerit transiens super ☽ significat paucitatem humiditatum.

¶ Sermo in mamareth pla-
netarum super ♀.

¶ Et cũ fuerit transiens ♃ super ♀ significat illud romanos facere guerrā
ciuibus babilonie cum eo qɔ timebunt qui in circuitu eoȝ fuerint: z cadere
odium inter romanos z thurcos z bellum z permutationez exercituum de
ciuibus armenie ad ciues alhauez: z morté regis babilonie: z multā morté

L z

cadere in mulieres pregnatas in perstam cum multitudine pluuiarū: τ sup/
fluitate aquarū. Cum fuerit ☽ transiens super eum significat flatū ventoꝝ.

ℂ Sermo in mamareth ☿ su
per planetas.
ℂ Et cum fuerit ☿ transies sup
☽ sigt illud multam siccitatez in
pluribus climatibꝰ: τ paucitatez
diuitum cum paucitate piscium
τ flatum ventoꝝ.
ℂ Sermo in mamareth pla/
netarum super ☿ .
ℂ Et cum fuerit ☽ transiens sup
☿ significat illud multam tem/
perantiam pluuiarum: τ flatum
ventoꝝ. Cōpleta igitur est diffe/
rentia tercia cum auxilio dei.

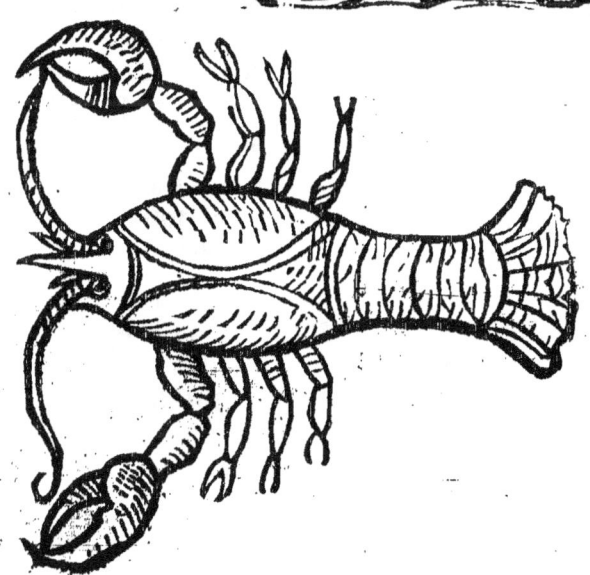

ℂ Differentia quarta in iudicio super mamareth planetarū eleuantium
adinuicem cum fuerint equidistantes signo ♋.

Ostꝗ igitur premisimus in differentia tercia rememoratiōs
significationū mamareth planetarū alioꝝ sup alios cū fuerit
equidistātes signo ♊. Tractemus ergo in hac dr̄a sigtiōes
alioꝛum super alios cum fuerint equidistantes signo ♋.

⁋Sermo in mamareth ♄ super planetas.

⁋Dicam̄⁹ itaq̃ q̃ cum fuerit ♄ transiens super ♃ significat moderantiam regis babilonie τ eū tenere suum regnum per seipsuȝ τ paucā habere fiduciaȝ in aliū: τ multos latrones et peruersos: τ paucitateȝ pluuiarum:τ detrimentum aquarum:τ multarum beluarum aque sicut rane et his siĩa. ⁋Cum fuerit transiēs sup ♂ significat cōmotionem thurcoȝum τ fraudem eoȝum: τ inimicitiam inter homines cadere τ multas locustas: τ supfluitateȝ pluuiarū τ fixionem earū. ⁋Cū fuerit transiens sup ☉ significat illud mortem mulierum regum:τ casum mortis in pluribus climatibus cū siccitate aeris. ⁋Cum fuerit transiens super ♀ significat pestilentiam aduenire in terra romanorum:τ mortem cum multo calore: τ paucitatem humiditatis. ⁋Cum fuerit transiens super ☿ significat illud causam mortis in pluribus climatibus;propterea q̃ occurret hominibus vehementia febriū cum paucitate pluuiarum:et mediocritate caloris.⁋Cum fuerit transiens super ☽ significat illud mortem quarundā mulierū regum:τ casum mortis in pluribus climatibus cum vehemētia febriū:τ cum paucitate pluuiarū τ aquarum.

⁋Sermo in mamareth planetarum super ♄.

⁋Et cum ♃ fuerit transiens super ♄ significat illud multā cedeȝ fieri inter reges:τ mortem regis babilonie:τ ciues montium facere insultum in ciues babilonie τ destructioneȝ pluriū climatum: τ multas natiuitates cum paucitate pluuiarum τ humiditatum:τ multiplicationem messium:et prosperū esse decorem. ⁋Cum fuerit ♂ transiens super eum significat illud multos inimicos insurgentes:τ casum locustarum:τ mediocritatem pluuiarum:et paucitatem aquarum. ⁋Cum fuerit ☉ transiens super eum significat diminutionem aquarū:τ mediocritatem pluuiarū. ⁋Cum fuerit ♀ transiēs super eum significat illud prosperitatem pluuiarum incessanter:τ locustas multū destruere segetes.⁋Cum fuerit ☿ transiens sup eum significat illud romanoȝ salutem regis τ durabilitateȝ vite eius:τpaucitatem pluuiarū:et motionē ventoȝ.⁋Cum fuerit ☽ transiēs super eum sigt aborsū p̄gnataȝ τ paucitatem messium:τ superfluitateȝ pluuiarum: τ multas humiditates.

L 4

¶ Sermo in mamareth ♃ super planetas.

¶ Et cum fuerit ♃ transiēs sup ♂ significat mortez inimicorū regis: et multos latrones in eos detegere malefactum suorum: z malefacere pro nihilo cum sup fluitate pluuiarum et aquarū z augmēto tigrz z eufrates. ¶ Lū fuerit trāsiens super ☉ significat illud mortem nimiaz in hoibus z multa miracula in terra mon- tium: z prosperū esse ciuibus tigrz z eufrates z salutem eoz. ¶ Lū fuerit transiens sup ♀ significat illud salutem regis babilonie: et fortunam durabilez in terra sua z multas humiditates: z salutez messiū. ¶ Cum fuerit transiens super ☿ significat illud inuestationē seruoz ad reges z mendacia z dubitationem: z mortem regis persie: et aduentum diluuiorum z miraculorum in montibus z ceteris montibus: z destructiōz palaciorum iudicum cum multitudine pluuiarum in quibusdam horis: et forsitan cum paucitate nubium z tonitruorū: z velocitate pestium in plantz z paucam inundationez. ¶ Lū fuerit transiens super ☽ significat paucitatē pluuiarum z humiditatum.

¶ Sermo in mamareth planetarum super ♃.

¶ Et cum fuerit ♂ transiens super ♃ significat cōmotionem inimicorum: z ipsos facere guerram in pluribus terris z eos depredare eas: z combustiōz fore in babilonia cum multis pluuijs z cum augmento tigris z eufrates: et multa inundatione: z pcipue in tempore congruente ei. ¶ Lū fuerit ☉ tran- siens super eum significat illud humiditatē aeris z rorem eius. ¶ Lū fuerit ♀ transiens super eum significat mortem quorundaz regum z magnatum z multa tripudia regis montium cum superfluitate pluuiarū z humiditatū z diminutionem aque maris. ¶ Lū fuerit ☿ transiens super eum significat illud mortem regis babilonie: z multa miracula in pluribus climatibus: et dispersionez diuinatorum: z pugnare aldeanos inter se: z destruere plures aldearum: z mulieres seipsas custodire cum multitudine pluuiarum: z au gmuentum aquarum z fluminū. ¶ Cum fuerit ☽ transiens super eum signi ficat multos rores.

¶ Sermo in mamareth martis sup planetas.

¶ Et cuz fuerit mars transiens sup solem significat illud vehementia caloris z siccitate in aere ¶ Cum fuerit transiens sup venere significat multos insurgentes sup ciues montiu z eos facere guerras eis z cosequent ciues alhauuez malu ab inimicis suis z morient mulieres pregnantes cuz paucitate huiditatu ex vehemetia caloris. ¶ Et cu fuerit transiens sup mercuriu significat illud interfectione que contiget inter filios regum z fortitudinem bellox z destructione multorum regnox ex omibus regionibus  z nocumento inimicox in occidente z in terra eius z destructione palacioru regu z locox eox cuz vehementia caloris z mora eius. ¶ Cuz fuerit transiens sup luna significat morte regis babylonie z nobiles eius discouenire z dispendiu censuu op: z morte regis alhauuez z multa pugna z guerras in pluribus climatibus z capere se adinuice: z multa morte in persia z romanis: z vehemente lupox rapacitate: z caristia bestiax ferentiu onera sicut sunt boues z cameli cu paucitate humiditatu z siccitate aeris.

¶ Sermo in mamareth planetax sup marte.

¶ Et cu fuerit sol transiens sup marte significat multas pluuias. ¶ Cu fuerit venus transiens sup eu significat illud morte quorunda filiox regu z cadere eos cuz ferro z ciues montiu facere pugna cotra ciues eradie z multa morte in eis fieri z morte regis: z magna destructione pluriu regionu z casum combustionis in eis: z multas locustas cu esse humiditatuz z superfluitate inundationu. ¶ Et cuz fuerit mercurius transiens super eum significat illud casum mortis in hominibus cu vehemetia caloris z multis terremotibus. ¶ Et cuz fuerit transiens luna sup eum significat multas pluuias.

Sermo in mamareth solis sup planetas.

⁋ Et cū fuerit sol trāsiēs sup ♀ sigt siccitatē aeris. ⁋Cū f̄ uerit trāsiēs sup ☿ sigt illud nimiā hominū mortē cū superfluitate pluuiaꝝ: ⁊ vehemēti in tpe suo calore: ⁊ paucitatē aquaꝝ ⁊ corruptione fluminū. ⁋Cū fuerit trāsiēs sup lunā sigt illud paucitatē humiditatū.

Sermo i mamareth pl'aꝝ sup ☉
⁋ Et cū fuerit venᵒ trāsiēs sup sole sigt illō nītas pluuias. ⁋Cū fuerit ♂ trāsiēs sup eū sigt illud diuturnā vitā regis romanoꝝ cū vehemēti calore. ⁋Cū fuerit ☽ trāsiens sup eū sigt supfluitatem humiditatū.

Sermo in mamareth veneris sup planetas.

⁋ Et cū fuerit ♀ trāsiens sup ☿ sigt illud destructionē terre babilonie ⁊ aduentū mortis in terra romanoꝝ ⁊ precipue in mulieribus cū multis pluuijs ⁊ nubibꝰ ⁊ tonitruis ⁊ coruscationibꝰ: ⁊ vehemēti in tpe suo calore. ⁋Cū fuerit trāsiēs sup lunā sigt multas pluuias ⁊ supfluitatē humiditatū.

Sermo i mamareth pl'aꝝ sup ♀
⁋ Et cū fuerit ♀ trāsiens sup ☉ sigt hoies vti ambulationes: nimiā morte ⁊ pcipue in mulieribꝰ pregnatis ⁊ cadere in obtalmiā ⁊ peste: ⁊ bella aduenire hoībus ⊢ precipue inter thurcos ⁊ romanos ⁊ thurcos captiuare eos ⁊ destructione fore in pluribꝰ terris ⊢ diuersitate rerū cū eo ꝙ rex babylonie impugnabit ciues armenie: ⊢ cadet in eos captiuitas ⊢ destructio legū ⊢ ecclesiaruz cū multis humiditatibꝰ ⊢ nebulis. ⁋Cū fuerit luna transiens super eas significat multas humiditates.

Sermo in mamareth mercurij sup planetas.

⸿ Et cuz fuerit ☿ trāsiēs sup ☽ sigt illud longitudinē vite regis romanoꝝ ⁊ mitas humiditates ⁊ augmentū aquaꝝ.

Sermo i mamareth pˡaꝛ sup ☿
⸿ Et cū fuerit luna trāsiens sup mercuriū sigt illud inclusionem scz siccitatē fluminū cū mediocritate pluuiaꝝ ⁊ incessante ventoꝝ flatu. Postǭ ergo venimꝰ cū eo cp narrare voluimus. Compleamus igit differētiā quartā cum auxilio dei.

Dꝛa quinta in iudicio sup mamareth planetaꝝ eleuantiū adinuicē cum fuerint equidistantes signo leonis.

Postǭ igit ꝑmisimꝰ in dꝛa quarta rememorationē mamareth significationū planetaꝝ alioꝝ sup alios cū fuerint equidistantes signo cācri Tractemꝰ ergo in hac dꝛa significatioēs eoꝝ ſm illud cū eꝗdistāt signo ♌.

⁋ Sermo in mamareth saturni sup planetas.

⁋ Dicam° ergo ꝙ cū fuerit satur
nus transiens sup iouem signi
ficat illud morte̅ regis babylonie
⁊ morte̅ cadere in homines ⊽ lu
pos ex paucitate pluuiaꝝ ⊽ dimi
nutione seminū in pluribꝰ terris
⁋ Lū fuerit transiens sup marte̅
significat vehemētiā flatus ven
toꝝ calidoꝝ in tēpore suo ⊽ pau
citate annone ⊽ messiū ⊽ dimin̄
tionē vtroꝝq̄. ⁋ Et cum fuerit
transiens sup solem significat il
lud morte̅ regis babylonie aut
quorūdam ciuiū alhauiez:⊽ ca
sum cōstrictionū in clustasen cū
multo locustarū casu ⊽ supflui-
tate pluuiaꝝ ⊽ prosperitate eaꝝ. ⁋ Lū fuerit transies sup venere significat
illud morte̅ regis babylonie aut quorundā nobiliū ciuiū alhauez ⊽ cadere
cōstrictiones cū eo quod erūt humiditates ⁋ Lū fuerit transiens sup mercuriū significat illud morte̅ regis babylonie ⊽ multū casuz mortis in homines ⊽ constrictiones cū vehementi frigore in suo tempore. ⁋ Luz fuerit trāsiens super lunā significat morte̅ regis babylonie aut quorundā nobilium
alhauez ⊽ cadere constrictiones cū multitudine locustarū ⊽ prosperitatem
pluuiaꝝ cū multis humiditatibus.

⁋ Sermo in mamareth planetaꝝ sup saturnū.

⁋ Et cū iupiter fuerit transiens sup saturnū significat regē babylonie ⊽ fa-
miliā suam gaudere ⊽ mori quosdā reges ⊽ magnates ⊽ morte̅ multorum
hominū ⊽ cadere discidiū ⊽ odiū inter eos cū bonitate aeris ⊽ ventoꝝ ⊽ p-
sperita̅te esse messiū. ⁋ Et cū fuerit mars transiens sup eum significat illud
morte̅ regis babylonie ⊽ vehementiaꝝ siccitatis in terra sua ⊽ morte̅ regis
armenie cū fortitudine ventoꝝ ⊽ multo puluere. ⁋ Cum fuerit sol transiē̄s
sup eū significat illud multas locustas ⊽ augmentū herbaꝝ cum supfluitate pluuiaꝝ ⊽ humiditatū. ⁋ Et cū fuerit venus transiens super eum signifi
cat illud mortem cadere in homines ⊽ nimiā siccitate ⊽ locustas ⊽ medio-
critate̅ pluuiarū ⊽ multas aquas ⊽ ventos. ⁋ Cum fuerit luna transiens su
per eum significat illud aborsuz pregnataꝝ ⊽ multas pluuias ⊽ humidita-
tēs ⊽ ventos.

Sermo in mamareth iouis sup planetas.

¶ Et cū fuerit ♃ trāsiēs sup martem significat illud morte inimicoꝝ ⁊ principū ⁊ vehementiā frigoris. ¶ Et cū fuerit sup solem significat illud pluuias fore ⁊ prosperitatē eaꝝ. ¶ Cum fuerit trāsiēs super venerē significat illud ꝙ ciues nigredinis incurrent infortuniū vehemens ⁊ mortez regis babylonie ⁊ prosperum esse ciuitatū pluriū regionū cuz eo ꝙ erit terremotus. ¶ Cū fuerit trāsiens sup mercuriū significat illud rege babylonie facere inimicis suis bonū ⁊ dabit eis ⁊ intersectionē duoꝝ regum montiuz et 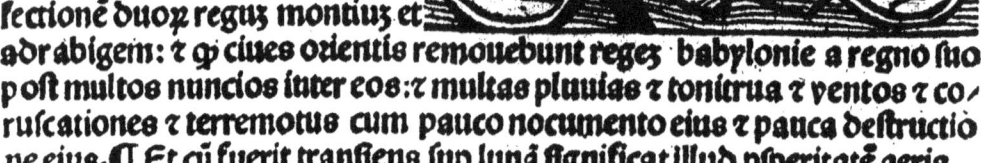 adꝛ abigem: ⁊ ꝙ ciues orientis remouebunt regez babylonie a regno suo post multos nuncios inter eos: ⁊ multas pluuias ⁊ tonitrua ⁊ ventos ⁊ coruscationes ⁊ terremotus cum pauco nocumento eius ⁊ pauca destructione eius. ¶ Et cū fuerit transiens sup lunā significat illud ꝓsperitatē aeris.

Sermo in mamareth planetaꝝ sup iouē.

¶ Et cū fuerit mars transiens sup iouē significat morte regis babylonie ⁊ destructionē aldeaꝝ eius ⁊ inimicos vincere eos ciues ⁊ terraz eius ⁊ paucitatē pluuiaꝝ ⁊ detrimentū aquarū in puteis ⁊ in aliis. ¶ Et cuz sol fuerit transiens sup eū significat illud paucas pluuias in pluribus terris. ¶ Cuz fuerit venus trāsiēs sup euz significat illud morte regis babylonie ⁊ multa gaudia ciuiū regis alhauuez ⁊ seruorē inimicoꝝ super regem ⁊ mortem inimicoꝝ filiꝭ sui ⁊ ciues alhauuez facere insultū in arabes ⁊ morte cadere in ciues nigredinis ⁊ eradie ⁊ montis. ¶ Et cū fuerit mercurius transiens super eū significat illud ꝙ in parte orientis ⁊ in parte vnde flat ventus orientalis ⁊ in terra babylonie ⁊ in eo ꝙ est circa partes istas erūt bella magna cum multis ventis. ¶ Et cū fuerit luna transiens super eum significat illud multas humiditates.

Sermo in mamareth martis sup planetas.

¶ Et cū fuerit mars trāsiens sup solem significat illud multas coruscationes. ¶ Cum fuerit transiens sup venerē significat illud mortē regis alhauuez τ destructionē terre sue: τ mortē quorūdam mulierz regū: τ multam cōbustionē τ infortuniū τ constricciones τ mendatiuz τ rumores terribiles τ locustas in pluribus terris cū paucitate pluuiarum. ¶ Et cū fuerit transiens sup mercuriū significat litigiū inter ciues hauresten τ romanos τ constrictionē regis in illo cum prosperitate esse romanorz τ destructionem ciuiū babylonie: τ multā cōbustionē τ paucitatē pluuiarz τ multum calorez in tempore suo. ¶ Et cū fuerit transiens sup lunā significat illud mortem regis babylonie τ nobiles illius discōuenire τ expensionē censuū eius τ mortē regis alhauuez τ multā interfectionē τ guerras in pluribus climatibus τ quorundā capere alios: τ multā mortē in persis τ romanis in terra montiū cū paucitate luporz: τ caristiā ferentiū onera ex bobus τ camelis et alijs cū siccitate aeris τ paucitate humiditatis.

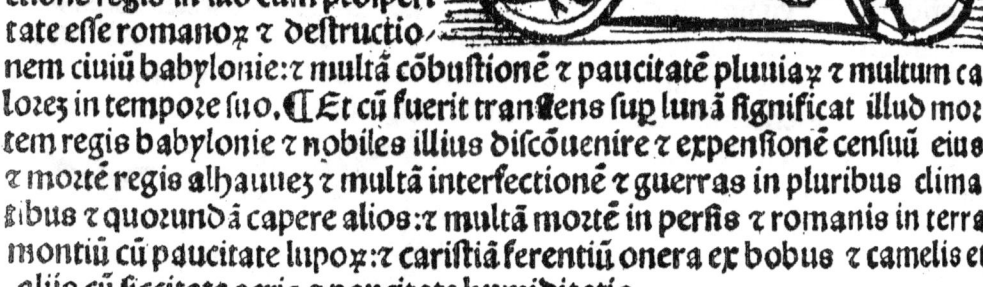

Sermo in mamareth planetarz sup marte.

¶ Et cū fuerit sol transiens super marte significat illud paucitatē pluuiarū ¶ Et cum fuerit venus transiens super eum significat nimiam cadere inimicitiā τ odiū inter homines cum multis pluuijs τ tonitruis τ coruscationibus. ¶ Et cū fuerit mercurius transiens super eū significat illud ciues babilonie impugnare eos in parte meridiei τ multā effusionē sanguinis inter eos τ maior pars hominū facere exercitū contra ciues babylonie τ mortez regis persie τ destructionē pluriū inimicorz regum: τ tristicias accidere hominibus sapientibus τ morte quorundā: τ ciues orientales impugnare ciues occidentales τ multū detrimentū in pluribus regionibus: τ locutiones seruorz inhonestorz in domibus orationis cum multis humiditatibus τ supfluitate pluuiarū τ terremotus fore. ¶ Et cum fuerit luna transiens super eum significat alterationē aeris τ diuersitatē eius.

¶ Sermo in mamareth solis sup planetas.

¶ Et cum fuerit sol transiens super venerem significat illud multas pluuias. ¶ Et cū fuerit transiens super mercurium significat illud nimiā mortez cadere in homines cū vehementi calore τ durabilitate eius. ¶ Cuz fuerit trāsiens super lunaz significat illud rectificationē aeris τ flatuz ventorum venenosoꝝ.

Sermo in mamareth planetaꝝ super solem.

¶ Et cū fuerit venus trāsiēs sup solē significat illud sup habūdātiaz humiditatū. ¶ Cū fuerit ☿ transiens super eū sigt illud mortem cadere in ambulantes τ multas locustas cū flatu ventoꝛ τ caliditate eoꝛ. ¶ Et cū fuerit ☽ trāsiēs sup eū sigt illud paucitatē humiditatū.

¶ Sermo in mamareth veneris sup planetas.

¶ Et cū fuerit ven' trāsiens sup mercuriū sigt illud multas egritudines in militib9 τ nobilibus ex tussibus cum multa morte ob illā causam τ potentiam mulieꝝ cū paucitate pluuiaꝝ τ vehementi calore τ tonitrua τ coruscationes fore in tpe suo. ¶ Cuz fuerit trāsiēs sup ☽ sigt illo paucitatē pluuiaꝝ τ paucitatē hūiditatū. Sermo i mamareth pſaꝝ sup ♀ ¶ Et cū fuerit ☿ trāsiēs sup venere sigt illud captiuitatē ciuiū er adie τ mortē que adueniet in plura climata τ precipue in militibus τ multa bella τ latrones τ

effusiones sanguinū cū prosperitate aeris τ mediocritate humiditatū τ corroboratione caloris in tempore suo. ¶ Et cū fuerit luna transiens sup eum sigt pluuias τ humiditates.

Sermo in mamareth mercurij
sup planetas.
¶ Et cū fuerit mercuri9 trāsiens
sup lunā significat nimiū mortis
casuū in hoibus cū casu locusta=
rū τ incessante ventoꝝ flatu.
Sermo i mamareth pꞇaꝝ sup ☿
¶ Et cū fuerit luna trāsies super
mercuriū significat illud casum
mortis in hoibus cū paucitate
humiditatū τ incessāte ventoꝝ
flatū cū vehementi calore. Et qꝛ
deo auxiliante iaꝫ venim9 cū eo
ꝙ narrare voluim9. Cōpleam9
ergo dr̄aꝫ quintā.

Dr̄a sexta in iudicio sup mamareth planetaꝝ eleuantiū alioꝝ sup alios
cū fuerint equidistantes signo virginis.

Ostēdim9 igit in dr̄a quinta cū rememoratione significa
tionū mamareth planetaꝝ alioꝝ sup alios cū fuerint equidi
stantes signo leonis. Tractem9 ergo in hac dr̄a significatio
nes eoꝝ sm̄ illud cū equidistant signo virginis.

Sermo in mamareth ♄ super planetas.

Dicam⁹ q̄ cum fuerit ♄ transiens super ♃ significat illud destructionem terre armenie et durabilitatem eius per tres annos cum paucitate pluuiarum et siccitate et superfluitate aquarum marium. ⸿ Cum fuerit transies super ♂ significat illud destructionem plurium partium terrarū cum vehementi frigore τ durabilitate eius: et p̄cipue in duob⁹ temporibus conuenientibus ei: τ multā mortem plurium ex arboribus. ⸿ Cum fuerit transiē̄s super ☉ significat illud siccitatē aeris. ⸿ Cū fuerit transiens sup  ♀ significat illud milites armenie aduenire p̄speritatez pluuiarum τ humiditatem. ⸿ Cum fuerit transiens super ☿ significat illud ciues alhauez multum impugnare inimicos suos: τ mortez aduenire quibusdā mulierib⁹ regum: τ exitum exeuntiū qui eundo corrumpent terras τ terminos earum cum superfluitate pluuiarum: τ multas inundationes: τ vehementiam frigoris. ⸿ Cum fuerit transiens super ☽ sig̅t multas humiditates τ pluuias.

Sermo in mamareth planetarum super ♄.

⸿ Et cum fuerit transiens ♃ super ♄ significat illud plurium partiuz facere exercitū contra terram romanorū et ipsos depopulari plures eorū aldeos cum destructione armenie: τ multis infirmitatibus: τ mortem in hominib⁹ cū paucis humiditatibus: τ pauco ventorū flatu: τ prosperitatē esse seminū τ fortasse adueniet siccitas in terra alhauez. ⸿ Cum fuerit ♂ transiens super eum significat illud multas congregationes: τ vehementē calorē: τ frigus in duobus t̄pibus eis conuenientibus: τ corruptione locustarū ad plures redditus. ⸿ Cum fuerit ☉ transiens super eū sig̅t illud pluuias fore τ mediocritatem earū. ⸿ Cum fuerit ♀ transiens super eū sig̅t illud multas diuersitates militū armenie cum casu mortis τ egritudinib⁹ in h̄oiē: et pluuias τ humiditates fore τ reparationē earū. ⸿ Cum fuerit ☿ transiens sup eum sig̅t illud ciues armenie facere exercitū c̄tra inimicos suos cū sup̄bia eor̄ in regionib⁹: τ destruere parte terrarū pp̄ter illas causas cū vehementi frigore τ inundationibus fluminū. ⸿ Cum fuerit ☽ transiens super eum sig̅t ciues armenie impugnare inimicos eorū: τ eos destruere maiorē partem eorum τ superfluitatem pluuiarum: τ multas humiditates.

¶ Sermo in mamareth ♃ super planetas.

¶ Et cum fuerit ♃ transiens sup
♂ sigt illō mercatores dissipare
census suos: et reparationē rerū
ꜩ destructionem maioris partis
terre montium: ꜩ reparationem
ciuiū babilonie: ꜩ multos ventos
in horis conuenientibus eis. ¶ Cū
fuerit trāsiens super ☉ significat
illud siccitatē aeris: ꜩ paucitatez
pluuiaꝝ. ¶ Cum fuerit transiēs
super ♀ significat illō romanos
quosdam obedire regi suo: ꜩ ob
id venire eis pena: ꜩ reparatiōez
esse ciuiū babilonie: ꜩ ipsos gau
dere: ꜩ ciues alhauez sequi nocu
mentuz: ꜩ partes eorū cum lupis
ꜩ paucitate pluuiarū. ¶ Cum fuerit transiens super ☿ significat illud ciues
susuisten impugnare regnum romanorum: ꜩ euasionez plurium regionum
ꜩ multos inquirere superbiā cum incessante ventorum flatu. ¶ Cum fuerit
transiens super ☽ significat superfluitatem pluuiarum.

¶ Sermo in mamareth planetarum super ♃.

¶ Et cum fuerit ♂ transiens super ♃ significat illud mortem regis alhauez
ꜩ reparationem esse regis babilonie: ꜩ apparentiam inimicitiarum ꜩ rixarū
in eis: ꜩ fortasse cadet combustio cum superfluitate choruscationum ꜩ toni
truorum ꜩ augmentum aquarū fluuiū. ¶ Cum ☉ fuerit trāsiens super eum
sigt humiditatem aeris. ¶ Cum fuerit ♀ transiens super eum sigt mortem
ꜩ vehementiam in regionibus nigrorū ꜩ babilonie cum incessatione roma
norum: ꜩ multa semina in babilonia: ꜩ paucitatez aquarum marium. ¶ Cū
fuerit ☿ transiens super eum significat illud mortē regis babilonie: ꜩ ciues
babilonie consequentur timorem ꜩ destructionem terrarū eius: ꜩ apparere
sapientes ꜩ eos multiplicari cum superfluitate pluuiarū: ꜩ paucitate seminū
ꜩ herbarum: ꜩ multis inundationibus fluminum. ¶ Cum fuerit ☽ trāsiēs
super eum significat illud regem romanorū ꜩ persie ꜩ alhauez vincere regez
babilonie: ꜩ multā morte inter eos cadere: ꜩ incurrēt ꝓpter hoc nocumentū
magnum: ꜩ siccitatem cum eo ꝗ permutantur exercitus: et inimici ex parte
montium ad partem nigredinis: ꜩ superfluitatem multarum aquarum.

⁋ Sermo in mamareth ♂ super planetas.

⁋ Et cum fuerit ♂ transiēs sup
☉ significat illud siccitatē aeris
τ paucitatez humiditatis. ⁋ Lū
fuerit transiens sup ♀ significat
illud mortem quorundā regum
τ puero᷑ ex mulieribus: τ mult̀ꝫ
alterationib᷑: τ cadere locustas
τ vehementem calorem in tem
pore sibi ꝯueniente. ⁋ Cum fue
rit trāsiens sup ☿ significat illud
captiuitatez quorundā de terra
babilonie τ de parte montium:
τ effusionem sanguinū: τ destru
ctionem pluuiarū aquarum ter
rarum: τ destructionez sedis ma
gnatum: τ multos latrones pati

ab eis iniuriam: τ seruos defraudare dominos suos: τ deiectionē sapientū
et vaticinatorum: et caristiam asinorum et boum: et multas locustas cum
siccitate aeris: et paucitatem pluuiarum: et multam annonā. ⁋ Cum fuerit
transiens super ☽ significat illud superfluitatem pluuiarū: et multas humi
ditates.

⁋ Sermo in mamareth planetarum super ♂.

⁋ Et cum fuerit ♀ transiens super ♂ significat illud multas humiditates.
⁋ Cum ☉ fuerit transiens super eum significat illud pugnam regum: τ sese
interficere adinuicem: et multas cōmixtiones: et nocumentum in pluribus
regionibus: et mortem cadere in locustas cum paucitate pluuiarum: et ve
hementi calore. ⁋ Cum fuerit ☿ transiens super eum significat illud expa
uefactionem occurrere persie: et mortem regis eius: et pauorem magnum
qui adueniet in maiori parte regionum cum caristia vaticinantium: cum
mediocritate aquarum fluminum et temperantia earum. ⁋ Cum fuerit ☽
transiens super eum significat multas humiditates.

D 2

¶ Sermo in mamareth ☉ super planetas.

¶ Et cum fuerit ☉ transiens sup
♄ significat illud superfluitatez
pluuiarū. ¶ Cū fuerit transiens
super ♃ sigt illud ciues alhauez
timere romanos: ɫ apparere sci
entias cū siccitate aeris: ɫ pauci
tate humiditatis eius. ¶ Cum fu
erit transiens super ☽ significat
illud paucitatem humiditatum

¶ Sermo in mamareth pla-
netarum super ☉.

¶ Et cum fuerit ♀ transiēs sup
☉ significat illud superfluitatez
pluuiaɀ. ¶ Cum fuerit transiēs
♂ sup eum sigt illud multos red
ditꝰ: ɫ multas locustas cū multo
uentorū flatu ɫ multitudine pluuiarū. ¶ Cum fuerit ☽ transiens super eum
significat superfluitatem humiditatum: ɫ multas aquas.

¶ Sermo in mamareth ♀ super planetas.

¶ Et cum fuerit ♀ transiens sup
♃ significat illud ciues alhauez
impugnare romanos: ɫ scient; ac
apparere ɫ spinas cū multis plu
nijs ɫ tonitruis ɫ coruscationibꝰ
ɫ augmento fluminum. ¶ Cum
fuerit trāsiens super ☽ significat
illud superfluitatem pluuiarum
ɫ multas superfluitates.

¶ Sermo in mamareth pla-
netarum super ♀.

¶ Et cum fuerit ♃ transiens sup
♀ significat illud casū regis romanorum: ɫ regis arabū a sede
ua: ɫ exercitus se mouere ad quās
daɀ terras: ɫ rumores terribiles
cadere in hoies. ¶ Cum fuerit ☽ transiens sup eam sigt illud pugnā caderei
inter ciues psie ɫ romanorū: ɫ multos paupes ɫ latrones: et pugnantes pat
abortium: ɫ caristiā asinorū: ɫ morte boum: ɫ multas humiditates ɫ aquas cū
paucitate messium ɫ seminum: ɫ precipue in terra persie ɫ romanorum.

⁜ Sermo in mamareth ♀
super planetas.
⁜ Et cum fuerit transiens ♀ sup
☽ significat incessantes ventorū
flatum.
⁜ Sermo in mamareth planetarum super ♀.
⁜ Et cum fuerit ☽ transiens sup
♀ significat mediocritatem plu
uiarum et humiditatuz. Postq̄
ergo venimus quod narrare vo
luimus. Compleam⁹ ergo diffe
rentiam sextam.

⁜ Differentia septima in iudicio super mamareth eleuantium planetarum
aliorum super alios cum fuerint equidistantes signo ♎.

Ostq̄ ergo premisimus in differentia sexta rememorationez
significationuz mamareth planetarum aliorum super alios
cum fuerint equidistantes signo ♍. Tractemus ergo in hac
differentia significationes eorum s̄m illud cum fuerint equidistantes signo ♎.

⁋Sermo in mamareth ♄ super planetas.

⁋Et cum fuerit ♄ transiēs sup
♃ significat illud multas causas
egritudinum: ⁊ infirmitates ac=
cidere ex tussib9 ⁊ multo labore
⁊ fatigatione:⁊ precipue in regi=
onibus arabum cum paucitate
pluuiaꝝ. ⁋Cum fuerit transiēs
sup ♂ significat illud cadere di=
scidium inter reges cum tꝑantia
hyemis:⁊ paucitate frigoris ei9.
⁋Cum fuerit transiens super ☉
significat illud siccitatē multam
⁊ famem in pluribus terris cum
superfluitate pluuiarū ⁊ fortasse
temperabitur:⁊ mortem pueroꝝ
⁋Cum fuerit transiēs super ♀
significat illud prosperitatem hominum: ⁊ multas locustas cum paucitate
pluuiarum. ⁋Cum fuerit transiens super ☿ significat illud multā siccitatē
in pluribus climatibus cum superfluitate pluuiarum ⁊ incessante ventoꝝ
flatu. ⁋Cum fuerit transiens super ☽ significat illud multam siccitatem et
famem in pluribus regionibus ⁊ reparationem earum.

⁋Sermo in mamareth planetarum super ♄.

⁋Et cum fuerit iupiter trāsiens super ♄ significat illud romanos pugnare
inter se:⁊ multam fieri cedem in eis:et cōmotionem inimicorum:et eos de=
struere plures regiōes:et fortitudinē siccitatꝭ et pluuias deesse. ⁋Si fuerit
☉ transiens super eum significat illud reges inter se pugnare:⁊ morte qua
rundam mulierum regis babilonie: et multos inimicos cum pulcritudine
herbarum:et superfluitatem pluuiarum et reparationē earum: et pulcrum
esse messium. ⁋Quando fuerit ♂ transiens super eum significat bella regū
vnius cum alio: et mortem mulierum regum:et multas herbas: et paucas
pluuias. ⁋Cum fuerit ♀ transiens sup eum significat illud reges pugnare
inter se:⁊ multas herbas cum superfluitate pluuiarum et mediocritem fla
tus ventorum. ⁋Cum fuerit mercuri9 transiens super eum significat illud
ꝙ aduenient impedimenta inter reges ⁊ magnates cum superfluitate plu=
uiarum:⁊ mediocritate flatu ventorum.⁋Cum fuerit ☽ transiens super eū
significat abortum pregnatarum:⁊ superfluitatem pluuiarū ⁊ humiditatū
⁊ multas messes.

⁋Sermo in mamareth ♂ super planetas.

⁋ Et cum fuerit ♂ transiens sup
☉ significat multas guerras in
babilonia ⁊ iniurias ⁊ mēdaciū
hominum adinuicem cum temperantia aeris:⁊ declinationem
eius ad calorem et siccitatem et
vehementiā frigoris in tempore
suo:⁊ validitatem ventorum arbores eradicantium ⁊ palmas.
⁋ Cum fuerit transiens super ♀
significat illud guerras necnon
captiuitatez fore in pte alhauez:
⁊ ciues montiuz nimium facere
exercitum inimicis eorum:⁊ apparere nocumentum et combu-
stionez cum paucitate pluuiarū.

⁋ Cum fuerit transiens super ☿ significat illud mortem quorundaz filioꝶ
regis:⁊ multos timores aduenire hoibus ciuibus regionum:⁊ ciues montium facere exercitum ciuibus cuzusten et cadere bellum inter eos:et ciues
partis orientis impugnare ciues partis occidentis:⁊ destructionem pluriū
aldearum arabum:⁊ mortem dominorum eorum:et mortez cadere multā
in homines:⁊ caristiam boum:et paucitatem pecoꝝ:⁊ destructionem legū
⁊ ecclesiarum et fabricationis earum cum paucitate pluuiaruz in principio
temporis conuenientis ei : ⁊ multa nubila et tonitrua ⁊ choruscationes: et
diminutionem aquarum in fluminibus et siccitatem earum. ⁋ Cum fuerit
transiens super ☽ significat illud mortem regis babilonie cum eo q̄ scandalum patientur nobiles eius:⁊ expansionez census eorum:⁊ mortem regꝫ
alhauez:⁊ multas guerras:et interfectionem et mortez in persia:⁊ romanis
⁊ ciuibus montium:et multam luporum rapacitatez:⁊ caristiam trahentiū
onera sicut boues et cameli ⁊ alia cum multitudine inimicorum.
            ⁋ Sermo in mamareth planetarum super ♂.
⁋ Et cum fuerit ☉ transiens sup ♂ significat multas iniurias in babilonia
fieri:⁊ mendacium et guerras sine verificatione hominum adinuicez cum
humiditate aeris:et veheméti calore in tpe suo. ⁋ Cum fuerit ♀ transiens
super eum sigt mortem quorundaz regum: ⁊ multas guerras in regione eū
superfluitate humiditatum. ⁋ Cum fuerit ☿ transiens super eum sigt illud
destructionem esse ciuium babilonie: ⁊ prosperum esse ciuium romanoꝝ:⁊
cadere combustionē in aldeis arabū cū multitudine nubiloꝝ ⁊ sup̄fluitate
pluuiaꝝ ⁊ terremorꝰ ⁊ sitis fore in p̄ncipio ꝯuenientis ei:⁊ paucitaté in fine
eius. ⁋ Cū fuerit ☽ transiens sup eum sigt illud multas aq̄s ⁊ humiditates.

Sermo in mamareth ♃ super planetas.

Et cum fuerit ♃ transiens sup ♂ significat illud vehementiam gaudiorum regis babilonie cum destructione inimicorum suorū et rectificatione plurium rerum suarum: et latrones inuenire de censu inimicorum: ⁊ multas nubes. Cum fuerit transiens sup ☉ significat illud nimiam aeris siccitatem. Cum fuerit transiēs super ♀ significat illud infortunium ⁊ angustias cōsequi ciues nigredinis: ⁊ prosperē esse ciuibꝰ babilonie: ⁊ multas cōmixtiōes in armenia: ⁊ destructiōz arabū cum multis terremotibꝰ: ⁊ bonū

esse messium. Cum fuerit transiens super ☿ significat illud salutem fore in plurimis regionibus et consequentium bonitatem cum incessante ventorū flatu. Cum fuerit transiens super ☽ significat illud paucitatem humiditatum: ⁊ siccitatem aeris.

Sermo in mamareth planetarum super ♃.

Et cum fuerit ♂ transiens super ♃ significat multos timores hominum: et odio se habere adinuicem: ⁊ maliciam esse mercationū cum multis pluuijs et tonitruis et choruscationibus. Cum fuerit ☉ transiens super eum significat illud pluuias fore ⁊ temperantiam earum. Cum fuerit ♀ transiens super eum significat illud prosperum esse mercationum: et multas febres aduenire hominibus ⁊ egritudines melancolicas: ⁊ caristiaz annone ⁊ destructionem messium in armenia ⁊ fortasse reparabitur: ⁊ multas pluuias et humiditates. Cum fuerit ☿ transiens super eum significat illud morté regis persie ⁊ romanoꝝ: et multos latrones et abscisores viaꝝ maliciosos: ⁊ interfectionem quam consequentur mercatores ab eis: et timorez qui accidit in pluribus climatibus: et siccitatem cum validitate ventorum. Cum fuerit ☽ transiens super eū significat illud superfluas humiditates ⁊ multitudinem earum.

⁋ Et cū fuerit sol transiens sup
venerē significat illud multa nu
bila ⁊ paucitatē pluuiax̄. ⁋ Cū
fuerit trāsiens sup mercuriū sigt
illud detrimēta que aduenient
scriptorib9 ⁊ villicis cū supfluita
te pluuiax̄. ⁋ Cū fuerit transiēs
sup lunaz sigt illud aduentū nū
ciationū cū multis rumorib9 ter
ribilib9 ⁊ bonā aeris cōmixtionē
⁋ Sermo in mamareth planeta
rū sup solē.
⁋ Et cū fuerit venus trāsiēs sup
solez sigt illud multos humores
⁊ supfluitatē pluuiax̄. ⁋ Et cum
fuerit mecurī9 trāsiens sup eum
sigt illud incessantē ventox̄ statū ⁊ supfluitatē humiditatū. ⁋ Et cuz fueri t
luna transiens sup eū sigt illud multas humiditates .
⁋ Sermo in mamareth veneris
sup planetas .
⁋ Et cū fuerit ven9 trāsiens sup
mercuriū sigt illud mortez regis
babylonie ⁊ salutē plebis: ⁊ regē
romanox̄ facere exercitū cōtra
thurcos ⁊ terrā alhauuez ⁊ eos
depdare regna eox̄ ⁊ impugna
re eos: ⁊ supfluitatē pluuiaruz ⁊
multas aquas ⁊ inundationes
fluminū. ⁋ Cū fuerit trāsiēs sup
lunam sigt illud tpantiā aeris ⁊
paucitatē pluuiax̄.
⁋ Sermo in mamareth plane
tax̄ sup venerē.
⁋ Et cū fuerit ♂ trāsiēs sup ♀
sigt illud bella cadere inter romanos ⁊ thurcos ⁊ romanos: ⁊ ciues mōtiū
facere exercitū cōtra armeniā: ⁊ mortē: ⁊ flumina cadere in plura climata
cū supfluitate pluuiax̄ ⁊ tpantia eax̄. ⁋ Cū fuerit luna trāsiēs sup eā sigt il
lud prosperitatē pluuiax̄ ⁊ multas humiditates.

⁜ Sermo in mamareth mercu/
rij sup planetas.
⁜ Et cum fuerit mercurius tran
siens sup lunam significat illud
meliorationẽ esse pluuiax
⁜ Sermo in mamareth plane/
tax super mercuriũ.
⁜ Et cũ fuerit luna transiens su
per mercuriũ significat illõ mul
tas pluuias: humiditates: τ inu
dationes. Postq̃ ergo venimus
super illud q̃ narrare voluimus
Compleam⁹ ergo dr̃ am septimã

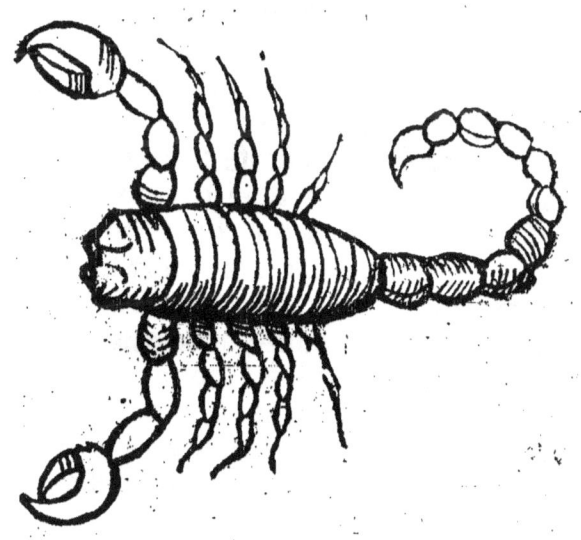

Dr̃a octaua in iudicio sup mamareth planetax eleuãtiũ aliox sup alios
cum fuerint equidistantes signo scorpionis.
Postq̃ ergo venim⁹ in dr̃a septima cũ rememoratione significationuz
mamareth planetax aliox sup alios cũ fuerint equidistantes signo li
bre. Tractem⁹ ergo in hac dr̃a rememoratione significutionũ eox cum fue
rint equidistantes signo scorpionis.

Sermo in mamareth iouis sup planetas.

€ Et cū fuerit iupiter trāsiens super martē significat illud mortē aduenire in filios regū ⁊ destructionē nobiliū babylonie ⁊ nimiā apparentiā inimicoꝶ suorū ⁊ cadere cōbustionē in ea cū habundantia regionū ⁊ paucitate pluuiaꝶ. € Cū fuerit trāsiēs super solē significat illud siccitatē aeris. € Et cū fuerit trāsiēs super venerē significat illud cōmixtionē regis babylonie ⁊ permutare se ad nigredinez:⁊ ciues alhauuez pugnare inī se ⁊ interfectionē cōgregationū ex hominibus propter illas causas. € Cuz  fuerit transiens sup ☿ significat illud timorē quā cōsequeꝶ rex babyloni e ⁊ ciues eius:⁊ milites facere exercitū cōtra ciues meridiei ⁊ bellū ꝙ adueniet ciuibus mōtiū ⁊ fugā que cadet sup eos ⁊ euasionē eoꝶ ab hoc:⁊ multas tristicias ⁊ angustias ⁊ bella cadere i ciuibꝰ partis oriētis: ⁊ destructionē multaꝶ ex alterīs earū:⁊ herbositatē aldeaꝶ romanoꝶ cū multis nubibus ⁊ superfluitate pluuiarū precipue ei in tempore cōueniente. € Et cum fuerit transiens sup lunā significat paucitatē aquarū ⁊ pluuiarū.

Sermo i mamareth pꝶaꝶ sup ♃

€ Et cū fuerit mars transiens sup iouē significat illud timorē cadere in terra babylonie ⁊ destructionē maioris partis eius:⁊ captiuitatē ciuiū mōtiū oppositoꝶ ciuibus alhauuez cū multa morte que erit in pluribus climatibꝰ ⁊ paucitatē pluuiarū ⁊ detrimentū aquarū in fluminibus ⁊ piscibus ⁊ pred pue in babylonia. € Et cū sol fuerit transiens supꝰ eū significat illud humiditatē aeris. € Cū fuerit venus transiens sup eū significat illud angustias aduenire regi montiū:⁊ interfectionē regis alhauuez p ferrū:⁊ multā mortem in pluribus climatibus:⁊ pugnare ciues partis orientis cuz ciuibꝰ partis septentrionis:⁊ apparitionē ciuitatū ⁊ castroꝶ multoꝶ:⁊ ciues carestē impugnare ciues meridiei ⁊ orientis cum incessante ventoꝶ flatu. € Cum fuerit luna transiens super eum significat illud supfluitatē pluuiaꝶ ⁊ multas aquas.

Sermo in mamareth saturni sup planetas.

Et cū fuerit saturnus trāsiens sup iouē sigt illud morte aduenire quibusdā regibus montiū et destructionē terre eoꝶ: ʒ mortez pluriū hominū in eis: ʒ morte cadere in scorpiones ʒ in serpētes cū paucitate pluuiaꝶ ʒ multū vētoꝶ flatū. Lū fuerit trāsiēs super marte sigt illud nimiā destructionē in plurima climata cū siccitate aeris ʒ paucitate humiditatis eiꝰ. Lū fuerit trāsiēs sup sole sigt illud multā morte cadere ī plurima climata cū vehemēti calore in suo tpe. Lūz fuerit trāsiēs sup venere sigt illud egri

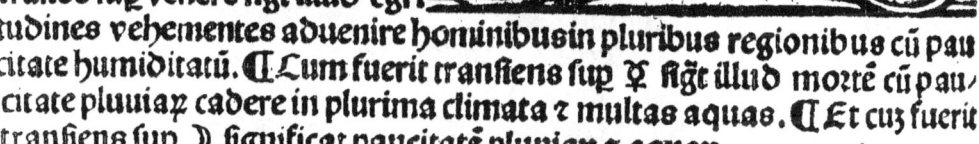

tudines vehementes aduenire hominibus in pluribus regionibus cū paucitate humiditatū. Cum fuerit transiens sup ☿ sigt illud morte cū paucitate pluuiaꝶ cadere in plurima climata ʒ multas aquas. Et cuz fuerit transiens sup ☽ significat paucitatē pluuiaꝶ ʒ aquaꝶ.

Sermo in mamareth planetaꝶ sup saturnū.

Et cū fuerit iupiter trāsiēs sup ♄ significat illud morte aduenire quibusdā regibus montiū: ʒ ꝯsequet rex babylonie in eis bonū: cū multo odio ʒ inimicitijs cadentibus in plurima climata: ʒ cōbustionē cadere in eos cū supfluitate pluuiarū. Lū fuerit ♂ transiens sup eū significat illud multas guerras in parte mōtiū ʒ destructionē cadere in plurima climata: ʒ cadere locustas nociuas in messibꝰ ʒ pluuias ʒ tonitrua ʒ coruscatiōes. Lū fuerit sol transiēs sup eū significat illud angustias ʒ cōstrictiones: ʒ bella cadere inter reges: ʒ multos bubones in homines. Lū fuerit uenus trāsiens sup eū significat illud angustias ʒ cōstrictiones aduenire regi babylonie ʒ depositionē eius ab honore suo: ʒ morte cadere in mulieres ʒ in repentia ʒ in muscas cū multis humiditatibꝰ. Lū fuerit mercuriꝰ transiens sup eū significat illud ꝙ bellū erit inter reges: ʒ cadere bubones ʒ morte in plurima aialia ʒ bestias cum supfluitate pluuiaꝶ ʒ mortalitatibus multis. Lū fuerit luna transiens super eū significat aduentuz belli inter reges: et bubones cadere ʒ morte in plures bestias cū multis humiditatibus.

⁋Sermo in mamareth martis sup̃ planetas.

⁋Et cū fuerit mars trāsiēs su
per solē significat illud siccitatez
aeris τ eius caliditatē. ⁋Cū fue
rit trāsiens sup̃ venerē significat
illud mortē muliex̃ regū τ ciues
montiū facere insultū sup̃ ciues
tharasten cum paucitate humi
ditatū. ⁋Et cuz fuerit mars trā
siens sup̃ mercuriū significat il
lud mortē regis aldeax̃ arabuz
τ ciues montiū facere insultum
super eos τ eos vincere maiorez
partem terre eox̃:et mortē cade
re in homines τ boues cum in
cessante ventox̃ flatu. ⁋Et cum
transiens fuerit sup̃ lunā signifi
cat illud mortē regis babylonie τ scandalizari nobiles ei⁹ τ dispensa pecu
niarū:τ mortē regis alhauuez cū multa pugna τ guerra que erit in pluribꝰ
climatibus τ captiuationez eox̃ adinuicem:τ mortē cadere in persiaz τ ro
manos τ terram montiū cū rapacitate lupox̃ τ dispersionē bestiax̃ homi
nū sicut cameli τ boues τ his similia cum eo q̃ erunt tonitrua τ fulmina.

⁋Sermo in mamareth planetax̃ sup̃ marte.

⁋Et cū fuerit sol transiens super marte significat illud humiditatem aeris
orizontis. ⁋Et cū fuerit venus transiens super eū significat illud renoua
tionē regis in terra romanox̃ cui nō erit preciū:τ mortē quorundā filiorū
regum τ multā apparitionē rerum extranearū in nigris cum superfluitate
pluuiax̃. ⁋Et cū fuerit mercurius transiens super eū significat illud facere
insultum ciues τ regis babylonie in regem suuz τ ipsos interficere inimicos
suos:τ terrorē aduenire ciuibus montiū τ eos interficere regem suuz:τ ca
dere locustas τ corruptionē in eis cuz multis nubibus τ pluuijs in tempo
re conueniente ei τ vehementē calorē in tempore suo. ⁋Et cum fuerit lu
na transiens super eum significat illud tonitrua τ coruscationes τ fulmina
ore.

⁋Sermo in mamareth solis super planetas.

⁋Et cū fuerit sol transiēs sup venerē sigt illud paucitatē pluuiarū.⁋Et cū fuerit trāsiens sup ☿ sigt supfluitatē hūiditatū.⁋Lū fuerit trāsiēs sup lunā sigt illud paucitatē humiditatū τ aquarū τ pluuiarū.

Sermo in mamareth planetaɼ sup solem.

⁋Et cū fuerit venꝰ transiens sup solē sigt illō supfluitatē pluuiarū ⁋Et cum fuerit ☿ transiens sup eum sigt paucitatez pluuiarū: τ incessantem flatum ventorum ⁋Et cum fuerit luna transiens sup eū sigt superfluitatē aquaɼ.

Sermo in mamareth venerꝭ sup planetas.

⁋Et cū fuerit venꝰ transiens sup ☿ sigt illud mortē regis babylonie τ destructionē maioris ptis eradie cū eo ꝙ hoīes capiēt pecora in pluribus terris τ multaɞ pugnā τ vehementiā eius cū supfluitate pluuiarū: τ eē tonitruoɼ τ coruscationū: τ aduentū terre motuū: τ multas inundatiões τ aquas.⁋Et cū fuerit trāsiens super lunaɞ sigt illud humiditates τ pluuias fore.

Sermo in mamareth planetarum sup venerē.

⁋Et cū fuerit mercuriꝰ transiēs sup venerē sigt illud aduentū exercituū de terra indoɼ ad partē terre babilonie τ eis facere guerrā ad terrā armenie τ salutē eoɼ τ multitudinē latrotnū τ dispersionē militū ī eo ꝙ est inter orientē τ parte meridiei τ ciues mōiū impugnare armeniā: et malū esse grecoɼ τ euasiōne montiū τ multitudinē natoɼ τ superfluitatē pluuiarū.⁋Et cū fuerit luna transiens super eā significat illud supfluitatē pluuiaɼ τ multas humiditates.

⁋Sermo in mamareth mercu/
rij sup planetas.

⁋Et cū fuerit mercuri⁹ transiēs
super lunā sigt illud ciues roma
noꝝ impugnare ciues alhauuez
ꝛ nimiā mortē cadere in mulie
res cū supfluitate pluuiaꝝ ꝛ mul
to vētoꝝ flatu.

⁋Sermo in mam areth plane/
taꝝ sup mercuriū.

⁋Et cū ☽ fuerit trāsiens sup ☿
sigt illud supfluitatē pluuiaruz ꝛ
multas aquas ꝛ inundatiōes: et
appitionē stellaꝝ ꝛ igniū sup ori
zontez. Postqꝫ ḡ venim⁹ sup illō
qō narrare voluimus. Cōpleam⁹
ergo dfaꝫ octauā auxilio dei.

Dfa nona in iudicio sup mamareth planetaꝝ eleuantiū ad inuicē cum
fuerint quidistātes signo sagittarij.

Postqꝫ igit ꝑmisim⁹ in dfa octaua remēorationē signionū ī mamareth
planetaꝝ eleuatiū adinuicē cū fuerint equidistātes signoṁ. Tractem⁹
ḡ in hac dfa remēorationē signionū eoꝝ qn fuerint eqdistātes signo ♐.

⁋Sermo in memareth saturni sup planetas.

⁋Et cuz fuerit saturnus transiens super iouē significat casum infortuniorūz τ constrictionū in pluribus climatibꝰ τ multa bella in babylonia: τ mortem regis eius τ casum rumoꝛ terribilium τ destructionē in ea. ⁋Et cū fuerit trāsiens sup martē significat illud bella cadere inter reges τ nimiā mortē in aliquibus climatibus cū vehementia ventorum in temporibus suis. ⁋Et cū fuerit transiens sup solem significat illud casum mortis in ambulantibus cū superfluitate pluuiarū τ forsitan temporabiꝉ: τ paucitatem messiū. ⁋Et cū fuerit transiens sup venerē significat mortē quarundā mulierū reguz in verecundiā cuz paucitate pluuiarū τ bono esse messium. ⁋Et cū fuerit transiens super mercuriū significat illud casuz mortis in ambulantibus τ guerras in pluribus climatibus cū incessante ventoꝛ flatu τ paucitate proficui messium. ⁋Et cuz fuerit transiens sup lunam significat illud mortē cadere in pecudibus cū prosperitate humiditatū τ incessatione eius τ pauca seruatione messium.

⁋Sermo in mamareth planetaꝛ sup saturnū.

⁋Et cū fuerit iupiter transiens sup saturnū significat illud infortunia τ angustias τ guerras aduenire regi babylonie τ vehementē siccitatē ciuiū eiꝰ τ multos inimicos τ odium cadere inter homines τ multitudinē pluuiarū τ tempantiā earū. ⁋Et cuz fuerit mars transiens super euz significat illud multas egritudines in pluribus climatibus τ incessāntē ventoꝛ flatum cū multo pūluere τ vilitate annone. ⁋Et cū fuerit sol transiens super eum significat illud bella cadere inter reges τ mortē regis babylonie cuz supꝼuitate pluuiaꝛ. ⁋Et cū fuerit venus transiens super eum significat illud casum mortis mulierū aut ꝙ interficient veneno cū paucitate pluuiarū τ bonitate messiū. ⁋Et cum fuerit mercurius transiens super eum significat illud bella cadere inter reges τ exitū exeuntis cum mediocritate pluuiaruz τ multis aquis τ incessāntē ventoꝛ flatuz. ⁋Et cū fuerit luna transiens super eum significat reges inter se pugnare cū supꝼuitate pluuiaꝛ.

⁋Sermo in mamareth ♃ super planetas.

⁋Et cum fuerit ♃ transiens sup
♂ significat illud mortem regis
romanorum: τ mortez cadere in
plures homies nobiles terre ei?
et multam combustionem in ea
cū vehementi frigore in suo tem
pore. ⁋Cum fuerit transies sup
☉ significat illud multas pluuias
et iuuamentum earum. ⁋Cum
fuerit transiens sup ♀ sigt plura
testimonia falsa regi in ciuibus
nigrorū cum insultu magnatuū
τ victoriā eius cum eis: et ipsum
interficere eos: et vehementiam
regis alhauez super plebem suā:
τ ipsum interficere quosdam fi-
lios suos: τ mortem quorundam ciuium eius et multorum militū: τ pro
speritatem messium. ⁋Cum fuerit transiens super ☿ significat illud superfluitatem pluuiarum: τ incessantem ventorum flatum: et multa tonitrua et
choruscationes et terremotus et niues cum iuuamento eorum: et precipue
in tempore conuenite ei cum multis messibus τ proprie in alhauez. ⁋Cum
fuerit transiens super ☽ significat illud mediocritatem humiditatum.

⁋Sermo in mamareth planetarum super ♃.

⁋Et cum fuerit ♂ transiens super ♃ significat illud destructionē pluuiarū
aldearum babilonie: et angustias et constrictiones que aduenient ciuibus
romanorum: τ morte cadere in diuites cum paucitate pluuiarum. ⁋Cum
fuerit ☉ transiens super eum significat illud siccitatem aeris: et mortem ca
dere in plura climata. ⁋Cum fuerit ♀ transiens super eum significat illud
multa mēdacia et mores in ptibus: et ciues babilonie impugnare alhauez
τ cadere discidium inter eos cum morte iuuenum et superfluitate pluuiarū
τ augmento tigris et eufrates. ⁋Cum fuerit ☿ transiens super eum signifi
cat illud pugnam regis babilonie τ se permutare de terra ad terra: et ipm
facere guerram inimicis suis: et eos separare cum oppressione quam conse
quetur: et nimiam siccitatē et timorē in terra eius: τ ipsum vincere latrones
et erit in parte meridiem pugna et nocumentū: et ciues meridiei interficere
ciues orientis: et cadet combustio in domos orationum: et destruentur co
muniter regiones cum multis pluuijs et incessante ventorum flatu et inun
dationibus fluminu. ⁋Cum fuerit ☽ transiens super eum significat illud
multas humiditates et superfluitatem aquarum.

⁋ Sermo in mamareth ♂ super planetas.

⁋ Et cum fuerit ♂ transiēs sup
☉ significat illud multas choru
scatiōes. ⁋ Cum fuerit transiēs
super ♀ significat illud mortem
regis babilonie: τ inimicos mul
tos impugnare eos cum supflui
tate pluuiarū. ⁋ Lū fuerit tran
siens sup ☿ significat illud ciues
babilonie interficere sese: τ effu
sionem sanguinum adinuicez: et
vehementiam rapine: τ multos
dolores: et mortez hominū cum
multis nubibus τ pluuijs. ⁋ Lū
fuerit trāsiens super ☽ significat
paucitatem pluuiarū τ aquarū.

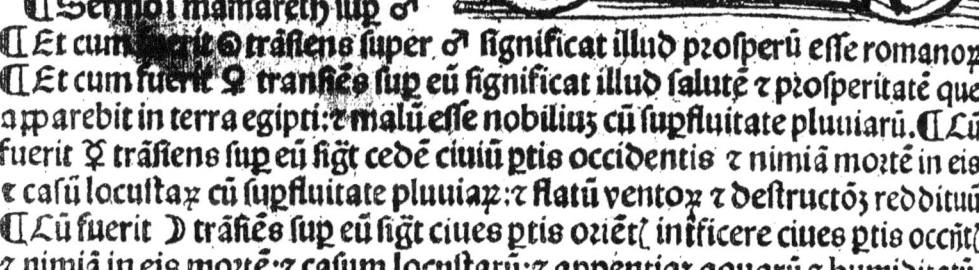

⁋ Sermo i mamareth sup ♂
⁋ Et cum fuerit ☉ trāsiens super ♂ significat illud prosperū esse romanor
⁋ Et cum fuerit ♀ transies sup eū significat illud salutē τ prosperitatē que
apparebit in terra egipti: τ malū esse nobiliuz cū supfluitate pluuiarū. ⁋ Lū
fuerit ☿ trāsiens sup eū sigt cedē ciuiū ptis occidentis τ nimiā morte in eis
τ casū locustar cū supfluitate pluuiar: τ flatū ventor τ destructōr reddituū
⁋ Lū fuerit ☽ trāsies sup eū sigt ciues ptis oriētr inficere ciues ptis occētr
τ nimiā in eis mortē: τ casum locustarū: τ appentiaz aquarū τ humiditatū.

⁋ Sermo in mamareth ☉
super planetas.

⁋ Et cum fuerit ☉ transiens sup
♀ significat illud siccitatē aeris
⁋ Cum fuerit ☉ transiens super
☿ significat illud mortem quo
rundaz regum ciuitatū que sunt
super littora maris: cū superflui
tate pluuiarū τ niuiū: et ventorū
flatum. ⁋ Cum fuerit transiens
sup ☽ significat illud paucitatez
humiditatum.

⁋ Sermo in mamareth pla
netarum super ☉.
⁋ Et cum fuerit ♀ transiens sup
☉ significat illud multas humi

ditates.⁋Cum fuerit ☿ transiens super eum significat illud odium cadere inter homines cum generatione ventoꝝ ꞇ superfluitate pluuiarum ꞇ multę humiditatibus.⁋Cum fuerit ☽ transiens super eum significat illud superfluitatem aquarum ꞇ multas humiditates.

⁋Sermo in mamareth ♀ super planetas.

⁋Et cum fuerit ♀ transiens sup ♃ significat illud regem babilonie ꞇ filios suos facere exercituz ↄtra regem armenie: ꞇ inimicos eius facere exercitum ad terraꝫ eius: et cadere bellum inter eos et inter regem eradie: et multas guerras fore in ciuitatibus cum oppressione que adueniet in regionibus: ꞇ multū feruorem melancolie in hominibꝰ ꞇ demonū cum superfluitate pluuiarum: et aduentuꝫ tonitruorum.⁋Cum fuerit trāsiens super ☽ significat illud humiditates multas.

⁋Sermo in mamareth planetarum super ♀.

⁋Et cum fuerit ♃ transiens super ♀ significat guerras que aduenient in plurima climata: ꞇ congregationem hominum ad babil: et eos facere exercitum contra regiones romanorum: ꞇ opprimere partem terre eorum: ꞇ destruere multa capitolia romanorum: ꞇ destruetur regnum eorum: et multiplicabuntur infortunia et angustie et mors: et nocumentum in persia cum generatione pluuiarum ꞇ ventorum eorum.⁋Cum fuerit ☽ transiens sup eum significat generationem humiditatum ꞇ pluuiarum.

⁋ Sermo in mamareth ♃ super planetas.
⁋ Et cum fuerit ♃ transiens sup ☽ significat illō cadere discidiū inter homies cum superfluitate pluuiarum.
⁋ Sermo in mamareth planetarum super ♃.
⁋ Et cum fuerit ☽ transiens sup ♃ sigt illud mortem quorundā regum ciuitatuz que fuerint sup littora maris ⁊ aquaru̅ cum generatione humiditatuz. Postq̊ ergo venimus super illud quod voluimus. Compleamus itaq̊ differentiaz nonaz cū laude dei.

⁋ Differentia decima in iudicio super mamareth planetarum eleua̅tium adinuicem cum fuerint equidistantes signo ♑.

Postq̊ ergo premisimus in differentia nona rememorationez significationum mamareth planetarum cum fuerint equidistantes ♐. Tractemus ergo in hac differentia rememoratiōz eorum cum fuerint equidistantes signo ♑.

⁋Sermo in mamareth ♄ super planetas.

⁋Et cum fuerit ♄ transiens sup
♃ significat valorem asinorum:
τ mortem ouium: et paucitatem
humiditatum: et detrimentum
aquarū: τ precipue in fluminib?
⁋Cum fuerit transiens super ♂
significat illud valorem asinorū
τ vehementiam frigoris et dura
bilitatē eius. ⁋Cum fuerit tran
siens super ☉ significat illud sic
citatem aeris. ⁋Lū fuerit tran
siens super ♀ significat illud ca
ristiam vel valorem asinorum cū
paucitate humiditatum τ detri
mento aquarum et precipue in
mari. ⁋Cum fuerit trāsiens sup

☿ significat illud multam mortem in alhauez: τ mulieres quorundā inter
ficere regū: τ quasdam parentele sue propinquas sicut mater τ similia: cu̅
superfluitate pluuiarum τ multis inundationibus cum vehementi frigo re
⁋Cum fuerit transiens super ☽ significat illud paucitatem humiditatum
τ aquarum.

⁋Sermo in mamareth planetarum super ♄.

⁋Et cum fuerit ♃ transiens super ♄ significat illud mortem quorundam
regum montium: τ perire maiorem partem latronum: τ vehementiam lu
porum: τ paucitatem locustarum cum paucitate humiditatum: τ augmento
messium. ⁋Cum fuerit ♂ transiens super eum significat illud multitudinē
asinorum τ ouium cum vehementia caloris τ frigoris τ durabilitate eorū
in duobus temporibus vtriq; conuenitibus. ⁋Cum fuerit ☉ transiens sup
eum significat illud romanos facere exercitum contra armenias: τ multas
infirmitates: et mortem aduenire hominibus cum multis pluuiis. ⁋Cum
fuerit ♀ transiens super eum significat multas humiditates: et prosperum
esse pregnataρ. ⁋Cum fuerit ☿ transiens super eum significat illud morte
cadere in mulieres regum: et multam apparentiam bubonū in quadrupe
dibus cum multitudine pluuiarum: τ incessante ventorum flatu: τ detrime̅to
herbarum. ⁋Cum fuerit ☽ transiens super eum significat illud multas hu
miditates τ superfluitatem aquarum.

n 3

⁋Sermo in mamareth ♃ super planetas.

⁋Et cum fuerit ♃ transiens sup
♂ significat illud morte cadere
in maiorem partem inimicorum
romanorum:⁊ mortem luporum
⁊ vermium nocibilium:⁊ morte
auium aquaticarum cum mult
nubibus ⁊ pluuijs ⁊ aquis.⁋Lu
fuerit transiens super ☉ significat
equalitatem vel temperantiam
aeris.⁋Lu fuerit transiens sup
♀ significat illud apparentiam
regis babilonie super inimicos
suos:⁊ erit annus psper:⁊ cadet
mors in oues ⁊ boues ⁊ i plures
pisces:⁊ qd subtiliatur ex auib9
sicut passeres et his similia cum

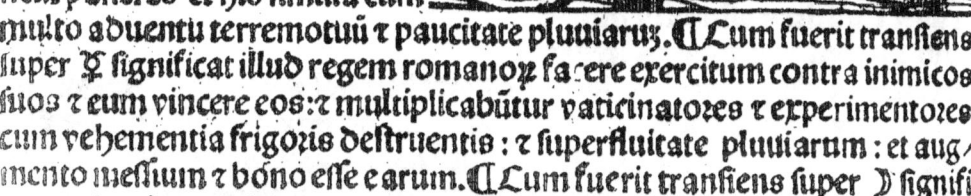

multo aduentu terremotuũ ⁊ paucitate pluuiaruz.⁋Cum fuerit transiens
super ☿ significat illud regem romanoꝝ facere exercitum contra inimicos
suos ⁊ eum vincere eos:⁊ multiplicabũtur vaticinatores ⁊ experimentores
cum vehementia frigoris destruentis:⁊ superfluitate pluuiarum: et aug
mento messium ⁊ bono esse earum.⁋Cum fuerit transiens super ☽ signifi
cat multas humiditates ⁊ superfluitatem aquarum.

⁋Sermo in mamareth planetarum super ♃.

⁋Et cum fueri ♂ transiens super ♃ significat illud multam captiuitatem
in pluribus climatibus:⁊ mortem cadere in oues:⁊ paucitatez pluuiarum:
et vehementiam frigoris in tempore ei conuenienti cum paucitate aquaru
⁊ fluminum.⁋Cum fuerit ☉ transiens super eum significat illud magnitu
dinem regis babilonie cum humiditate orientis.⁋Cum fuerit ♀ transies
super eum significat illud qꝧ in babilonia erit pestilentia:⁊ regez romanoꝝ
interficere magnates suos:⁊ casum remanentium ex eis:⁊ multam mortem
in ouibus cum paucitate pluuiarũ in tempore conuenienti ei:et paucitatez
annone ⁊ proprie in nigris.⁋Cum fuerit ☿ transiens super eum significat
illud bella que aduenient regi babilonie:⁊ descensum regis romanorum a
sede sua:⁊ reuolutionem regis arin a regno suo: ⁊ inimicos eius facere in
sultum in eum:et paucitatem defendentium eum: et cadere scandalum in
plures regiones cum multis bubonibus:⁊ mortem boum ⁊ ouium cum su
perfluitate pluuiarum:et vehementia frigoris destruentis in tempore con
uenienti ei cum niuibus ⁊ terremotibus ⁊ fluminibus ⁊ precipue in persia.
⁋Cum fuerit ☽ transiens super eum significat illud multas humiditates ⁊
aquas.

⊂ Sermo in mamareth ♂ super planetas.

⊂ Et cum fuerit ♂ transiens sup
☉ significat illud siccitatem aeris
⊂ Cum fuerit transiens super ♀
significat illud mortem regis al/
hauez: τ aborsum pregnatarum
cum euasione mulierum: τ mortem
cadere in oues cum vehementia
caloris in tempore conuenite ei
⊂ Cum fuerit transiens super ☿
significat illud mortem regis ro
manorum: τ multas infirmitates
causas τ egritudines: τ mortem
aduenire hominibus cum casu
guerrarum: τ captiuitates τ guer/
ras: τ caristiam asinorum: τ mortem
ouium cum paucitate passerum
τ florum τ pluuiarum in principio quarte hyemalis: τ multas nubes: τ me
diocritatem pluuiarum in fine quarte hyemalis cum vehementi frigore. ⊂ Cum
fuerit transiens super ☽ significat morte regis babilonie: τ nobiles discor
dari: τ dispendi pecunias eorum: τ mortem regis alhauez: et multas pugnas
τ guerras in pluribus climatibus: τ captiuare se adinuicem: τ nimiam mortem
in persia τ romanis τ montibus: et apparere rapacitatem luporum: τ cari/
stiam habentium onera ex bobus τ camelis et alijs: cum paucitate aquarum
τ pluuiarum.

⊂ Sermo in mamareth planetarum super ♂.
⊂ Et cum fuerit ☉ transiens super ♂ significat illud humiditatem orizontis
⊂ Cum fuerit ♀ transiens super eum significat illud multam combustionem
in terra alhauez: τ multos exeuntes de terra moreii cum superfluitate plu
uiarum. ⊂ Cum fuerit ☿ transiens super eum significat illud timorem vehe
mentem aduenire in plures regiones: τ multitudinem bubonum: τ motus
in terra romanorum: τ apparentiam demonstrarum τ filios esse contrarios
patribus suis: τ caristiam asinorum: et mortem cadere in oues cum multis
nubibus. ⊂ Cum fuerit ☽ transiens super eum significat illud multas inun
dationes.

⸿Sermo in mamareth ☉ super planetas.

⸿Et cum fuerit ☉ transiens sup
♀ significat paucitate̅ pluuiaru̅
⁊ malum esse pregnataru̅.⸿Cu̅
fuerit transies super ♀ sig̅t illud
nimiam morte̅ in alhauez ꝓpter
causas buboṅu̅ cu̅ mediocritate
pluuiaru̅⁊ insidiatione̅.⸿Cum
fuerit tra̅siens super ☾ significat
illud paucitatem humiditatum

⸿Sermo in mamareth pla-
netarum super ☉.

⸿Et cum fuerit ♀ transiens sup
☉ sig̅t illud humiditate̅ orizo̅ti̅
et multas humiditates: et vehementiam frigoris.⸿Cum fuerit
♀ transiens super eum sig̅t illud
casum buboṅu̅ in q̅drupedib⁹ cum sup̅fluitate pluuiaꝝ ⁊ incessante ventoꝝ
flatu.⸿Cum fuerit ☾ transiens sup eum sig̅t illud superfluitate̅ pluuiaru̅.

⸿Sermo in mamareth ♀ super planetas.

⸿Et cum fuerit ♀ transiens sup
♀ sig̅t illo̅ q̄ pacificabunt reges
regi babilonie:⁊ ciues babil. vin
cent eos qui sunt contrarij eis:⁊
mortem regis romanoꝝ:⁊ appa
rentiam latronum paucorum:⁊
ostrictione̅ in plurib⁹ regionib⁹:
⁊ caristiam quoru̅da̅ asinoru̅ ⁊
cameloꝝ cum veheme̅ti frigore
in t̅pe ouenienti ei: et paucitate̅
pluuiaru̅:⁊ generatione̅ pestium
et tonitruoꝝ.⸿Cum fuerit tran
siens sup ☾ significat illud pau
citatem humiditatum

⸿Sermo in mamareth pla-
netarum super ♀.

⸿Et cum fuerit ♀ transiens super ♀ sig̅t illud mortem regis romanoꝝ: et
generatione̅ buboṅu̅:⁊ captiuitate̅ ⁊ morte̅ in plurib⁹ terris:⁊ ogregatione̅
aldeanoꝝ ⁊ euasionez eoru̅:⁊ abortum pregnataru̅ ex vehementi frigore:⁊
morte̅ regis atili cum multitudine nubiloꝝ ⁊ pluuiaru̅:⁊ casum pegrinoꝝ:

τ esse diluuioɤ. ⁋ Cū fuerit luna trāsiēs sup eā sigt illud bella cadere inter ciues psīe τ romanos τ multos atietos τ latrones: et aborsuɤ pregnantiū τ disptionez azinoɤ τ morté bou cū siccitate orizontis τ paucitate seminum τ messiū.

⁋ Sermo in mamareth mercurij super planetas.

⁋ Et cuɤ fuerit ☿ trāsiēs sup ☽ significat illud humiditates τ inundationes τ pluuias.

Sermo ī mamareth pīaɤ sup ♀

⁋ Et cū fuerit ☽ trāsiēns sup ♀ sigt illud siccitatem orizontis et paucitatē pluuiarum.

Dīa vndecima in iudicio sup mamareth planetaɤ eleuantiū cuɤ fuerint equidistantes signo aquarij.

Postqɤ g̃ pmsīmᵘ in dīa decima sup mamareth planetaɤ eleuātiuɤ ad inuicē cū fuerint equidistātes signo capricorni. Tractemᵘ ergo in hac dīa sigtīones earū sup illud cū fuerint equidistantes signo aquarij.

Sermo in mamareth saturni super planetas.

⁋ Et cū fuerit ♄ transiēs sup ♃ sigt illud angustias q̄ aduenient hominibus τ siccitatē in pluribꝰ regionibꝰ cū sup̱fluitate pluuia/ rū τ paucitate aquaꝛ τ siccitatē fluminū. ⁋ Lū fuerit trāsiēs sup marte sigt illud vehementiā fri/ goris τ caloris in siuis tempori/ bus. ⁋ Cū fuerit transiēs sup so/ lem sigt nimiuꝫ casum mortis in mulieribꝰ cū siccitate aeris. ⁋ Cū fuerit trāsiēs sup venerē sigt illud q̓ intrabit sup reges pauor et ti/ mor: τ forsitan morietur rex baby/ lonie cū paucitate humiditatuꝫ ⁋ Lum fuerit trāsiens sup mer/ curiū sigt illud homines vti peccato τ p̄cipue in terra armenie in partibus montiū: τ bubones cadere τ morte in homines. τ mortem quorundā filio/ rum regum aut propinquoꝛ cū sup̱fluitate pluuiaꝛ: τ multis aquis: τ vehe menti frigore. τ paucitate tonitruoꝛ τ coruscationū τ corruptionē messiuꝫ ⁋ Lum fuerit transiēs sup lunā sigt illud oppressionē cadere in terra arme nie cū paucitate pluuiaꝛ τ paucitate aquaꝛ.

Sermo in mamareth planetaꝛ sup saturnū.

⁋ Et cum fuerit iupiter transiens sup saturnū sigt illud bonū esse ciuibꝰ ba/ bylonie τ herbositate eaꝛ: τ herbositatē pluriū regionū cū sup̱fluitate plu/ uiaꝛ τ multis niuibus τ aquis τ inundationibus fluminū τ salute eorum. ⁋ Lum fuerit mars transiens sup euꝫ sigt illud plurimū insultū inimicoruꝫ sup terras arabū cum paucitate aquaꝛ τ incessatione pluuiaꝛ. ⁋ Luꝫ fue rit sol transiens sup euꝫ sigt illud angustias cadere in terra armenie cū hu/ miditate orizontis. ⁋ Lum fuerit venus transiens sup eum significat illud egritudines aduenire hominibus ex tussibus: τ multas aquas cū medio/ critate fluminū. ⁋ Lum fuerit mercurius transiens sup eum sigt illud sup̱ fluitatē pluuiaꝛ τ multū gelu τ augmentū aquarum in fluminibus: τ pau citatē tonitruoꝛ τ coruscationū: τ augmentū messiuꝫ. ⁋ Lū fuerit luna trā siens super eum sigt illud constrictionē cadere in terrā armenie cū multis humiditatibus τ aquis.

Sermo in mamareth martis sup planetas.

¶ Et cũ fuerit mars trãsiẽs sup solem sigt illud vehementiã caloris τ siccitatẽ aeris. ¶ Cum fuerit transiẽs sup venerẽ sigt illud morte aduenire aliquibus matribus filioꝛ reguz cũ oppressione que adueniet terre babilonie τ pugnã arabum τ angustias et multiplicabunt locuste in terra eoꝛuz τ in reliquis regionibus τ mltiplicabit siccitas τ caristiam annone τ paucitatẽ pluuiarũ cũ diminutione aquaꝛ. ¶ Lũz fuerit transiens sup ☿ sigt illud cõgregationẽ ciuiũ littoꝛ romanorũ τ extrema eoꝛ τ facere guer
ram ciuibus babylonie: τ nobiles eius discordari τ dispendi pecunias eoꝛ τ morte regis alhamuez: τ nimiã pugnã τ guerras in pluribus climatibus: τ quosdaz captiuare alios cũ nimia morte in persia: τ in terra montium: et nimiã rapacitatem luporuz: τ caristiã habentiũ onera ex bobus τ camelis τ alijs cum multa venatione: τ paucitate pluuiaꝛ τ humiditatũ: τ paucitatẽ aquaꝛ ĩ fluminibus: τ caristiã annone. ¶ Cum fuerit transiens sup lunã sigt paucitatũ pluuiaꝛ.

¶ Sermo in mamareth planetaꝛ sup martẽ.

¶ Et cũ fuerit sol transiens sup martẽ significat illud humiditatem aeris. ¶ Lũz fuerit venus transiens sup eũz significat illud cadere nimiã combustionẽ in plures regiones cũ eo q̃ ciues nigredinis facient guerraz ciuibus môtis: τ cadet mors in eos: τ supfluitatẽ pluuiaꝛ: τ multas locustas. ¶ Lũ fuerit mercurius transiẽs super eũ sigt illud multas humiditates: τ cogitationẽ τ mortem cadere in homines τ cõbustionẽ pluriũ regionũ arabuz τ insultũ inimici in eos cũz caristia azinoꝛ: τ supfluitate pluuiarũ: τ incessante ventoꝛ flatu: τ multis messibus. ¶ Et cum fuerit luna transiens sup eũz significat supfluitatẽ humiditatũ.

Sermo in mamareth iouis sup planetas.

¶ Et cū fuerit iupiter trāsiēs super martẽ significat illud ciues montiū facere exercitū cōtra ciues babylonie ⁊ inimicos vincere plures regiōes: ⁊ appere gaudia ⁊ salutē ⁊ leticiam post illud cū paucitate pluuiarū ⁊ aquarū
¶ Lū fuerit transiēs sup solē significat illud siccitatē aeris ⁊ tenebrositatē aduenire ī orizonte cū supfluitate aquaruz ⁊ multis piscibus ⁊ qō subtiliat ex auibꝰ.
¶ Et cū fuerit transiens sup venerē significat illud ꝓsperitatem esse regi thurcoꝝ: ⁊ dolores paucos aduenire in plures regiones

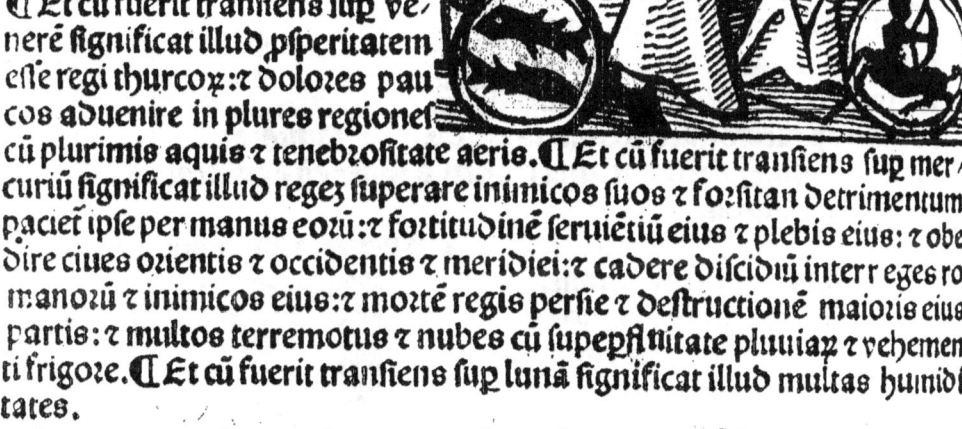

cū plurimis aquis ⁊ tenebrositate aeris. ¶ Et cū fuerit transiens sup mercuriū significat illud regez superare inimicos suos ⁊ forsitan detrimentum pacietur ipse per manus eorū: ⁊ fortitudinē seruietiū eius ⁊ plebis eius: ⁊ obedire ciues orientis ⁊ occidentis ⁊ meridiei: ⁊ cadere dissidiū inter reges romanorū ⁊ inimicos eius: ⁊ morte regis persie ⁊ destructionē maioris eius partis: ⁊ multos terremotus ⁊ nubes cū supepfluitate pluuiaꝝ ⁊ vehementi frigore. ¶ Et cū fuerit transiens sup lunā significat illud multas humiditates.

Sermo in mamareth planetarū sup iouē.

¶ Et cū fuerit mars trāsiens sup iouē significat illud aduentū pecuniarū sup regē babylonie: ⁊ mediocritatē aquaꝝ ⁊ incrementū plantaꝝ. ¶ Et cū fuerit sol transiens sup eum significat illud magnū infortuniū qō cōsequef rex babylonie vnde appropinquabit morti: ⁊ rex armenie incurret detrimētū: ⁊ interficient quidaz regum filios suos: ⁊ accidet pluribꝰ regionibꝰ siccitas cū paucitate pluuiaꝝ ⁊ detrimēto aġrū ⁊ fluminū cū paucitate annone ⁊ ꝑsertiz in terra thurcoꝝ ⁊ qꝓ est circa eā. ¶ Et cū fuerit ♀ transiens sup eū significat illud interfectionē regis persaꝝ destructionē etiā pluriū ciuitatū eius: ⁊ insultū regis babylonie sup quosdā amicoꝝ eius: ⁊ interfici quendā filioꝝ eius p gladiū ⁊ multā siccitatē: ⁊ rege romanorū interficere quosdā propinquorū suorum cū superfluitate pluuiarū: ⁊ fortasse tempabunt: ⁊ vehementia frigoris ⁊ augmentū fluminū ⁊ prosperitatē reddituū ⁊ terremotus fore. ¶ Et cuz fuerit luna transiens sup eum significat illud humiditates multas.

Sermo in mamareth solis sup planetas.

¶ Et cū fuerit sol transiēs super venerē significat illud siccitates aeris. ¶ Lū fuerit transiens sup mercurium significat illud ciues alhauuez impugnare romanos cū incessante pluuiarū z prosperitate reddituū z inundationibꝰ fluminū. ¶ Luz fuerit transiens sup lunā significat illō tonitrua z coruscationes z fulmina fore.

Sermo in mamareth planetaꝝ sup solē.

¶ Et cū fuerit venus trāsiēs sup solē significat illud humiditates fore. ¶ Lū fuerit mercuriꝰ transiens sup eū significat illud ciues romanoꝝ facere guerrā ciuibus eradie cū supfluitate pluuiarū z incessante ventoꝝ flatu. ¶ Lū fuerit luna trāsiēs super eū significat illud coruscatione fore z tonitrua.

Sermo in mamareth veneris sup planetas.

¶ Et cuz venus fuerit transiens sup mercuriū significat illud romanos facere guerras ciuibus thurcoꝝ z alhauuez cuz mediocritate pluuiaꝝ z coruscationes z tonitrua fore. ¶ Lū fuerit transiens sup lunā significat generatione humiditatū.

Sermo in mamareth planetaꝝ sup venerē.

¶ Et cū fuerit mercuriꝰ transiēs sup venerē significat illud thurcos facere guerrā ciuibꝰ partiuz cū supfluitate pluuiaꝝ z multitudine tonitruoꝝ z coruscationuz z inundationū z incrementum messiū. ¶ Et cū fuerit luna transiens sup eū significat illud superfluitatem pluuiarū z incessante ventoꝝ flatū.

Sermo in mamareth mercurij sup planetas.

⁋Et cū fuerit mercuri⁹ transiēs sup lunam significat illud romanos facere guerrā ciuib⁹ eradie z paucitatez pluuiaꝝ z incessanté ventoꝝ flatū.

⁋Sermo in mamareth planetarū sup mercuriū.

⁋Et cū fuerit luna trāsiens sup mercuriuz significat illud ciues alhauuez impugnare romanos z incessantem ventorum flatum Postꝗ ergo venimus super illō quod complere voluim⁹. Compleamus ergo differentiam vndecimam.

Dīa duodecima in iudicio sup mamareth planetarū eleuantiū adinuicem cū fuerint equidistantes signo pisciū.

Postꝗ ergo ōmisim⁹ in dīa vndecima rememorationē significationuz planetaꝝ eleuantiū adinuicē cū fuerint equidistantes. signo aquarij Tractem⁹ ergo in hac dīa significationes eoꝝ ad instar illus cum, fuerint equidistantes signo pisciū.

Sermo in mamareth iouis sup planetas.

Et cū fuerit iupiter transiens sup marte significat illud multā p̄mutationez regis babylonie: et cōmorari extra terraz suam: τ ea facere sue plebi que pertineant ad laudez cū multa apparentia miraculoꝛ τ prodigioꝛ: τ venire pauoꝛem in homines cū salute τ sospitate succedente ei τ caliditatem aeris τ eius siccitate. Cū fuerit transiens sup solem significat illud siccitate aeris. Et cū fuerit transiens sup venere significat illud cōmune salute ciuib9 regionū: τ mortez cadere impregnatas mulieres: τ mltos pisces τ qd subtiliat ex auibus cū multitudine pluuiaꝛ τ vehementi ṙore. fuerit transiens sup lunam significat illud paucitate p̄...

Sermo in mamareth planetaꝛ sup iouē

Et cū fuerit mars transiēs sup iouē significat illud inimicos facere guerram ciuibus babylonie τ ciuibus montiū: τ apparentiā gaudij in pluribus regionibus: τ contrarietate propinquoꝛ ppinquis eoꝛ: τ reges sese interficere: τ dn̄ationē mulieꝛ sup viros cū supfluitate pluuiaꝛ τ multis coruscationibus. Et cū fuerit sol trāsiens super eū significat illud guerrā fore in terra almuzauli τ destructione plurium eoꝛū τ prosperū esse eoꝛ post illud τ morte mulierū τ detrimentū volatiliū τ presertim qd subtiliat ex eis cum multis humiditatibus τ messib9. Et cū fuerit mercuri9 transiens sup eū significat illud interfectione regis persie: aut interfectione quorūdaz filioꝛ eius per gladiuz: τ interficiet rex romanoꝛ habentiū propinquitatem: et adueniet ciuibus persie terremotus: τ multiplicabiꝛ in babylonia siccitas τ fames: τ fortasse salient ciues aldearū sup ciues montiū cum multis pluuiis τ ventis τ inundationibus magnis. Et cū fuerit luna transiens sup eū significat supfluitate pluuiarū τ aquaꝛ.

Sermo in mamareth saturni sup planetas.

Et cū fuerit saturnus transiēs sup iouē significat illud mortes aduenire in plura climata τ inquietudinē inimicoꝝ in babylonia τ montibꝰ: τ cadere discidiū inter eos τ paucitatē pisciū: τ q̄ subtiliaꝰ ex volatilibꝰ ficut passeres τ his ſilia: τ multas locustas cū supfluitate pluuiaꝝ τ niuiū τ aquaꝝ. Et cū fuerit transiens sup martē significat illō multos pisces τ quod subtiliaꝰ ex volatibus: cū vehemēti calore orizontis: τ multitudinē pluuiaꝝ cum multitudine tonitruoꝝ τ coruscationū. Cū fuerit trāsiēs sup ☉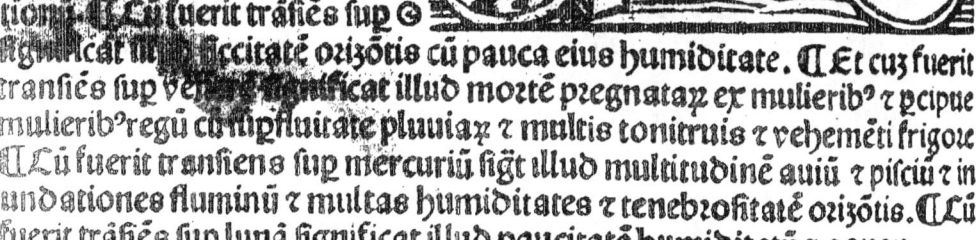
significat illud siccitatē orizōtis cū pauca eius humiditate. Et cuz fuerit transiēs sup venerē significat illud morte pregnataꝝ ex mulieribꝰ τ ꝑcipue mulieribꝰ regū cū supfluitate pluuiaꝝ τ multis tonitruis τ vehemēti frigore. Cū fuerit transiens sup mercuriū sigt illud multitudinē auiū τ pisciū τ inundationes fluminū τ multas humiditates τ tenebrositatē orizōtis. Cū fuerit trāsiēs sup lunā significat illud paucitatē humiditatū τ aquaꝝ.

Sermo in mamareth planetaꝝ sup saturnū.

Et cū fuerit iupiter transiēs sup saturnū significat illud morte regis babylonie τ sessionē filij sui post eū: τ prosꝑꝝ esse ciuibus climatū: τ forsitā cōsequeꝰ maior pars eoꝝ siccitatē τ multos pisces τ q̄ subtiliaꝰ ex volatilibus ficut passeres cū supfluitate pluuiaꝝ. Cū fuerit mars trāsiens sup eum significat illud infortuniū in plura climata τ multos pisces τ q̄ subtiliaꝰ ex auibus cū supfluitate pluuiaꝝ τ multis tonitruis τ coruscationibꝰ. Cum fuerit sol transiens sup eū significat illud humiditatē aeris. Cū fuerit venus trāsiens sup eū significat illud ciues armenie τ montiū esse cōtrarios regi babylonicū vehemēti frigore τ supfluitate pluuiaꝝ τ multas coruscationes τ tonitrua. Cū fuerit mercuriꝰ trāsiens sup eum significat illud regem romanoꝝ facere guerrā ciuibus partis orientis τ paucitatē volatiliū τ detrimentū aquarū τ incessante ventoꝝ flatoꝝ cū supfluitate pluuiarum. Cū fuerit luna transiens sup eū significat illud aborsum pregnataruz: et paucitatē messiū τ supfluitatē pluuiaꝝ τ multas humiditates.

℣Sermo in mamareth ♂ super planetas.

℣Et cum fuerit ♂ transiens sup
☉ significat illud siccitatē aeris
℣Et cum fuerit transiens super
♀ significat illud prosperitatem
partium regionū: τ multum ho
mines vti inquisitione bene odo
rantiū: τ multos pisces: τ qđ sub
tiliatur ex auibus sicut passeres
℣Cum fuerit transiens super ☿
significat illud deponi regē vio
leter a loco suo: τ aduenire mul
ta incōmoda: τ romanos facere
guerram ciuib? babilonie τ im
pugnare eos cum eo ꝗ aggrega
bunt romani extrema sua super
ripas maris: et pestes aduenire

medicis τ interfectionem: et multam venationem et herbositatem in parte
occidentis cum superfluitate pluuiarū: et mediocritate aquarum in flumi
nibus τ marib?: τ caristiam annone. ℣Cum fuerit transiens super ☽ signi
ficat illud mortem regis babilonie: et nobiles eius discordari: et pecunias
eorum dispendi: τ mortem quorundam regum: et mortem cadere in persia
τ terram montium: et multam rapacitatem luporum: τ valores habentium
onera ex bobus τ camelis et alijs cum paucitate pluuiarum.

℣Sermo in mamareth planetarum super ♂.

℣Et cum ☉ fuerit transiens super ♂ significat illud superfluitatē pluuiarū
τ tonitrua et choruscationes fore. ℣Cum fuerit ♀ transiens sup eum signi
ficat illud mortem regis babilonie: τ multam mortem in homines: τ super
fluitatem pluuiarū τ aquarum. ℣Cum fuerit ☿ transiens super eum signi
ficat illud mortem regis babilonie: τ multam mortem in hominibus τ super
fluitatem pluuiarū: τ romanos impugnare ciues babilonie τ eos destruere
plures eorū regiones: τ ciues babilonie sese interficere τ ponere sese in ma
nus eorum ad mortem: τ multam heresim et incredulitatem: et mortem in
homines: et nimiam filiationem: et caristiam asinorum: et mortem ouium:
τ multas messes: τ superfluitates pluuiarum et ventorum. ℣Cum fuerit ☽
transiens super eum significat illud multas humiditates.

⸿ Sermo in mamareth ☉ super planetas.

⸿ Et cum fuerit ☉ transiens sup
♀ significat illud siccitate aeris
⸿ Cum fuerit transiés super ♃
significat illud multa volatilia z
pisces: z inundationes fluminū:
z mediocritatem humiditatum
⸿ Cum fuerit transiés super ☽
significat illud multas humiditates z tonitrua z choruscatiões
z fulmina generari.

⸿ Sermo in mamareth pla-
netarum super ☉.
⸿ Et cum fuerit ♀ transiés sup
sigt illud multas humiditates.
⸿ Cum fuerit ♃ transiés sup eū
sigt illō romanos facere guerrā

ciuibꝫ orientis: z quosdā reges interfici per regem: et paucitatez volatilium
z piscium: z sup ersluitate pluuiarū: z incessante ventoꝛ flatu. ⸿ Cum fuerit
☽ transiens sup eum sigt multas humiditates z tonitrua z choruscatiões.

⸿ Sermo in mamareth ♀ super planetas.

⸿ Et cum fuerit ♀ transiens sup
♃ significat illud prosperuz esse
hoim: z iniusticiaz iudicantium
z multos vaticinatores. ⸿ Cum
fuerit transiés super ☽ sigt illud
tranquillitatem aeris: z multos
pisces: et qd subtiliatur de auibꝫ
cum multis pluuijs z tonitrua z
choruscationes et humiditates
generari.

⸿ Sermo in mamareth pla-
netarum super ♀.
⸿ Et cum fuerit ♃ transiens sup
♀ sigt illud thurcos facere guerram ciuibꝫ coꝛasten: z accidet in
qrta hyemali moꝛs: z pmutātur
ciues alhauez ad orientem: z multiplicabitur moꝛs in hominibꝫ cum superfluitate pluuiarum z incessante ventoꝛum flatu. ⸿ Cum fuerit ☽ transiens
super eum significat superfluitatem pluuiarum z humiditatum.

⸿ Sermo in mamareth ♃ super planetas.

⁋Et cum fuerit ♀ transiēs sup
☽ sigt romanos facere guerraꝫ
ciuibus orientis:et detrimentuꝫ
aquaꝝ: ⁊ paucitate humiditatū
⁋Sermo in mamareth pla-
netarum super ♀.
⁋Et cum fuerit ☽ transiens sup
♀ significat illud multitudinem
volatiliū ⁊ piscium:⁊ supfluitatē
pluuiarū:et inundatiōꝫ fluminū
Postꝗ ergo venimus ad id qd
narrare voluimꝰ.Compleamus
ergo differentiam duodecimaꝫ
ex tractatu sexto sm ꝙ est complementum eius.

⁋In noie dni misericordis ⁊ pij tractatus septimus in qlitate scientie signi
pfectionis aut alicꝰ ascendentis reuolutionū annalium cum couenit aliqd
eorum fore in domo aliq ex domibꝰ aliquoꝝ situū ascendentiū inceptionū
premissarū de quibꝰ supius fecimꝰ mentione:verbi gra. In inceptiōe regni
aut coniunctionū scz magnoꝝ mediocrium ⁊ minoꝝ:aut fuerit directio:
aut aliqd indiuiduoꝝ superioꝝ ascendentiuꝫ in ea scz domo:aut in partibꝰ
reuolubilibus super accidentia inferioꝛa:⁊ sunt differentie duodecim.

Rima dra in sigtione signi pfectionis aut ascendentis reuolutionis cū fuerit ascendens alicꝰ inceptionū pcedntiū
aut signū ciunctionis aut directio aut aliqd indiuiduoꝝ
superioꝝ fuerit in eo:aut in ascendente reuolutiōis sup
accidentia inferioꝛa.⁋Dra scda in sigtione scde domus
adinstar illius.⁋Tercia dra in sigtione domꝰ tercie adinstar illꝰ.⁋Quarta dra in sigtione domꝰ qrte adinstar
illius.⁋Quinta dra in sigtione domꝰ qnte adinstar illꝰ.
⁋Dra sexta in sigtione sexte domꝰ adinstar illius ⁋Dra
septima in sigtione septime domꝰ adinstar illius.⁋Octaua dra in sigtione
octaue domꝰ adinstar illius.⁋Nona dra in sigtione none domꝰ adinstar
illius.⁋Decima dra in sigtione decime domꝰ adinstar illꝰ.⁋Undecima
differentia in significatione undecime domꝰ adinstar illius.⁋Duodecima
differentia in significatione domus duodecime adinstar illius.
⁋Dra pma in sigtione signi pfectionis aut ascitis reuolutionis cum fuerit
ascits alicꝰ inceptionū pcedntiū:aut signū ciuctiōis:aut directio:aut aliqd
supioꝝ indiuiduoꝝ fuerit in eo:aut i ascite reuolutōis sup accitia iferioꝛa.

T quia auxiliáte deo iam p̄misimus in tractatu sexto qualiter sciantur accidentia inferiora ab impressionib9 indiuiduorum in reuolutionib9 annorum z ex parte mamareth aliorum sup̄ alios. Tractemus itacq̃ in hoc tractatu qualiter sciantur significationes signi p̄fectionis: aut alicuius ascendentium reuolutionum p̄cedentium annalium cum contingit aliq̃d eorum fore in domo ex domibus situum ascendentium p̄cedentium: aut coniunctionū: aut directionu̧ ad aliquod indiuiduorum superiorum super accidentia inferiora

❡ Dicamus ergo q̃ partes orbiculares forsan diuidunt in duab9 domib9: et erit sig̃tio adinuenta ex domo in qua est sedens diuisio cum directiones dirigunt ab ea et non ab alia: et qñ diuersificant equidistantie superiorum indiuiduorū in locis que sunt ex parte ascendentis reuolutionis extra comixtionem s̃m q̃ equidistant diuisionib9: z dicatur s̃m illud si deo placet.

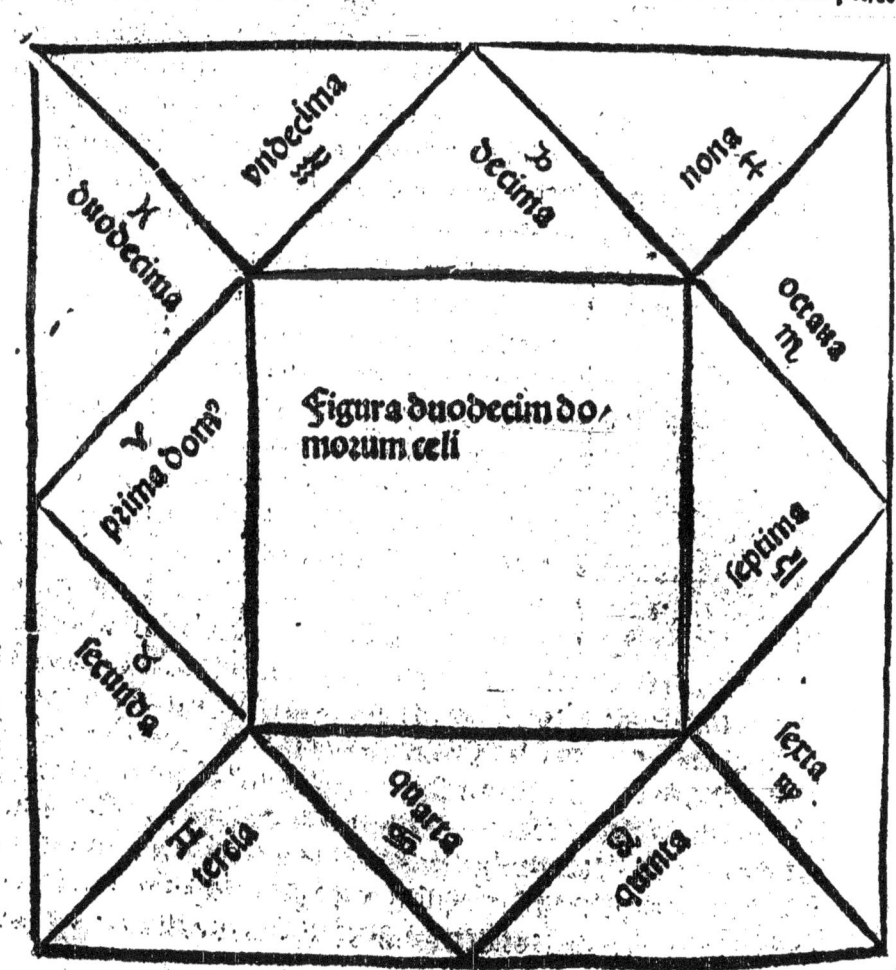

⁋Cum ergo eueniet vt signum perfectionis: aut ascendens reuolutionis sit prima domus inceptionū precedentium: aut sit signum coniunctionis: a ut fuerint directiones in ea reuolutiōe sm ꝙ narrauimus sigt ꝙ apparebit in regionib⁹ quarū significatioēs illius sunt signi bonitas victus ⁊ inceptionū in operibus: ⁊ renouatur res ⁊ complementū earum ⁊ augmentū earum: et vsus dialetice rethorice ⁊ cognitio scientiaꝝ: ⁊ multitudo vsus sup comestiones ⁊ potationes ⁊ conuentiones: ⁊ emptionem ⁊ venditionē: ⁊ ꝙ maior concupiscētia eoꝝ est ex coloribus permixto nigro. Deinde considerabis eius dūm ⁊ iudica sm qualitatem loci sui in seipso et ex orbe. Ω si fuerit in eo multum bonum in illo anno. Ω si fuerit coniunctio sedens in eo significat oppressionez plebis: ⁊ pestes generari ⁊ egritu dines: ⁊ destrutionē plurium regionum ⁊ paucitatem pluuiarum ⁊ precipue in primo anno.

⁋Et cum fuerit ♄ sedens in eo et sit bone dispositiōis significat illud ꝙ erit rex bone mansuetudinis et prouidentie in pecunijs plebis: ⁊ eos obedientes ei cum magna fama ⁊ nomine. ⁋Cum fuerit male dispositōis significat multā iracundiam ⁊ retentionē ire ⁊ fraudis ei⁹: ⁊ vehementiaz sue cupiditatis ⁊ malicia ⁊ auariciam eius: ⁊ paucitatez laudis eius ⁊ nominis eius: ⁊ paucitatē sensuū et fortune eius cum nocumento ⁊ destructione pecuniarū quod consequetur in illo anno ⁋Cum ♃ sedens in eo et fuerit bone dispositionis significat multos census regis ⁊ bonam voluntatem eius ⁊ bonam fiduciam ⁊ gaudium eius: ⁊ facilitatem morum eius: et salutem hominū in illo anno. ⁋Si fuerit male dispositionis significat illud debilitatez corporis eius: ⁊ paucitatem constancie eius super res quibus vtetur cum eo in iudicio et ꝙ reuelabitur per istud. ⁋Et si ♂ fuerit sedens in eo ⁊ fuerit bone dispositionis significat salutem regis ⁊ bonitates. ⁋Si fuerit male dispositionis significat illud duriciem cordis eius ⁊ grossiciem: ⁊ cito vindictam eius: ⁊ paucitatem constancie eius super res: ⁊ casum eius a sede sua: ⁊ dissipationem eius: ⁊ multitudinem inimicorum eius cum effusione sanguinum.

⁋ Et si ☉ fuerit sedes i eo τ fuerit boni esse significat illud iusti
ciam regis et honestatem. ⁋ Si
fuerit mali esse significat ɔrium
illius. ⁋ Et fuerit ♀ sedes in eo
τ fuerit bone dispositionis signi
ficat illud multū gaudiuȝ hoim:
τ bonam fiduciaȝ eoȝ. ⁋ Si
fuerit male dispositionis signifi
cat illud contrarium illius. ⁋ Et
si fuerit ☿ sedens in eo et fuerit
bone dispoĩtois significat illud
bonum esse iudicum τ mercaõe.
⁋ Si fuerit male dispositionis significat illud contrarium eius.
⁋ Et si fuerit ☽ sedes in eo siczȝ
bone dispositionis significat prosperitateȝ rerum plebis in oĩbus partibus
suis. ⁋ Si fuerit male dispositionis significat contrarium eius. Et quia au
xiliante deo iam peruenimus ad id quod narrare voluimus. Compleamꝰ
ergo differentiam primam.

⁋ Differentia secunda in significatione secunde domus adinstar illius.

Ostꝗ premisimus in dĩa prima rememorationem figtionum
ascendentis cū fuerit sm illud q̇d narrauimꝰ. Tractemꝰ ergo
in hac dĩa rememoratoiñe figtionū secūde domus sm illud
⁋ Dicamꝰ itacꝗ ꝙ cū ɔtingit vt sit signū pfectionis: aut ascis
reuolutionis sm aliquaȝ inceptionū precedentiū aut ɔiūcti
onuȝ: aut directio aut aliq̇d indiuiduoȝ in eo: aut in secūdo
reuolutionis sigt ꝙ apparebit in regionibꝰ quarū figtiones sunt illius signi
multa venditio τ emptio τ sublimitas τ acq̇sitio censuū et cōgregatio eoȝ
cum repositione eoȝ cum ipsis: τ multa restrictione q̇ fiet inter hoies ꝓpter
causas eoȝ cum multo cogitatu futuro: τ plurimum concupiscentie eorum
ex coloribus erūt in viriditate. ⁋ Deinde considera dñm eius τ iudicabis
ei sm quantitateȝ loc. sui in seipso τ orbe. Q̇ si fuerit in ascendēte significat
multum lucrum hominū in censibus: τ multum argentum et aurum. ⁋ Si
fuerit coniunctio sedens in eo significat illud malum esse plebis τ victiuȝ
eoȝ: τ vincere super eos ignorantiam τ paucitatem voluntatis in scientijs
τ nimiam mortem cadere in illo anno in nobiles τ altos. ⁋ Si fuerit ♄ sedens in eo et fuerit bone dispositionis significat regem exercere iusticiam
in principio rei sue: et eum permutari post medietatem vite sue ad vsuram
et diuersitatem eius cum quo inceperat. ⁋ Et si fuerit male dispositionis

significat illud inquisitionē pecuniarū τ dissipationē earū τ dispensationē earū in bellis:τ cōtrarietatē militū eius ei τ eos odio habere eū τ vehementiā quā incurret in plebe sua cū vehementi pauore τ paucitate ventoᵣ.

⁌ Et si fuerit iupiter sedens i eo τ fuerit bone dispositionis signi/ cat mercatores mltū lucrari. Si fuerit male dispositionis signi/ ficat contrariū eius.⁌ Si mars fuerit sedens in eo τ fuerit bone dispositionis sigt illud ꝓsperum esse τ multitudinē eoᵣ. Si fue/ rit male dispositionis,sigt valorē eoᵣ τ moᵗē habentiū vngues.

⁌ Et si sol fuerit sedens in eo τ fuerit bone dispositionis signifi cat illud regē cōgregare pecuni as.Si fuerit male dispōnis sigt cōtrariū illiᵘˢ.⁌ Et si fuerit venus sedens in eo τ fuerit bone dispo

sitionis significat honorē sapientum τ sciē τ prosperum esse regis τ multi/ tudinē dactiloᵣ τ valorē eoᵣ. Si fuerit male dispositionis sigt contrariuᵌ eius.⁌ Et si fuerit mercurius sedens in eo τ fuerit bone dispositionis sigt honorē sapientū τ scientie. Si fuerit male dispositionis significat cōtrariū eius.⁌ Et si luna fuerit sedēs in eo τ fuerit bone dispositionis sigt illud ap parentiā boni in plebe.Si fuerit male dispositionis sigt contrariū eius. Et quia auxiliante deo iam peruenimus ad illud qᵌ narrare voluimus.Com pleamᵘˢ igiᵗ dīam secundā tractatus septimi.

Dīa tercia in significatione tercie domus adinstar illiᵘˢ.

Ostēꝙ igiᵗ ꝓmisimᵘˢ in dīa secunda rememorationē secunde domᵘˢ ſm ꝙ ꝓmisimus.Tractemᵘˢ ergo in hac dīa significa tiones tercie domus ſm illud.⁌ Dicamᵘˢ itaꝗ ꝙ quādo con tingit vt sit signuᵌ profectionis aut ascendens reuolutionis terciū alicuius inceptionū aut coniunctionū aut directio aut aliquod indiuiduoᵣ sedens in eo aut in tercio reuolutionis significat illud qᵈ apparebit in regionibus quarū significationes sunt illiᵘˢ signi:multū benefacere homines parentibus suis τ precipue mulieribᵘˢ suis τ multa itinera que facient exercere equitatē τ mansuetudinē τ ponderosi/ tatē τ intellectus τ apparentiā cogitationis in arte theologie τ ꝓphetaruᵌ τ cogitationibᵘˢ τ considerationibus infideliᵘ ᵇˢ in sciā legum:τ multas di uersitates τ cōtrarietatē in eis:τ ꝙ maior cupiditas eoᵣ ex coloribᵘˢ erit ad citernitatē. ⁋ Deinde considera dñm eius z iudicabis ex eo ſm quātitatez loci sui in seipso ex orbe qʒ ſi fuerit sedens in ascendente sigt multa itinera z mutationes. Et ſi coniunctio fuerit sedēs in eo sigt illud fortitudinē z diſpositionē regis z eū diſsipare censuz z destruere domos orationis in anno tercio. ⁋ Et ſi saturnus fuerit sedens in eo z fuerit bone diſpōnis sigt illud prosperū esse regis z eū exercere remiſsionē in plebe suā z bonā honestationē eoꝝ z bonū intellectū eo ꝝ: z eos premittere deceptiones in omnibus ex operibus suis cum multa cōsideratione in rebus regni. Si fuerit male diſpositionis sigt illud vehementer reges participare ceratis z viſitare eos z multas permutationes z itinera eoꝝ. ⁋ Et ſi fuerit iupiter sedens in eo et fuerit bone diſpoſitionis sigt illud fortunatū esse mercatoꝝ. Si fuerit male diſpositionis sigt illud eius contrariū.

⁋ Et ſi ♂ fuerit sedēs ī eo z fuēit bone diſpoſitiōis sigt illō nimiā ſocietatē fore inť xpiaōs. Si fuerit male diſpōnis sigt multā alteratione fieri inter fratres z ſorores z patres. ⁋ Et ſi sol fuerit sedens in eo z fuerit bone diſpoſitionis sigt reges nimiū frequentare super plebē. Et ſi fuerit male diſpositionis sigt eius contrariū. ⁋ Et ſi venus fuerit sedēs in eo z fuerit bone diſpoſitionis sigt paucitatē motus hominum. Et ſi fuerit male diſpositionis ſignificat multa itinera aduenire hominibus ad inquiſitionē ſciētiarū cum rebus iocoꝝ. ⁋ Et ſi fuerit mercurius sedens in eo z fuerit boni esse sigt multa itinera hominū cum inquiſitione ſciētiaruz. Si fuerit male esse ſignificat contrariū illius. ⁋ Et ſi fuerit luna tranſiens ī reo z fuerit bone diſpoſitionis ſignificat multa hominū itinera ad res boni: Si fuerit male diſpositionis ſignificat illud contrariū. Poſtqʒ ergo venimus ad id qʒ voluimus. Compleamus ergo ōram terciam.

dra quarta in significatione quarte domus adinstar illius.

Postq̃ premisim⁹ in dra tercia rememoratione significatio
nū tercie domus sm q̃ narrauim⁹. Tractem⁹ itaq̃ i hac dra
rememoratione sigtionū dom⁹ quarte sm illud. ¶ Dicam⁹
ergo q̃ quādo cōtingit vt sit signū pfectionis: aut ascendēs
reuolutionis quartū alicui⁹ inceptionū pcedentiū aut coniū
ctionū aut directio aut aliq̃ indiuidox sedens in eo aut ī
quarto reuolutionis sigt illud q̃ apparebit in regionib⁹ quax sigtiones sūt
illi⁹ signi: cupiditates ⁊ fabricationes ecclesiax ⁊ vsurpatio terrax ⁊ hered i
tatū ⁊ absconsionū censuū mobiliox ⁊ paucū motu ⁊ nimiā puidentiā i his
que succedūt ⁊ in morte ⁊ perditione ⁊ causis eius: ⁊ honorabunt patres ⁊
senes: ⁊ q̃ maior concupiscentia eox de colorib⁹ erit in rubeo. ¶ Deinde cō
siderabis dnm eius ⁊ iudicabis p eu sm quātitate loci sui in suo esse ex or
be. Q̃ si fuerit sedens in ascendēte sigt angustiā que adueniet hominibus
in fine anni. Et si coiunctio fuerit sedens in eo sigt illud multas mutationes
⁊ itinera ⁊ destructione regionū ⁊ ciuitatū in pluribus climatibus in anno
quarto.

Q̃ si fuerit saturnus sedens i eo ⁊
fuerit bone dispositionis sigt ho
nestate regū ⁊ blandicie eox cuz
eo q̃ exercebunt medacia. Et si
fuerit male dispositionis sigt de
bilitate regū quibusdā senib⁹ ex
progenie sua ex his qui sūt maio
res in eis etate: ⁊ multas pestes
aduenire progenie eox ⁊ pticipa
tione eox ⁊ angustiā occurrere i
carceratis. ¶ Et si iupiter fuerit
sedens in eo sigt illud fertilitate
ciboro̅ ⁊ annone. Et si fuerit
male dispositionis sigt caristia
ei ⁊ pcipue si fuerit signū terreū.
¶ Et si mars fuerit sedens i eo ⁊
fuerit bone dispositionis sigt illud rege habere paucos inimicos ⁊ repara
tione partiū. Et si fuerit male dispositionis sigt multos insurgētes nobiles
⁊ insurgere in fine anni. ¶ Et si fuerit sol sedens in eo ⁊ fuerit bone disposi
tionis sigt delectatione regū ⁊ gaudia eox. Et si fuerit male dispositionis
sigt cōtrariū eius. ¶ Et si venus fuerit sedens i eo ⁊ fuerit bone dispositiōi s
sigt apparere homines in religione ⁊ orōne ⁊ inquisitione boni. Et si fuerit
male dispositionis sigt cōtrariū eius.

⁋Et si fuerit mercurius sedes i eo ⁊ fuerit bone dispositionis significat prosperitaté scriptoꝝ ⁊ mercatoꝝ i illo anno. Et si fuerit male dispositionis significat cõtrariũ eius.⁋Et si fuerit luna sedens in eo ⁊ fuerit bone dispositionis significat gaudiũ hominũ. Et si fuerit male dispositiõis significat angustiaꝫ hominũ. Et quia auxiliante deo iam peruenimus ad illud ꝙ narrare voluimus. Cõpleamº ergo dõaꝫ quartã tractatº septimi.

Dõa quinta in significatione quinte domº adinstar illiº.

Postꝙ igit̃ p̃misimus in dõa quarta rememoratione significationiũ quarte domº quãdo fuerit s̃m ꝙ narrauimº: tractandũ est itaꝗ in hac dõa significationes ꝗnte domº s̃m illud. ⁋Dicam itaꝗ ꝙ quãdo accidit ꝙ aut sit signũ p̃fectionũ aut ascendens reuolutionis quinte alicuiº inceptionũ aut cõiunctionũ aut directio aut aliquod indiuiduoꝝ sedens in eo: aut in quinto a reuolutione significat illud qđ apparebit in regionibº quarũ significationes sũt illius signi multa fornicatio ⁊ donatio ⁊ cõcupiscentia in mulieribº ⁊ i filiiꝭ ⁊ amitis: ⁊ gaudiũ ⁊ leticia ⁊ derisio ⁊ iocatio ⁊ consideratio in rebus antiquis ⁊ in fabricatione ciuitatũ: ⁊ vsurpatio reddituũ ⁊ multa legatio nũcioꝝ: ⁊ ꝙ maior cõcupiscentia eoꝝ de coloribus erit in albedine. ⁋Deinde cõsiderabis dñm eius ⁊ iudicabis greũ s̃m quãtitate loci sui ex orbe. Qᷓ si fuerit sedens in ascẽdente significat multitudinẽ filioꝝ in illo anno. Et si fuerit cõiunctio sedens in eo significat multas pestes aduenire in filios ⁊ plãtaꝭ ⁊ sigt etiã ꝙ multa climata cõprehẽdet in illo anno. ⁋Si fuerit saturnº sedẽs in eo ⁊ fuerit bone dispositionis significat multos filios regũ ⁊ eos d̃ ligere plebẽ. Et si fuerit male dispositionis sigt ꝙ attribuet regnũ ⁊ omnia sua filiis suis cũ multa morte que erit in eis ⁊ in iuuenibus ⁊ pueris. ⁋Si fuerit ♃ sedens in eo ⁊ fuerit bone dispositionis sigt salutẽ p̃gnatarũ in illo anno. Et si fuerit male dispositionis significat cõtrariũ eius. ⁋Et si fuerit sol sedens in eo ⁊ fuerit bone dispositionis significat iocatione regum ⁊ gaudiũ eoꝝ. Et si fuerit male dispositionis significat cõtrariũ eius. ⁋Et si fuerit venus sedes in eo ⁊ fuerit bone dispositionis significat p̃sperũ esse iuuenũ ⁊ adolescentiũ. Et si fuerit male dispositionis significat cõtrariũ eius. ⁋Et si fuerit mercuriº sedes i eo ⁊ fuerit bone dispositionis significat mul titudinē filiox̄. Et ſi fuerit m̄ale diſpoſitionis ſignificat cōtrariū eius.

¶Et ſi fuerit luna ſedens in eo τ fuerit bone diſpoſitionis ſigni ficat m̄ltitudinē leticie hominū τ fertilitatē annone. Et ſi fuerit male diſpoſitionis ſignificat ei⁹ contrariū. Poſtq̄ ergo venim⁹ ad illud q̄ narrare voluim⁹. Cō pleam⁹ ergo d̄ram quintam cū auxilio dei.

D̄ra ſexta in ſignificatione ſe xte dom⁹ adinſtar illius.

Poſtq̄ ergo premi ſim⁹ i d̄ra quinta ſignificatiōes qn te dom⁹. Tracte mus in hac d̄ra ſi gnificationes ſexte dom⁹ ſm illud ide. ¶Dicam⁹ itaq̄ q̄ qn cōtingit vt ſit ſignū pfectionis aut aſcēdens reuolutionis ſexta alicui⁹ ince ptionū pcedentiū aut cōiunctionū: aut fuerit directio aut aliqd indiuiduo rū ſedens in eo aut in ſexto reuolutionis ſignificat illud q̄ apparebit in re gionib⁹ quaz ſignificationes ſūt illi⁹ ſigni hereſis τ declinare ad ōrone ydo lox τ his ſi̇a: τ fauebit rē iſirmox τ prauox mox τ ſcripſ τ bruiētes τ mu lieres corruptas τ egritudines τ iſirmitates τ itinera: τ fugere m̄ltos hoies a locis ſuis τ pmutationē τ fatigatiōes τ labores τ ſodomiticos τ inuidiā cadē τ ſuſceptionē τ amiſſionē i mercatur τ exitū ſup reges τ exire ab obe dientia τ detrimētū τ m̄ltitudinē captox τ ſup hoc q̄ maior cōcupiſcētia eo rū de coloribus erit in nigredine. ¶Deinde cōſiderabis d̄ram ei⁹ τ iudicabis p eū iuxta qualitatē loci ſui i orbe ex ſuo eſſe. Si fuerit ſedēs i aſcēdēte ſigt multas egritudines. ¶Si fuerit cōiunctio i eo ſigt m̄ltas egritudines i anno ſexto. ¶Si fuerit ♄ ſedēs i eo τ fuerit bone diſpōnis ſigt reges diligere lu crū equox τ beſtiax. Si fuerit male diſpoſitionis ſigt vilitate i corge ſuo τ hēbit filios ex ancillis τ appropinqbit ſeruis τ imberbib⁹ maſculis τ cōro borabit eos cū eo q̄ multū egrotabit τ vilipēdet a plebe ſua τ multa vene na τ nocumenta beſtijs etiā ptendit. ¶Si ♃ fuerit ſedēs i eo τ fuerit bone diſpoſitionis ſigt pſperū eſſe hominū. Et ſi fuerit male diſpōnis ſigt dolorē τ febzē accidere hoib⁹. ¶Si fuerit ♂ ſedēs i eo τ fuerit bone diſpōnis ſigt paucitatē egritudinū hoium. Si fuerit male diſpoſitionis ſigt dolores τ fe bres accidere hoib⁹ τ egritudines occurrere hoib⁹ τ ſicpue puerie τ illud ppter vlcera τ variolā τ morbillū τ dolorē capit. ¶Si fuerit ☉ ſedēs i eo τ fuerit bone diſpōnis ſigt gaudia regis. Si fuerit male diſpōnis ſignificat angustiam occurrere regi.

¶ Et si fuerit venus sedens i eo z fuerit bone dispositiōis sigt salute hominū z sanitate corporū suoꝝ. Si fuerit male dispositionis sigt egritudies aduenire hominibus in narib’ z facieb’ suis.
¶ Et si fuerit mercuri’ sedés in eo z fuerit bone dispōnis sigt sanitatem pueroꝝ. Si fuerit male dispositiōis sigt egritudines aduenire pueris i facieb’ suis. ¶ Et si fuerit luna sedés in eo z fuerit bone dispositionis sigt sanitatez in hoībus. Si fuerit male dispositionis sigt multas infirmitates que adueniūt hoibus ex obtalmia z dolore oculoꝝ. Poꝗ ergo venim’ ad id q voluim’. Compleamus ergo dīam sextam.

Dīa septima in significatione septime dom’ ad instar illius.

Ostꝗ ergo pmisimus in dīa sexta significationes septe domus sm id q narrauim’. Tractem’ ergo in hac dīa significationes domus septime sm illud. ¶ Dicamus itaꝗ q qn cōtingit vt sit signū profectionis aut ascendens reuolutionis septimū alicuius inceptionū precedētiū aut coniunctionū: aut directio aut aliquod indiuiduorū sedens in eo aut in septimo reuolutionis significat illud q apparebit in regioinibus quarū sigtiones sunt illius signi multa dispensatio z cōcupiscentia i mulierib’ z nuptijs z cōuiuijs z priuatio propter illas res: z iter z mutatio z peregrinatio z casus quorundā hominū z eleuatio alioruz z multa alteratio z negatio rerum z multa vituperatio hominū z interfectio hominū inter se z multitudo sagationū: z concupiscentia i venatione z emptione z venditione z multa cogitatio i morte z i rebus suis: z sigt q maior concupiscentia eorū de coloribꝰ erit i rebus quibus cōmiscet̄ parum nigredinis. ¶ Deinde cōsidera dīm eius z iudicabis p eum sm quantitatā loci sui i se ipso. q si fuerit i ascendēte sigt multas nuptias i illo anno. Si fuerit coniunctio sedens in eo sigt oppressionē regum sup plebē cū malicia esse eorū per illas causas z durare illud eleuans tempore annoꝝ a principio sue elenationis. ¶ Et si fuerit saturn’ sedens i eo z fuerit boni esse sigt leuitate regū erga plebem suam z propinqtatem eorum ei z diligere eos. Et si fuerit mali esse sigt impugnare eos z euz habere ipsos z eos z capere regnū eoꝝ τ eum pmutare de domo regni sui ad alium locum: τ pestes occurrere mulieribus regum: τ eiscient eas que fuerint seniores ex eis.

⸿ Et cum fuerit ♃ sedens in eo: τ fuerit boni esse significat reges nimium congregare pecunias τ dispgere eas inutilitatib9 τ locis suis: τ multitudinē dactiloꝝ: τ bonū imedietate āni. Si fuerit mali esse significat multas regis angustias: et eum expendere et dissipare: τ depressionez nomis ei9: τ erunt ei consiliarij praui et infimi. ⸿ Si fuerit ♂ sedens in eo τ fuerit boni esse sigt illud p̄speritatem hominum: et euitare destructionē. Si fuerit mali esse significat paucitatē timoris dei: τ multas fornicationez. ⸿ Si ☉

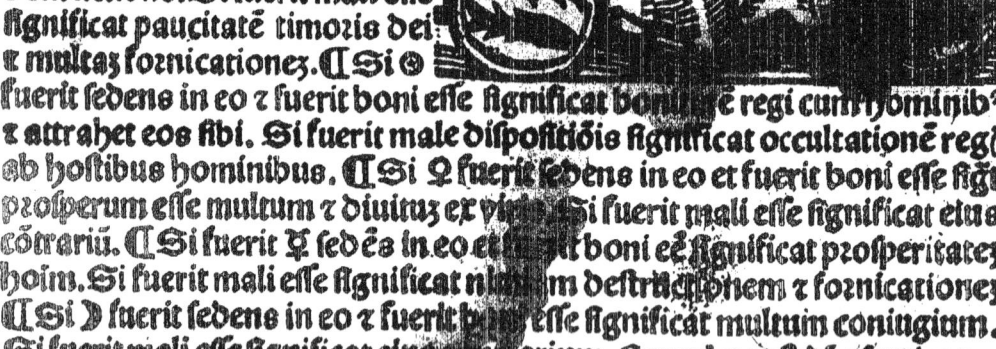

fuerit sedens in eo τ fuerit boni esse significat bon??? regi cum hominib9 τ attrahet eos sibi. Si fuerit male dispositiōis significat occultationē regꝫ ab hostibus hominibus. ⸿ Si ♀ fuerit sedens in eo et fuerit boni esse sigt prosperum esse multum τ diuituz ex vi??? Si fuerit mali esse significat eius cōtrariū. ⸿ Si fuerit ☿ sedēs in eo et ??? boni eē significat prosperitatez hoim. Si fuerit mali esse significat n??? ???m destructiōnem τ fornicationez ⸿ Si ☽ fuerit sedens in eo τ fuerit b??? esse significat multum coniugium. Si fuerit mali esse significat eius contrarium. Completa est d̄ra septima.

⸿ Differentia octaua in significatione octaue domus adinstar illius.

Postq̄ igitur ???mus in differētia septima rememoratione sigtionum ???lius septime s̄m q̄ narrauim9. Tractem9 igitur in hac d̄??? ???tiones octaue domus s̄m illud. Dicamus itaqꝫ qꝫ qñ co??? ???git vt sit signum p̄fectionis: aut ascendens reuolutionis ???auū alic9 inceptionū precedentiū aut ciunctionū aut fue??? direction: aut aliqō indiuiduoꝝ sedens in eo: aut in octauo reuol??? ???igt illud q̄ appebit in regionibus quarum sigtiones sunt illius ??? multe egritudines: τ mors: τ potio venenoꝝ: τ interfectio: et ???siderare ??? rebus hoim qui p̄cesserint in hereditatib9: et acquisitionem in censibus depositis: τ custodiā pecuniarum: τ dispositiones earū in rebus vtilibus ??? in custodia earum: τ in paupertate τ necessitate forti τ crudelitate ??? quod ???ritur ex acquisitione et ex parte itineris τ multa pigricia τ quietudine τ ingenijs τ fraude τ cōtrauersia τ frustra τ bella τ m̄ltā explorationꝫ

p

τ multum timorem τ constrictionem τ dementiam τ ꝙ maior cupiditas
eoꝛum erit in coloribus ex nigredine. Deinde considerabis dominum eius
τ iudicabis per eum ſm quantitatem loci ſui in ſuo eſſe de oꝛbe. Si fuerit
ſedens in aſcendente ſignificat nimiam moꝛté in illo anno. Si fuerit coniunctio ſedens in eo ſignificat multam moꝛtem in anno octauo.

⁋ Et ſi fuerit ♄ ſedés in eo τ fuerit boni eſſe ſigt paucitatem vite
regis τ bonam vitā eius. Si fuerit mali eſſe ſigt multas conſtri
ctiones τ expenſam eius τ depſ
ſionem nominis eius: et erunt
ꝯſiliarij eius ex infimis τ prauis
cū mlta moꝛte nobiliū τ ãcillaꝝ.
⁋ Si fuerit ♃ ſedens in eo τ fue
rit boni eſſe ſigt lõgitudinem vite
hominū. Si fuerit mali eſſe ſigt
moꝛtem hominū ſubito. ⁋ Si ♂
fuerit ſedens in eo τ fuerit boni
eſſe ſignificat ſaluté hoim in illo
āno. Si fuerit mali eſſe ſigt egri
tudines calidas nociuas quibʒ

multiplicat moꝛs. ⁋ Si ☉ fuerit ſedens in eo τ fuerit boni eſſe ſigt diutur-
nitatem regum. Si fuerit mali eſſe ſigt moꝛtem regum qn̄ aſpicit eum d̄ns
oppoſiti. ⁋ Si ♀ fuerit ſedens in eo τ fuerit boni eſſe ſigt ſalutem hominū
Si fuerit mali eſſe ſigt nimiam moꝛtem p̄cipue in adoleſcentes. ⁋ Si fuerit
☿ ſedens in eo τ fuerit boni eſſe ſigt ſalutem hoim τ beſtiarū. Si fuerit mali
eſſe ſigt nimiam moꝛté aduenire pueris τ aſinis. ⁋ Si ☽ fuerit ſedens in eo
τ fuerit boni eſſe ſigt paucitaté moꝛtis. Si fuerit mali eſſe ſigt nimiā moꝛte
Poſtqᷓ ergo venimus ad id qᷤ voluimus: compleamus d̄ram octauam.

⁋ Differentia nona in ſignificatione none domus adinſtar illius.

Poſtqᷓ igitur p̄miſim̕ in d̄ra octaua rememoratione ſigtionū
ſm ꝙ narrauim̕. Tractem̕ ergo in hac d̄ra rememoratione
ſigtionum domus none ſm illud. Dicim̕ itaqᷓ ꝙ qn̄ ꝯtingit
vt ſit ſignum p̕fectionis aut aſcendens reuolutionis nonum
alicuius inceptionū precedentiū aut coniunctionū: aut fuerit
directio aut aliqᷤ indiuiduoꝛ ſedés in eo aut in nono reuolutionis ſigt illud qᷓ apparebit in regionibus quarum ſunt ſigtiones illius
ſigni multe egritudines τ moꝛs τ conſideratio in ſcientijs diuinis τ in eſſe
prophetarum τ legatoꝛ τ rumoꝛ τ religionis τ heremitationis: τ conſideratio in ſcientijs aſtronomicis τ p̄hicis τ ingenijs τ operibus manualibus

in iactationibus cum multis itineribus τ pmutatione τ validitate ventoꝝ τ ꝙ maior concupiscentia de coloribus erit in albedine. Deinde considera dñm eius et iudicabis per eum fm quantitatem loci sui ex esse suo in orbe. Si fuerit in ascendente sigt maliciam τ peregrinationem τ religionem. Si coniunctio fuerit sedens in eo sigt fortitudinem esse regis et eum dissipare pecunias: τ erit hoc plus in anno nono. ⁋ Si ♄ fuerit sedens in eo τ fuerit boni esse sigt regem habere timorem dei τ fore religiosum: τ multa itinera fieri in causis oronis: τ habebit famā magni intellectus τ consilij τ pscruta tionum sapie: τ multos eius nuncios ad ptes cum augmento leuationum palmarū. Si fuerit mali esse sigt permutationē eius τ ruinaꝫ eius τ multos inimicos eius τ disiunctionē eius τ accipe bellum per seipsum τ asperitatē eius τ magnitudineꝫ eius. ⁋ Si ♃ fuerit sedens in eo τ fuerit boni esse sigt multam peregrinationem. Si fuerit mali esse significat contrarium eius.

⁋ Et si ♂ fuerit sedens in eo et fuerit boni esse sigt salutē hoim. Si fuerit mali esse sigt mltos la trones τ abscisores viarū. ⁋ Si ☉ fuerit sedensi eo τ fuerit boni esse sigt paucitatem motus regꝫ Si fuerit mali esse sigt maliciaꝫ in suo esse τ corruptionem eius. ⁋ Si ♀ fuerit sedēs i eo τ fuerit boni esse sigt prospex esse multū Si fuerit mali esse sigt ꝗtrarium illius. ⁋ Si fuerit ☿ sedēs in eo τ fuerit boni esse sigt psperitateꝫ esse sapientū. Si fuerit mali esse sigt ꝗrium eius in sapientibus τ astronomicis. ⁋ Si ☽ fuerit se dens in eo τ fuerit boni esse sigt ho mines detegere honestatē τ religionem τ precipue si fuerit domus ♃. Si fuerit domus ♀ sigt corruptionem legis. Si fuerit mali esse significat contrarium eius. Completa est dra nona.

⁋ Differentia decima in significatione domus decime ad instar illius.

Ostꝙ ergo pmisimus in dra nona rememoratio nē sigtionū none domus fm ꝙ narrauim?. Dicamus itaꝙ ꝙ qñ ꝗtingit vt sit signum pfectionis aut ascendens reuolutio nis decimū alicuius inceptionū precedentiū aut coniunction ū aut fuerit directio: aut fuerit aliqd indiuiduoꝝ sedens in eo aut in. 10. a reuolutione sigt illud ꝙ apparebit in region ibus quarum significationes sunt illius signi reges iudicātes ⁊ dn̄i ⁊ magnates ⁊ famosi ab hoibus:⁊ strēnui ⁊ audaces milites ⁊ solertes: ⁊ inquisitio regni ⁊ fame laudis ⁊ boni nominis ⁊ honoris ⁊ fame ⁊ equitatis in principio:⁊ eleuatio quorundā propter causas hox:⁊ artificia extranea ⁊ mirabilia:⁊ adueniēt in eis res que non fuerunt ante illud: ⁊ honorabit plebs dn̄os ⁊ reges suos ⁊ significat ꝙ maior ⸝cupiscentia eorum de coloribꝰ erit in rubeo. Deinde considerabis dn̄m eius ⁊ iudicabis per eum sm quantitatez loci sui in suo esse ex orbe. ⁋ Q̄ si fuerit sedens in ascendente sigt aduentum regis in illo anno. ⁋ Si fuerit coniunctio sedens in eo sigt oppressionem esse regum vt qd patientur ex eis multi d etrimentū in illa ⸝iunctione: ⁊ fortius erit illud in anno. 10. ⁋ Si ♄ fuerit boni esse sedens in eo significat mansuetudinez regum ⁊ ponderositatem ⁊ vmbrositatem ⁊ nobilitatem eius in ciuibus sue domus. Si fuerit regnū tale ꝙ ei congruat ⁊ significat apitionem ciuitatū multarum:⁊ magnum regem obedire ei de regibus tēporis sui: et habebit voluntatez renouandi res ⁊ artificialia. Si fuerit mali esse significat multā pugnam inimicox eius ei ⁊ directionem eius ⁊ exitum illius qui infestat eū in regno suo cum eo ꝙ erit debilis in ciuibus domus sue: et nocumentum cōsequetur p cōsiliarios eius ⁊ vasallos eius. ⁋ Si ♃ fuerit sedens in eo ⁊ fuerit boni esse significat vilitatem annone. Si fuerit mali esse significat illud caristiam. Et si fuerit mars sedens in eo ⁊ fuerit boni esse significat fatigationem procerum ⁊ ducum in ⁊ rebus belli.

⁋ Et si ☉ fuerit sedēs in eo ⁊ fuerit boni esse significat equitatē regis erga plebem cū timore dei Si fuerit mali esse significat contrariū eius. ⁋ Si ♀ fuerit sedēs in eo ⁊ fuerit boni esse significat vilitatez annone. Si fuerit mali esse significat caristiaz ⁊ honorē eius. ⁋ Si ☿ fuerit sedens in eo ⁊ fuerit boni esse significat illud reges querere artificia. Si fuerit mali esse significat contrariū eiꝰ ⁋ Si ☽ fuerit sedens in eo ⁊ fuerit boni esse sigt multitudinē artificiorum. ⁋ Si fuerit mali esse sigt ⸝trarium eius. Postꝙ ergo puenimus ad id quod narrare voluimus. Compleamus ergo dr̄m. 10.

⁋ Differentia vndecima in significatione domus vndecime adinstar illius

Ostq̃ ergo premisimus in differētia decima sig̃tiones dom9 decime. Tractem9 ergo in hac dr̃a sig̃tiones vndecime dom9 s̃m illud. Dicamus itaq̃ q̃ qñ contingit vt sit signũ p̃fectiõis aut ascendens reuolutionis. 11. alicuius inceptionũ aut coniunctionum: aut fuerit directio aut aliqd̃ indiuiduoꝝ sedens in eo: aut in vndecia reuolutiõis sig̃ q̃ appebit in regionib9 quarum sig̃tiones sunt illius signi solicitudo ⁊ cogitatio ⁊ multitudo amiciciarum:⁊ emptio ⁊ venditio ⁊ acceptio ⁊ datio ⁊ largitas et multitudo populationũ ⁊ exennioꝝ ⁊ legatoꝝ:⁊ amor ⁊ dilectio:⁊ subtilitas in artificijs: ⁊ virtutem spei eoꝝ:⁊ fidelitatem eorum:⁊ complementũ fortune eorum:⁊ q̃ maior concupiscẽtia eoꝝ de colorib9 erit in citrinitate. Deinde cõsidera dr̃m eius ⁊ iudicabis per eum s̃m quantitatem loci sui in suo esse ex orbe. Q̃ si fuerit sedens in ascendente sig̃t homines exercere res que faciunt esse propinquum deo glorioso ⁊ sublimi. Si coniunctio fuerit sedens in eo sig̃t reges ⁊gregare pecunias:⁊ eos vsurpare thesauros:⁊ erit illud plus in año vndecimo. ❡ Si fuerit ♄ sedens in eo ⁊ fuerit boni esse sig̃t renouationem regũ regni sũ ⁊ iusticiam eius ⁊ equitatẽ ⁊ multitudinẽ filioꝝ:⁊ vehementẽ amorem plebis eius. Si fuerit mali esse sig̃t contrarium ex eo q̃ ⁊filiabitur plebem suam: et ipsum dissipare censūs p̃fatos. ❡ Si ♃ fuerit sedens in eo et fuerit boni esse significat lucrum mercatoꝝ. Si fuerit mali esse significat contrariũ eius. ❡ Si ♂ fuerit sedens in eo ⁊ fuerit boni esse sig̃t p̃speritatẽ militum ⁊ ampliationẽ donoꝝ eorum. Si fuerit mali esse sig̃t eius ⁊rium ❡ Si ☉ fuerit sedens in eo ⁊ fuerit boni esse significat falcultatẽ multam:⁊ reparationẽ tp̃is ⁊ hominũ. Si fuerit mali esse significat eius contrarium. ❡ Et si ♀ fuerit sedens in eo et fuerit boni esse significat vilitatem granoꝝ. Si fuerit mali esse significat eius caristiaz. ❡ Si ☿ fuerit sedens in eo ⁊ fuerit boni esse sig̃t regem corroborare sapientes. Si fuerit mali esse sig̃t ei9 contrariũ. ❡ Si ☽ fuerit sedens in eo ⁊ fuerit boni esse significat multitudinẽ guerrarũ ⁊ belloꝝ et litigare cum prauis. Si fuerit mali esse sig̃t eius cõtrarium. Et q̃s auxiliante deo iam p̃uenim9 ad id qd̃ narrare voluim9. Compleamus ergo dr̃am vndecimã.

⁋ Differentia duodecima in significatione domus. 12. adinstar illius.

ostq̃ ergo p̃misimus sig̃tiones vndecime domus q̃n fuerit s̃m q̃ narrauim᷎. Tractemus ergo in hac dr̃a sig̃tiones. 12 domus adinstar illus. Dicamus itaq̃ q̃ q̃n contingit vt sit signum p̃fectionis aut ascendens reuolutionis duodecime alicuius inceptionũ precedentiũ aut coniunctionũ aut fuerit directio aut aliquod indiuiduorũ fuerit sedens in eo aut in duodecima reuolutionis sig̃t q̃ apparebit in regionib᷎ quarum sig̃tiones sunt illius signi iniuria timor z angustia z mala opinio z alterationes z eleuatio seruorũ z infimor̃ z multe cõmixtiones: z vsus rerum malar̃ z viliũ z multiplicabunt rebelles z insurgentes in regem z gubernatorẽ z peregrinationem z alienationẽ z iniusticiam z prauam cogitationẽ z latrocinium z egritudines z azemene: z erit concupiscentia maior eorum de coloriz᷎ in viriditate. Deinde considera dr̃m eius z iudicabis per eum s̃m quantitate loci sui ex suo esse in orbe. Q̃ si fuerit sedens in ascendẽte sig̃t multitudinẽ inimicorũ in illo anno. Si fuerit coniunctio sedens in eo sig̃t regem õrium esse plebi sue z malũ õsilium in eis: z vehementior pestis erit in illa: ãno. 12
⁋ Si ♄ fuerit sedens in eo et fuerit boni esse sig̃t regem diligere bestias et seruos z amorem deliciar̃ cum bono esse suo in plebe sua: z prosperitatem suarum rerum. Si fuerit mali esse sig̃t multa eius bella: z diminutionẽ rex̃ suarum z vehemens nocumentuz q̃ð consequet̃ ab inimicis suis: cum eo q̃ cadet mors in magnates. ⁋ Si ♃ fuerit sedens in eo et fuerit boni esse sig̃t reedificationem fructuum: z salutez hoĩm z gaudia eorum. Si fuerit mali esse sig̃t eius õrium. ⁋ Si ♂ fuerit sedens in eo z fuerit boni esse sig̃t salutẽ hoĩm z gaudia eorum Si fuerit mali esse sig̃t eius õtrariũ. ⁋ Si ☉ fuerit sedẽs ĩ eo et fuerit boni esse sig̃t gaudia regis. Si fuerit mali esse sig̃t eius õriuz. ⁋ Si ♀ fuerit sedens in eo z fuerit boni esse sig̃t prosper̃ esse hoĩm cum rege. Si fuerit mali esse significat eius contrarium.

⁋ Et si fuerit ☿ sedens in eo et fuerit boni esse sig̃t multitudinẽ sapientũ z mercator̃. Si fuerit mali esse sig̃t eius õriuz. ⁋ Si ☽ fuerit sedens in eo z fuerit boni esse significat prosperitatez oĩm partium. Si fuerit mali esse sig̃t multitudinem inimicorũ z õrior̃. Et qa auxiliante deo iam p̃uenimus

ad id qd voluimus narrare. Compleam⁹ ergo dīam. v̄. tractat⁹ septimi.
¶ Incipit tractatus octauus.

Ractatus octau⁹ in sūma scie sigtionū indiuiduorū superiorū ad inferiora ex pte profectionū annoꝛ ⁊ ciunctionū. Et sunt due differentie. ¶ Prima dīa in scia accidentiuz inferiorum ex parte reuolutionū annorū. ¶ Scōa dīa in scientia profectionū in transitibus annoꝛ ex ascendentibᵒ ⁊ locis coniunctionū ⁊ ꝗlitate scientie alfirdarieꝏ ⁊ dñis eorū ⁊ significationibus eorum sup accidentia inferiora.
¶ Differentia prima de reuolutionibus annorum.

Ostꝗ pmisimus in tractatu septimo ꝗliter sciamus sigtiones signi profectionis ascendentium reuolutionuz annalium qñ contingit aliqd istoꝛ fore in aliq domoꝛ situū ascendentium inceptionū precedentium aut coniunctionū aut fuerint directiones aut aliqd indiuiduorū superiorū sedens in eo aut in diuisionibus reuolubilibᵒ. Tractemus in hoc tractatu collectiua de ꝗlitate scie significationū indiuiduorū superiorū super accidentia inferiora ex parte profectionū annoꝛ ⁊ coniunctionū successiuꝗ suorum. Veniamus ergo in hoc tractatu cum scia accidentiuz cōmunium ex parte reuolutionū annoꝛ. ¶ Dicam⁹ itaꝗ ꝙ ꝗlitas Ꝑsiderationis eius diuiditur per significationes diuersas quarū vna est sup signa metheora superiorum sicut ignes ⁊ assihub ⁊ hñtes comas. Et scōa sup accidentia inferiora sicut terremotus ⁊ submersiones terre ⁊ diluuia et his silia. Et tercia super res cōmunes comphendentes genus sic̄ pestis ⁊ humiditas ⁊ siccitas ⁊ pluuie ⁊ silia. Et ꝗrta sup res ꝓprias aliquarū specierū generis vt bellū ⁊ his silia. Et plane te quidē appropriant cū omni specie harū specieꝛ ⁊ appropriant alij ⁊ non alijs. Illud est apud pfectiones circuloꝛ ⁊ directiōes ⁊ diuisiōes ⁊ radios ⁊ ascēsa tpm ⁊ ad suas ꝯiunctiones ⁊ ꝗdraturas ⁊ oppōes ⁊ hibuzezuhe coꝛ sup aliqd ascītium eoꝛ. ¶ Porro ꝗliter sciant aduent⁹ ignium ⁊ assihub ⁊ hñtium comas non scitur nisi ex significatione ♂ in añnis coniunctionalibᵒ aut in alijs. Et psertim qñ sunt radij eius ī signis terreis: aut fuerit eius lumen ⁊ radius in signis aereis: ⁊ fuerit ☽ infortunata in signo aereo ⁊ pcipue si dñatur decimo. Sed ꝗlitas scie aduentuū terremotuū et terre submersionuz ⁊ diluuioꝛ non scitur nisi ex significatione ♄: ⁊ pcipue si fuerit radix eius in signis terreis ⁊ sit ☽ infortunata. Nā si ita fuerit facit accidere terresubmersiōes: ⁊ si fuerit in aꝗticis facit accidere humiditates scȝ cū fuerit almubtez: ⁊ in aereis niues ⁊ grandines mortiferas destruētes cum frigore ⁊ tenebrositate aeris ⁊ ventorum validorum et his silia. Qualitas aūt rerum cōmunium comprehendentiū genus vt pestes ⁊ bubones ⁊ humiditas ⁊ siccitas ⁊ pluuie. Scitur illud quemadmodū ex ascendentibus igneis totalibus ante equidistantiam luminarium in puncto mobilis vernalis in hora equidistantie ex parte duorum locorum ☉ et parte coniunctionis vel impletionis in annis coniunctionum et alijs. Quod si omnia que narrauimus scilicet locus ☉ in reuolutione anni et eius ascendens: et locus ☉ in coniunctione vel preuentione precedente et eorum ascendentia salua ab infortunijs sigāt salutem et si non ita fuerit significat pestem. ⁋ Si fuerint domini duorum ascendentium scilicet reuolutionis et coniunctionis vel preuentionis precedentis aut alter eorum: aut ☽ cum infortunio et insuper continuat domino octaui eius significat illud nimiam mortem propter causas pestium: quod si trinum existat scilicet quod non continuat erunt pestes non cum forti morte: et si fuerint pestes multe hac de causa non comprehendet genus. ⁋ Si isti significatores aut plures fuerint continuati domino octaui eorum significat illud multam mortem subitaneam sine infirmitatibus. Si fuerint domini sexti eorum continuati eis succedunt pestes et multe infirmitates et durabunt tempora eorum: et si sint veloces erunt multe egritudines sed non durabunt. ⁋ Si fuerit ♂ infortunator et fuerit in signis calidis: et precipue si fuerit velox et fortis significat infirmitates calidas. ⁋ Si fuerit ♄ infortunator erunt egritudies saturnine diuine et precipue si fuerit tardus fortis in signis frigidis et siccis. ⁋ Porro anni qui significant bubones sunt anni in quibus preuenit diuisio in eis ad terminos ☿: et precipue si ☿ fuerit comixtus ♄. ⁋ Anni aut significantes humiditates vel ariditates sunt vt consideres ascendentia inceptionum coniunctionalium vel impletionalium et partes eorum. Quod si fuerit pars coniunctionis vel impletionis continuata cum ♃ et precipue si fuerit ei pars: aut sit dominus ascendentis fortunatus cum salute domini quarti et fuerit profectio anni ab ascendente gentis aut permutationis triplicatum perueniens iam ad locum ♃ aut ♀ per aspectum aut per radium accidet herbositas in illo anno: et precipue si dominus scorpionis fuerit fortunator domino ascendentis aut continuatur ei aut aspiciat eum a loco bono: et presertim si testificat ei pars fortune: quia tunc significant augmentum in humiditate. ⁋ Porro anni aridi sunt in quibus est ♄ almutauli super coniunctionem vel impletionem per continuationem et dominium: et precipue si dominetur ascendentium infortune: aut fuerit in ceteris principalibus et destruet dominus quarti cum infortunijs et precipue cum ♄ et plus hoc quando equidistat ☿. ⁋ Quod si ♄ fuerit in angulo inceptionum quarum rememorationem premisimus: et precipue in centris lunaribus significat caristiam. ⁋ Et similiter cum ☽ pulsauerit ei in hora separationis sue a nodo et fuerit ♄ ascendens hoc significat illud idem. Et quod duarum infortuna preuerit infortunatrix fortior est in illo quando comisces est ei ☿. Et quando eueniet quod finem et pars fortune et ascendens fuerit infortunati ex domino partis fortune addent in ariditate. Et quod fuerit de infortunio ♄ in hoc erit fortius infortunio ♂. Et similiter fortuna ♃ in causa humiditatis est fortius fortuna ♀. ⁋ De pluuijs autem ita est dicendum quod quando fuerit mars in reuolutione anni mundi in domibus saturni significat paucitatem pluuiarum. Et si fuerit in domibus suis significat abundantiam earum.

Et si plus fuerit in reliquis planetarũ domibꝰ significat mediocritatẽ earũ
⁋ Porro annoꝝ significantiũ bella guerrasꝗ̃ que sunt appropriati quibus
dam speciebus generis extra hoc scīa ab hora cõiunctionis iouis cũ satur
no aut quadrature aut oppositionis eius ex angulis ascendẽtis anni. Sȝ
in qua parte anni fit illud erit quãdo equidistabit gradus lunaris gradui
saturni per cõiunctionẽ vel oppositionẽ vel p̃ aspectũ. Et si transierit illud
erit cũ peruenerit ascendẽs p̃ directionẽ ad locũ infortune vnicuiꝗ̃ signo
dando mensez vel annũ. Et similiter cũ annus puenerit ad cõiunctionem
existentẽ in locis infortunarũ ex ciunctione aut quadratura aut oppositio
ne aut post puentionẽ ascendentis anni ad locũ infortunarũ. Nã acciden
tia ex quibus fient bella erunt in istis horis. Et cum fuerit etiã mars in an
gulo ex angulis ascendẽtis anni aut solũ erit in parte mundi in qua est ille
planeta aut qui erit aspiciens eum ex quadratura aut oppositione ⁊ multo
ciens operabiꝉ illud idẽ ex quadratura vel oppositione ⁊ precipue si fuerit
in triplicitate ignea erunt bella in parte orientis. Et sermo est in ceteris tri
plicitatibus s̃m hunc modũ. Et diciꝉ in dexteris signis ⁊ in sinistris s̃m po
sitionẽ signoꝝ quãdo vnũquodꝗ̃ signũ ascendit aut signũ ꝙ est in sinistra
parte eius ⁊ postea signũ ꝙ ascendit est in dextera parte eius. Et iam diui
diꝉ signũ omnis climatis in. 7. ⁊ exeunt vnicuiꝗ̃. 4. gradus ⁊. 27. m̃. ⁊. 8. se
cunda ⁊. 35. tercia p̃ ꝓpinquitate ⁊ erit principiũ prime diuisionis climatis
signi ⁊ s̃m eius ꝙ sequiꝉ ipsum in positione quousꝗ̃ pueniaꝉ ad clima. 7. ex
illo climate ⁊ vbi fuerint infortune ex istis diuisionibus signi eorundẽ acci
dentia ⁊ infortunia occurrent in illo climate. Et vbi fuerint fortune signifi
cãt illi climati fortunã ⁊ bonitatẽ victus. Et multociẽs significat simile huic
esse infortunarũ in. 8. ⁋ Et multociens cõsideraꝉ pars victorie ⁊ aperte pu
gne accepte a marte vsꝗ̃ ad lunã ⁊ proiiciꝉ a loco solis ⁊ vbi definit illic est
pars pugne. Et pars victorie accipiꝉ a gradu solis vsꝗ̃ ad gradũ. 7. ⁊ pisciꝉ
ab ascendẽte ⁊ quo peruenerit ibi est pars victorie. Et quãdo fuerit mars
cum aliquo earũ in temporibꝰ reuolubilibꝰ precipue si fuerit in. 7. signoꝛuȝ
igneoꝝ significat illud aduentũ belloꝝ in illo anno. Et si fuerit pars victo
rie soras nõ destructa: sigt ꝙ victoria erit ciuibus partis tenentis veritatez
Et si fuerit debilis sigt victoriã ciuiũ partis falsitatis. Et multociẽs extra
hunc hore in quibus fiunt bella ex longitudine que est inter duas infortu
nas ⁊ angulũ ⁊ pisciꝉ ab ascendẽte omnibus duobus gradibꝰ ⁊ medio inꝉ
eos mensem. Et sciꝉ hora in illo ex parte cursus eius qui si fuerit directus
sigt ꝙ accidẽtia erũt apud retrogradationẽ eius. Et si fuerit retrogradus
sigt ꝙ accidentia erunt qñ cõmisceꝉ lumini suo lumẽ significatoris regni.
Et in commixtione luminis sui cũ significatore plebis est illud ꝙ significat
multã iniuriã ⁊ latrones. Et si nõ fuerit in angulo ⁊ fuerit retrogradus no
cet illud terre signi in cuius directio fuerit ⁊ nõ cõicabit hominibꝰ nisi cõ

misceaſ eius lumen lumini dñi ascendentꝫ aut lumini medij celi si fuerit sí-
gnificator regꝫ. ⫶Et si nõ aspicit ascendẽs nullũ significat nocumẽtũ i illo
anno nisi sit dñs anni aut sigtor regni. ⫶Et si mars fuerit i angulis τ puenerit diuisio ad terminũ suũ τ puenerit reuolutio ad locũ suũ i nona cõiũ-
ctione τ i pmutatione almanar erunt bella i parte que est illius signi quo
puenerit directio aut i regionibꝰ quarũ ascendẽs est illud. ⫶Et sitr etiã qñ
fuerit mars oppositus saturno aut in quadratura eius fuerit receptus sigt
illud bella: τ si nõ fuerit mars receptus τ saturnꝰ fuerit receptus sigt illud
paucitatẽ belloꝝ: τ quãdo fuerit i temporibꝰ reuolubilibꝰ sub radijs sigt illud bella fore in illa reuolutione τ fortiꝰ illo cũ fuerit in signis mobilibus.
Et cũ fuerit in signis duũ corpoꝝ non pficit illud. Et cũ fnerit i signis fixis
sigt illud qꝫ bella erũt causa vanitatis τ declinationis a veritate. ⫶Et si ♂
fuerit i reuolutione annoꝝ i medio celi τ precipue i geminis sigt illud multam suspensionẽ in illo anno. Et si fuerit i ascendẽte aut i occidente significat abscisionẽ manuũ. Et si fuerit in angulo terre sigt trũcationẽ manuũ
τ pedũ. Et iam etiã sciſ illud er esse iouis er receptione τ non receptione τ
aspectu martis ad eũ. ⫶Cõsideraſ quoqꝫ dñs ascendẽtis qui si est i. 4. sigt
multos captos in illo anno. Et si fuerit dñs. 4. i nono sigt apparitionẽ car-
ceru τ euasione plurimoꝝ captoꝝ. ⫶Et quando iungit ♃ saturno aut est
i. 4. aspectu ab eo aut i opposito illud quoqꝫ sigt exitũ insurgẽtiũ i illo anno τ hora i illo erit cum erit ♃ i directo domus sue aut i exaltatione sua τ
in hora sessionis sue i aliquo anguloꝝ aut apud fortitudinẽ suam. Et si nõ
fuerit eius apparitio i istis angulis id ergo erit cum peruenerit mensis illꝰ
anni ad loca infortunioꝝ ab ascendente aut oppſitione eoꝝ sicut fortuna que est omni signo mensis vel annus. Qꝫ si puenerit annus de cõiuctio
ne sedente aut er ascendente gentꝫ ad locũ infortunarũ aut ad oppositio-
nes earũ aut coniunctiones earũ erit illud vna horarum i quibꝰ timeſ motus τ exitus insurgẽtiũ. ⫶Etiã oportet vt considerenſ ascẽdẽtia inceptionũ annoꝝ quaꝝ rememoratione pmisimus. Que si fuerint mobilia reuol-
uanſ quarte anni τ iudiceſ ſm quartarũ anni ascendentia earũ ſm qꝫ pmisimus quoniã non est ascendẽtibꝰ reuolutionũ earũ virtus cuꝫ fuerit signũ
anni mobile quoniã illud sigt mũtitudinẽ alterationũ i illo anno ſm sessio-
nẽ quartarũ eoꝝ. Qꝫ si fuerit duiũ corpoꝝ reuolues ergo medietates eorũ τ non qrtas eoꝝ qm ascendẽtia duũ corpoꝝ significãt duas horas anni
τ si fuerint fixa opabiſ ſm ascendẽtia anni qm fortiora sunt ceteris partibꝰ
eoꝝ τ pcipue si fuerint dñi ascẽdẽtiũ i sistibꝰ signis ascẽdẽtiũ eoꝝ er signis.
⫶Porro scia qualiter sciaſ hora apparitionis significationũ er ptibꝰ anni
τ fortitudo eaꝝ significationũ i eis er ipsis extra hoc er dñis ascendẽtium
qm si fuerint in signis mobilibꝰ sigt qꝫ accidẽtia erunt τ eoꝝ fortitudo in
quarta primi anni. Et si fuerint duũ corpoꝝ cadet in medietate anni: Et ſi

fuerint fixa sigñt cp cadet i fine ei°. ¶Oportet etiã vt cõsideret quãdo infortunat aliquod signox indirecto infortunarū aut i proiectione radiorū eox ad ea ex.4. aut oppofito afpectu i quibufcp orizontib° fuerit. Qx fi fuerit in parte orientis fignificat plurimū cp confequat ex illo erit terre que fuerit i parte orientis. Et fitr eft locutio i occidēte. Et fi fuerit i medio celi fignificat cp peftis apprehendet terrã orientis z parte occidētalē z precipue que eft ex ea i parte cõiunctionis. Et fi fuerit i angulo terre fignificat cp confequēt de pefte terre que fuerint iparte meridiei. ¶Et qz auxiliante deo iã puenimus ad id cp narrare voluim°: Compleam°ergo dram primã octaui tractatus.

Dra fecūda i fcia profectionū i trāfitibus annox ex afcendentibus z locis cõinnctionū z qualitate fcie alfirdariech.

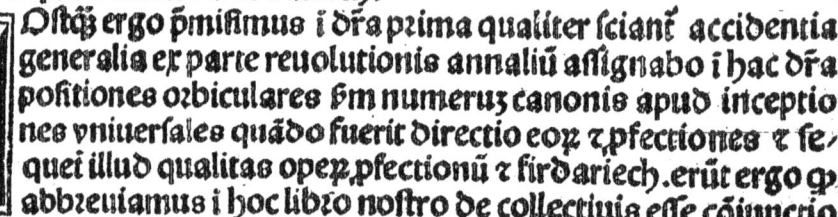Oftqz ergo pmifimus i dra prima qualiter fciant accidentia generalia ex parte reuolutionis annaliū affignabo i hac dra pofitiones orbiculares fm numerum canonis apud inceptiones vniuerfales quãdo fuerit directio eox z pfectiones z fequet illud qualitas opex pfectionū z firdariech. erūt ergo cp abbreuiamus i hoc libro noftro de collectiuis effe cõiunctionū z fignificationū earū propinquū complemēto eius cp reuoluit ex annis cum auxilio dei. ¶Dicam°ergo cp ere fm quas equati fuerint planete i tribus formis per canones funt ad tria tempora quarū vna eft reuolutionis anni in quo fuit permutatio cõiunctionalis fignificans gentē. Et fecunda eft reuolutionis anni fignificātis pmutatione regni ad nigredinez eradietica ad triplicitatē igneã. Et tēpora cõprehenfa funt in illo fm cp fcriptum eft iuxta formas eox. ¶Et rahizegetū gentē pueniet hoc anno ab afcendēte cõiunctionis fignificantis diluuiū ad afcendēs anni i quo eft libra z a figno pfectionis reuolutionis ad geminos z a loco cõiunctionis diluuiū vfcp ad fagittariū. Et puenit diuifio ab initio arietis apud quafdam cõiunctiones que fiunt i hora reuolutionis ex reuolutionib°quarū rememoratione pmifimus vfcp ad.20.gradus pifciū fine radio alicui°ex planetz. Et luminare maius fuit i directo primi mobilis anno pmutationis fignt is gentes mauros i fecūda hora cuius mane dies.23.de bachimarech fuit z afcendens z loca planetarū i ordinibus z canone z era fuit fm cp defcripfimus ea. ¶Et rahizetu regni peruenit anno ifto ab afcendente cõiunctionis gētis vfcp ad cancrū z cū diuifione vfcp ad gradus.19.virginis. Et in ea funt radij faturni z martis z mercurij per retrogradationem. Et a loco cõiunctionis vfcp ad leonem: z fuit luminare maius in directo punctu vernalis anno permutationis fignificantis viciffitudinem in fine hore octaue diei 17.marmech.i 16.z afcendēs z loca planetarū z era eft cuz canone fm cp

declarať in hac forma si deo placet. Profectio ab ascendente gentz ab anno imperfecto gezdargird. 141. Hec est figura zahregata pmutationis coniunctionis de triplicitate aquatica ad triplicitaté igneâ z peruenit annus iste ab ascendente coniunctionis generis vsq3 ad cancrū: z a loco coniunctionis vsq3 ad leonez z a diuisione vsq3 ad. 19. gradus scorpionis z fuit luminare maius in directo primi mobilis vernalis in isto anno sm. 7. horas z mediā diei. 2 3. de bahzamech z ascendens z loca planetarum z canon z ordines sunt sm hanc formā sm q3 est in ea z era sm quā equatum est scripta est in medio eius si deo placet. ¶ Et quia auxiliante deo iam descripsimus positiones orbiū in temporibus inceptionū trium ab impressionibus eorum vniuersalibus z fiunt directiones earum vsq3 ad locus profectionū in mamareth annor3. Restat ergo plus necessariū narrare de numeris annorum persicorū qui sunt inter annū in quo fuit sol prima die annoruz gezdargird quo alleuietur qualitas scie profectionū in quo tempus affectet scia illius z consequetur illud scientia qualitatis profectionuz z coniunctionum. ¶ Dicamus itaq3 q3 tempora comprehensa inter primuz diem anni in quo fuit luminare maius in directo primi mobilis vernalis anno pmutationis almanar significantis gentē z inter primum diem algira sunt. 51. ani z. 2. dies z. 16. hore persice. Et a primo die alhigite vsq3 ad primuz diem regis iezdargird filij sarach. 9. anni z. 11. menses z. 9. dies persici erit collectio huius. 61. anni z duo menses z. 12. dies z. 16. hore. ¶ Cum ergo volueris scire signū profectionis ab ascendente pmutationis almanar de triplicitate aerea ad triplicitaté aquaticā significantē gentē in mamar annorū adde ergo superʼ annos iezdargird q3 est inter primū diem anni gentis z inter eos semp z incipe proijcere a libra z quo puenerit illic est profectio ab ascendente gentis. Cum aūt volueris pfectionē a signo coniunctionis gentis erit ergo pfectio a scorpione. Et si volueris pfectionē ex signo reuolutionis erit ergo pfectio ex signo geminor. Et si volueris pfectionē ex gradu directionis erit ergo pfectio ex gradu pisciū. 20. oīm gradui annʼ z quo puenerit illic est gradʼ diuisionis. Cūq3 ergo steterit in gradu pfectionis in hora qua est luminare maius in directo gradʼ mobilis vernalis tūc q3 plus ē necessariū est vt addant oī gradui quē sol abscidit de gradibʼ orbis. 10. secūda z erūt oīa collecta cū ipse abscidat reliq3 signa. 5. m̄. Citēdū ē hac consideratione ab hora qua abscidit oēm diuisionē ex diuisionibʼ orbicularibʼ quo vsq3 puenit ad finē diuisionū eiʼ q3 est finis pisciū z quātū oportet de additione graduū pfectionis sm q3 pmisimʼ oī signo. 5. m̄. integri gradus z sm hūc modū scient ascendētia alfirdariech extracta cū duodenaria ex signo profectionis z anguli eius ex ascendente almanar z angulorū eius et conuenientia gradus profectionis z angulorum eius et qui eum gradus profectionis z angulorum eius ad signum almanar demonstrans sanitaté ab ascendentibus annorum horarum in quibus contingunt indiuidua terre

⁋ Et cum volueris scire profectionē ab ascendente vicis: diminue ergo ab annis gezdargird profectos in annos: deinde incipies proicere a virgine. Et cum volueris profectionē a cōiunctione vicis sit proiectio a scorpione. Et cum volueris scire pfectionē ab ascendēte pmutationis almanar de triplicitate aquatica ad triplicitatē igneā diminue ab annis gezdargird. 167 annos: deinde proicere incipe a leone. Et si volueris pfectionē ex signo cōiunctionis almanar de triplicitate aquatica ad triplicitatē igneā erit proiectio a sagittario. ⁋ Porro qualitas scire alfirdariech cuiuslibet supiorū individuoꝝ sic ita scit. Equant eni anni gezdargird pfecti & minuēnt ab eis 18. anni semp deinde diuidať q̄ remanet p. 75. & q̄ remanet nō completis 75. proijciant ab eo anni planetarū sm ordinē eoꝝ in ordine alfirdariech & incipiať proicere a saturno: planeta ergo ad quē puenit ex his qui nō cōplet residuū nūerū ē d̄ns firdariech & erit illud q̄ pterijt de firdaria eiꝰ sm illud q̄ remanet de numero. Deinde accipieſ in anno futuro q̃ cōsequitur numerus ille. ⁋ De annis firdariech planetarū postoꝝ eis ita est q̄ firdariech solis sunt. 10. anni & firdariech lune. 9. anni & capitis. 3. anni & firdariech iouis. 12. anni & firdariech mercurii. 13. anni & firdariech saturni. 5. anni & firdariech caude. 2. anni & firdariech martis. 7. anni & firdariech veneris. 8. anni. ⁋ Porro qualiter sciant significationes firdariech planetarū ex eis sm accidētia inferiora est vt consideres si fuerit in aliquo anno alfirdariech solis qm illud significat gaudia aduenire regi babylonie cū augmento honoris eoꝝ & regno eoꝝ & victoriā eoꝝ & eos inchoare consuetudines que non fiunt & pmutationē eoꝝ multā & itinera eoꝝ & venientes. sic eos & ciues partiū eis obedire & obedientiā cū multa ciuitatū captatione & triumphū eos de inimicis suis habere & gaudia cōiter plebi: & multā cōseruationē dactiloꝝ. ⁋ Et si fuerit alfirdariech lune significat multas cōmixtiones gubernationū regū ciuiū babil. & paucitatē pertrāsitionis eoꝝ precepti & vtent iusticia & famabunt per eam & meliorabunt dispositiones eorum & dispositiones militū suorum & multiplicant per tacitū & pficient census. ⁋ Et si fuerit alfirdariech capitis significat amplificationē regni ciuiū babil. & euenient eis epſe ex partibus cū humilitate & obedientia eis cum eo q̄ consequēt ex regib9 omniū reliquarū partiū bonū & eos fabricare ciuitates & aldeas & impugnare suos inimicos & vincere eos & vehementem vmbram habere apud reges & nimiā humiditatē in tota firdaria eius. & fortasse adueniēt regibus eoꝝ egritudines in capitibus sicut dolor capitis et similia. ⁋ Et cū fuerit alfirdaria iouis significat additamētū regis babilo. in honore & extensione in regno eoꝝ & triumphū de inimicis suis & eos eis obedire & eos scipere eis fodere flumina & populare in populatū & custodire p tacitū & incrementū seruati multitudinez culture plantarū & durare illud in tota firdaria eius. Veruntamē adueniet eis angustia propter suos ppinquos ꝛ habundabūt filijs ꝛ ferent eos sup ciuitates ꝛ erunt fortunati ꝛ gaudebūt cū domesticis suis ꝛ facient guerrā terre romanoꝝ ꝛ multiplicabit cedes ꝛ captiuitas ī eis ꝛ bene erit ciuibꝰ persarū ꝛ arabū. ⁋ Et si fuerit firdariech mercurij significat sanitatē regū babil. cōiter ꝛ filijs eoꝝ ꝛ additamentū eoꝝ in honore ꝛ nobilitate ꝛ dominio. Et seruiēt se ex filijs suis ꝛ bene fratribꝰ suis ꝛ seruientibꝰ suis ꝛ vasallis suis ꝛ forsitā capiēt aliquos eoꝝ ꝛ castigabūt eos ꝛ facient peccare eos. Deinde euadēt ab illo ꝛ multiplicabūt itinera regū ciuiū babil. ꝛ supabūt inimicos suos quocūꝗ ierint ꝛ capient ciuitates ꝛ multiplicant sapiētes ꝛ religiosi ꝛ vaticinatores ꝛ astronomici ꝛ scriptores ꝛ cōsequent hoies nocumentū ꝓpter questum eoꝝ ꝛ in ꝑ tacito ꝛ duritia senuꝝ sup eos ꝛ multiplicabunt rumores terribiles ꝛ falsi sup portas regū ꝛ cōsequent ciues climatū infortuniū preter ciues psie ꝗbus angmētabit bonū ꝛ multiplicabit angustia ꝛ tristicia ꝛ cogitatio ꝛ fornicatio ꝛ fraus ꝛ ꝓditio ꝛ cōsequent hoies angustias ꝛ necessitatē ꝛ effundet iusticia in homies ꝛ benefacere ꝛ ꝑcipiēt reges fodere flumina ꝛ fabricare ciuitates ꝛ fiet merces cara in terra babil. ꝛ multiplicabunt res aquatice sicut margarite pisces ꝛ aues aque ꝛ fortasse suspicant reges de rebus occultꝭ. ⁋ Et cū fuerit firdariech saturni sigt multas tristicias ꝛ angustias i terra babil. ꝛ pestes aduenire persis ꝛ depssionē ciuiū eoꝝ ꝛ fugā eoꝝ ꝛ multiplicabunt aperitiones signoꝝ in celo ꝛ ꝓdigioꝝ. Et hoies sient pauperes ꝛ multiplicabunt rumores terribiles ꝛ pugnabūt reges inter se ꝛ corroborabit bellū inter eos ꝛ aduenient hoibꝰ infirmitates ꝛ mors ꝛ cōprehendet infortuniū ꝛ mors a pluribꝰ ciuiū climatū ꝛ euadēt ab illo ciues babil. ꝛ augmentabunt in eis messes ꝛ fructus ꝛ erit in terra eoꝝ herbositas. ⁋ Et cū fuerit firdariech caude sigt apte praua ꝛ angustiā rerū sup hoies ꝛ psperabit esse persarū indoꝝ ꝛ romanoꝝ. Et cū fuerit firdariech mercurij sigt prosperū esse ciuiū persarū in duobꝰ annis ex annis firdariarū eius ꝛ honore eoꝝ ꝛ vilitatē quā cōsequent ciues romanoꝝ pestes ꝛ habebūt ciues babil. honorē cū euasione a peste ꝛ tempestatibꝰ cū mlta seruatione ꝛ huiditate ꝛ impugnare psas ciuibꝰ romanoꝝ cū multa pugna que erit inter eos ꝛ exercere se ciues aldeaꝝ ad inuicē cū multis prauitatibꝰ ꝛ fortasse aduenient eis egritudines ꝛ vlcera. ⁋ Et cū fuerit firdariech venerꝭ sigt salutē ꝛ gaudia fore in maiori parte climatū in tota eius firdaria ꝛ psperabit esse ciuiū babylonie ꝛ arabū ꝛ romanoꝝ ꝛ hoies vtent gratia ꝛ cōplemento ꝛ amore ꝛ caritate ꝛ religione ꝛ sollicitudine orationis cū eo ꝙ apparebūt signa ꝛ ꝓdigia bona in celo ꝛ in terra ꝛ mulieres erūt caste ꝛ nuncient inter se reges ꝛ current inter eos epistole cū filijs ꝛ censibꝰ suis ꝛ multiplicabunt margarite ꝛ venatio maris ꝛ fetus ouiū ꝛ humiditas ꝛ appebit iusticia ꝛ securitas ꝛ euasio ꝛ reparatio religiosoꝝ ꝛ incurrent ciues indoꝝ infortunium ꝛ angustiā ꝛ iniusticiā ꝛ ꝑcipiēt reges fodere magnū fluuiū. ⁋ Et queꝙ dixi

mus de significationib9 hoɤ planetaru̅ cu̅ sint boni esse sig̅nt augmentu̅ in
oibus rebus laudabilibus quas p̱tendu̅t. Et si res se habuerit s̅m co̅trariu̅
ei9 sig̅nt diminutione omniu̅ eoɤ que significant de reb9 laudabilib9 τ for/
sitan eru̅t malu̅ co̅pletu̅ cu̅ destructione maioris partis rerum particulariu̅
Et quicq̱d p̱dixim9 ex istis iudicijs in hac dr̅a de firdariech τ i̅ rellg̅s diffe/
re̅tijs reliquoɤ tractatuu̅ si fuerint testimonia su̅p indiuidua su̱pioɤa situu̅
oɤbiculariu̅ i̅ hoɤis iceptionu̅ totalib9 τ reuolutio̅ib9 p̱ticularib9 co̅uenie̅tia
istis significationib9 erit illud vna ex causis determina̅tib9 veritate̅ signifi/
cationis. Et si res fuerit s̅m co̅trariu̅ illi9 declinabu̅t res i̅ iudicio s̅m q̱ nar
rauim9 de eo q̱ sedent indiuidua su̱pioɤa in hoɤis reuolutionibus su̱p istis
iudicijs τ similitudo in illo est q̱ si vna firdariech significaret ei p̱mutatio/
ne̅ regu̅ τ motu̅ eoɤ τ duo luminaria eru̅t in reuolutione ac luminare mai9
i̅ locis significantib9 sessione̅ sil̅r cardines τ his sil̅ia nu̅c si ita esset necessa/
riu̅ pl9 videret̅ declinare in iudicio cu̅ sermone sicut motu̅ ad timendu̅ illud
Et similiter cu̅ venus fuerit boni esse in quibusda̅ reuolutionib9 τ fuerint q̱
da̅ sig̅tiones sig̅ntes malitia̅ reru̅ veneraɤ tu̅c sig̅tio declinabit ad medieta
te̅ rei i̅ esse malicie τ bonitatu̅ eius: τ sil̅r dicat̅ in his que sig̅nt reliq̱ indiui/
dua superioɤa su̱p reliquas significationes co̅uenie̅tes eis. Et qua̅do con
uenerint q̱neda̅ su̱pioɤa indiuidua i̅ tɤibus reuolutionibus testimonijs si/
gnificationu̅ firdariech τ alioɤ τ illud fortí9 ad sig̅tione̅ τ verius cum volu̅
tate dei τ eius auxilio. ⁋ Et q̱ deo adiuuante τ corroborante iam p̱ueni/
mus ad illud q̱ narrare volum9 de co̅pleme̅to secu̅de dr̅e tractatus octa/
ui nobis co̅plentibus ip̅m: iam ergo co̅pleuimus totu̅ libru̅.

Opus albumazaris de magnis co̅iunctionib9 explicit feliciter: magistri io
hannis angeli viri peritissimi dilige̅ti correctione: Erhardiq̱ ratdolt viri
solertis eximia industria: τ mira imprimendi arte: qua nup̱ venetijs: nunc
auguste vindelicoɤ excellit noiatissim9 pridie kal̅. Aprilis. 1489.

www.ingramcontent.com/pod-product-compliance
Lightning Source LLC
Chambersburg PA
CBHW071939160426
43198CB00011B/1467